時空間情報プラットフォーム

環境情報の可視化と協働

佐土原 聡［編］

東京大学出版会

本書は財団法人日本生命財団の助成を得て刊行された.

Establishing a Common Platform for Geospatial-temporal Information
Collaboration through Visualization of Environmental Information

Satoru SADOHARA, editor

University of Tokyo Press, 2010
ISBN 978-4-13-066852-1

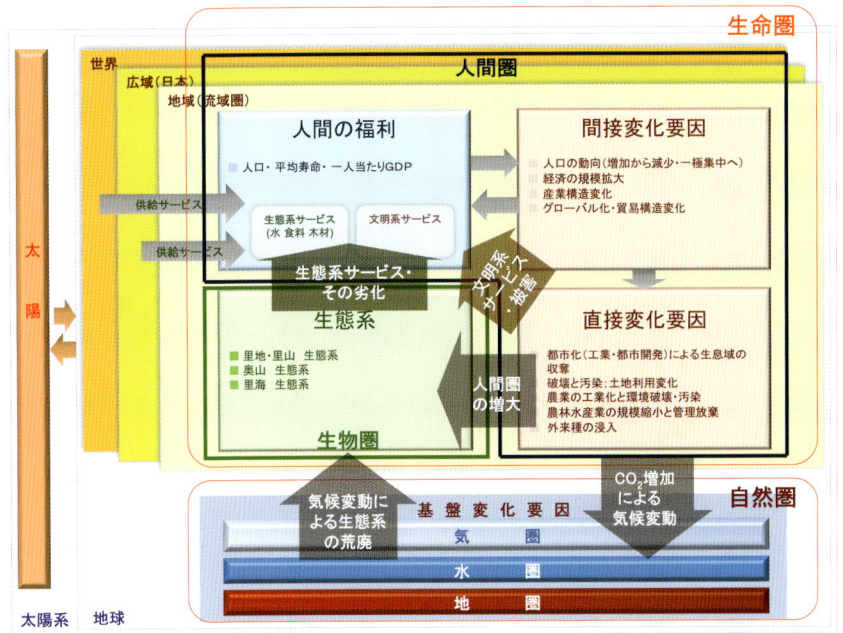

口絵図1 国連ミレニアム生態系評価（MA）の概念的枠組みを基にした構造化の概念フレーム（Millennium Ecosystem Assessment, 2005を改変；第2章参照）

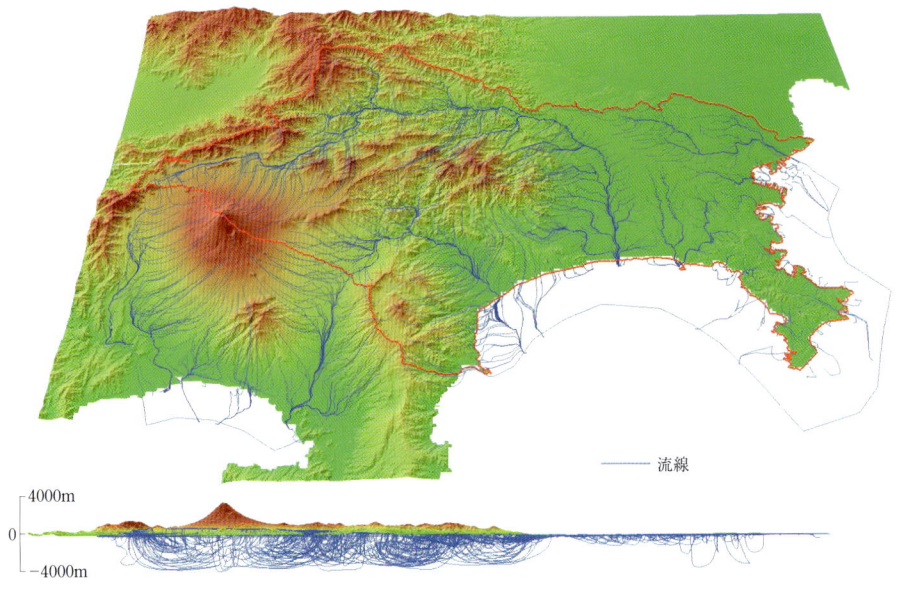

口絵図2 神奈川拡大流域圏の流線図
　山岳地帯の降雨は高標高の地下水となって，地下数千メートルまでの地下水をゆっくりと押し動かし，一部は河川水となって流れ出る．山岳地殻が巨大な立体地下水塊を抱えている（第5，15章参照）．

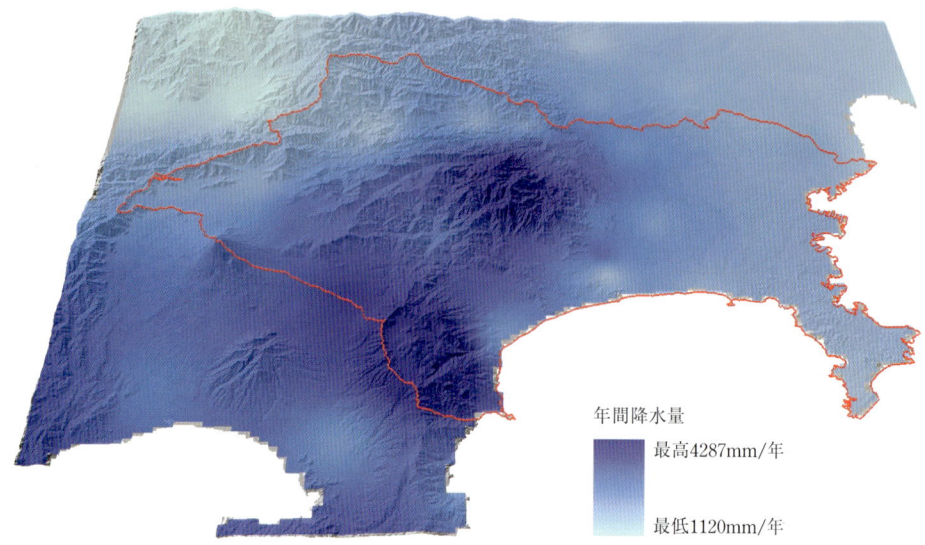

口絵図3　神奈川拡大流域圏の降雨分布図（2005・2006年アメダス・データから作成）
　相模湾からの湿潤な大気がぶつかる西部山岳域では年間2000mmを超える雨が降り，平野部では1000mm台である．しかし，その中には都市起源の汚染物質が含まれている（第5章参照）．

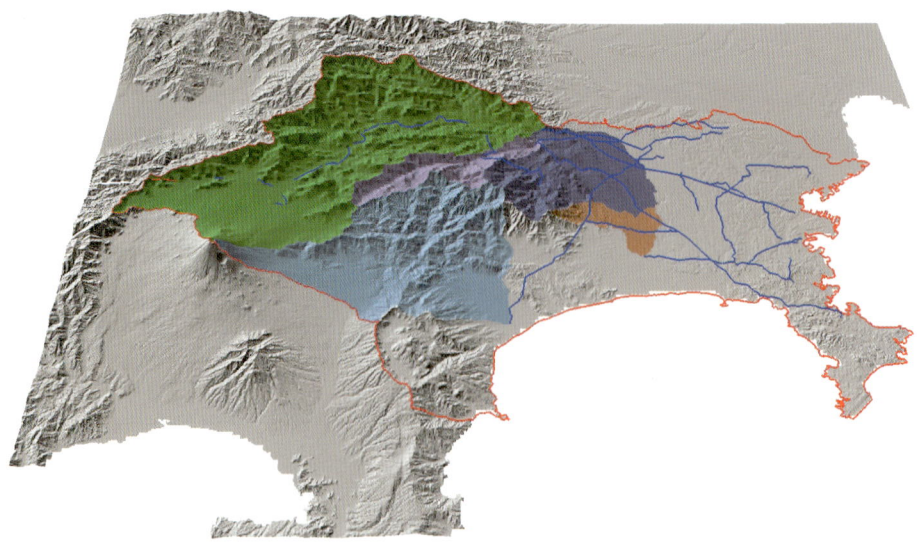

口絵図4　神奈川拡大流域圏の主要上水道取水口集水域・送水管網図
　凡例は図5.2参照．河川水はダムで調節されながら，中下流の取水堰で取水され，自然流域を超えて人工的に東部の平野都市域に送水される（第5章参照）．

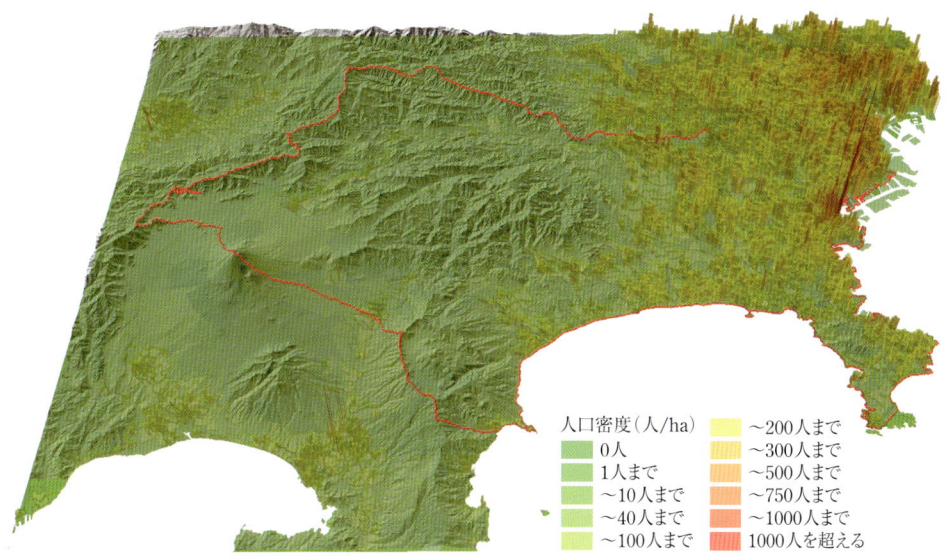

口絵図5　神奈川拡大流域圏の人口密度分布図
東部平野部は横浜など首都圏の人口密集地帯で，約900万人の人々がその水を使って活動している（第5章参照）．人口密度を高さでも表現．

人口密度（人/ha）
- 0人
- 1人まで
- ～10人まで
- ～40人まで
- ～100人まで
- ～200人まで
- ～300人まで
- ～500人まで
- ～750人まで
- ～1000人まで
- 1000人を超える

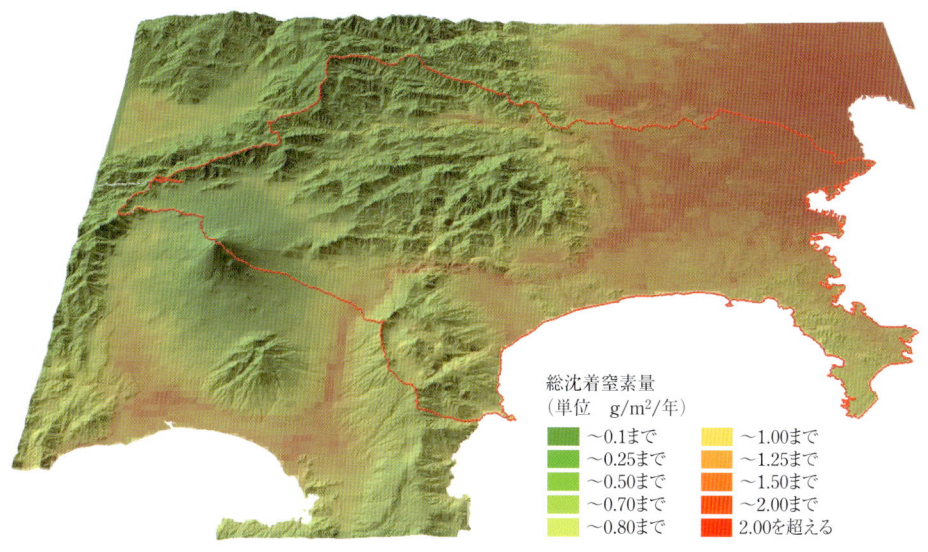

口絵図6　神奈川拡大流域圏の大気由来窒素沈着分布図
都市活動は工場や車から大量の活性窒素酸化物を発生させ，大気に運ばれ地上に沈着する．山間部では東名高速道や中央高速道といった高速自動車道の影響が大きくなる（第5, 16章参照）．

総沈着窒素量（単位　$g/m^2/年$）
- ～0.1まで
- ～0.25まで
- ～0.50まで
- ～0.70まで
- ～0.80まで
- ～1.00まで
- ～1.25まで
- ～1.50まで
- ～2.00まで
- 2.00を超える

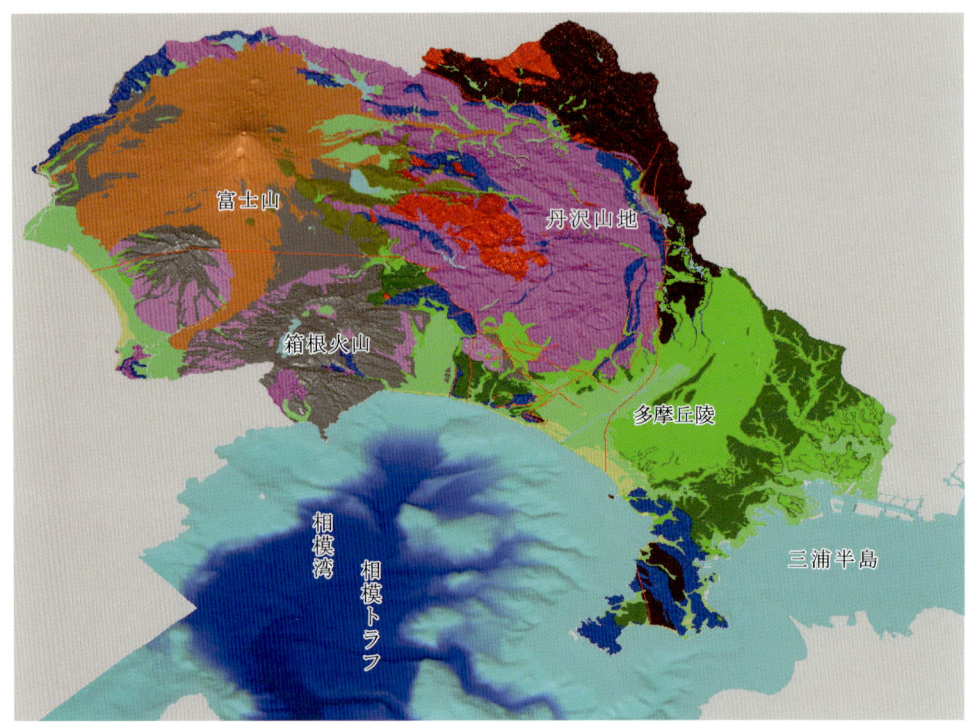

口絵図7 神奈川拡大流域圏の3D地質図
　図14.1より作成したもので，地質ごとにブロック化した高さ情報（地形）をもっている（第14章参照）．相模湾海底地形図（海上保安庁海洋情報部）と重ねて表示．

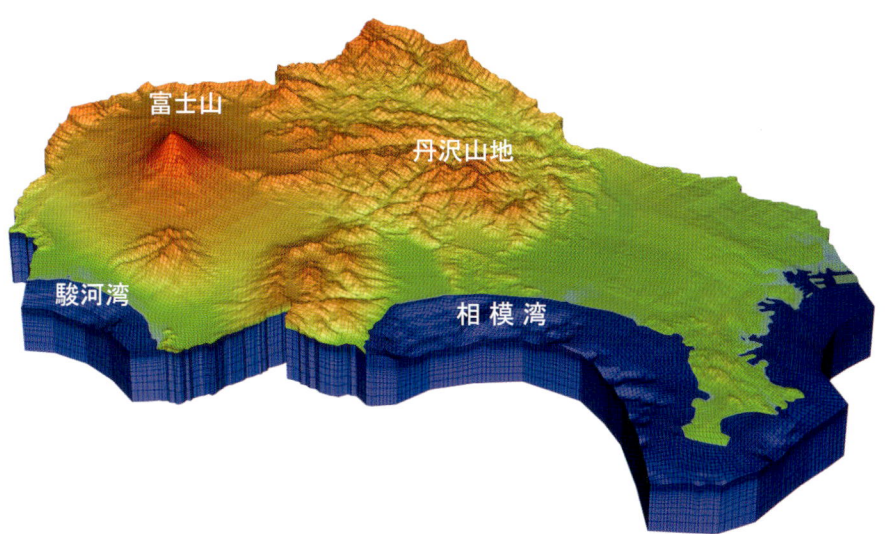

口絵図8　神奈川拡大流域圏モデルの鳥瞰図
　地表面から地下までを格子に分割し，地表標高を格子点を連ねて描いたもの．赤色ほど標高が高い．上面には陸上と海底の地形が入っており，地下方向は約4kmの深さまでを20層に分割している（第15章参照）．

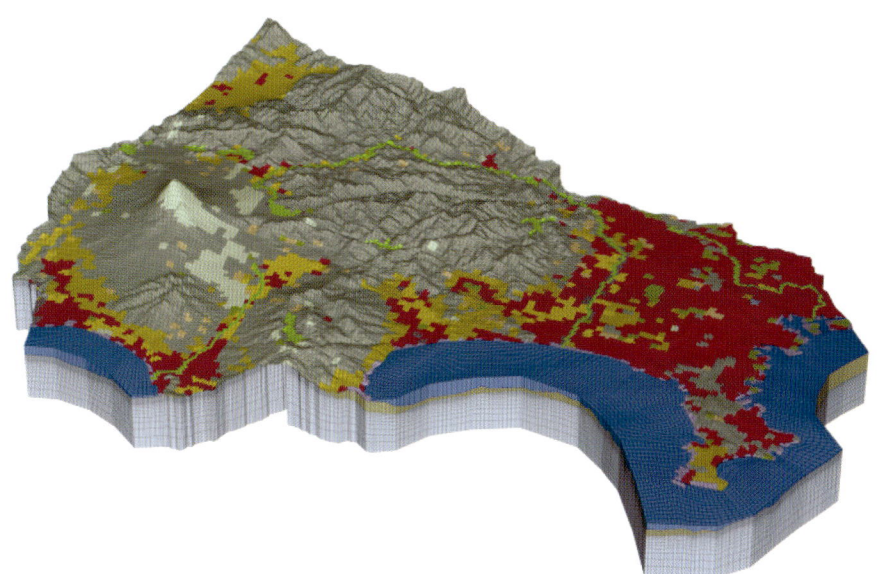

口絵図9　神奈川拡大流域圏モデルの地表土地利用区分
　国土数値情報土地利用細分メッシュ（100m）から入力．濃緑の部分は森林，富士山東側の明緑色は荒地，草緑部は河川・湖沼，濃茶部は建物用地，黄色は周辺農用地，青は海域を表している（第15章参照）．

口絵図10 神奈川拡大流域圏モデルの地質構造推定図
　流域の地質を沖積層，洪積層，第三系基盤岩類におおまかに分けて，地表面部分を描いたもの．白色部は基盤岩類，緑色部は洪積層，茶色部は沖積層を表している．（第15章参照）．

　　　　　　　　口絵作成：図1〜6（佐土原・佐藤），図7（堀），図8〜10（登坂）．

はじめに

　「しっかりとした科学的知見をベースにした地球環境時代の協働社会をめざすこと」，これが時空間情報プラットフォームの出発点である．1990 年の冷戦終了から世界は大きく地球環境時代に舵を切った．地球環境問題への総合的，実践的な対応が求められているが，専門分化した学問体系がどうすればこの要請に応えることができるのか．また，地球環境問題という大きな課題に，だれもが容易にイメージできる身近な生活環境からどのように取り組んだらよいのか．時代はこのような課題をわれわれ研究者に投げかけており，これに応える責任があると強く感じてきたことが，この本のテーマである「時空間情報プラットフォーム」にチャレンジすることになった動機である．

　本書をまとめる上で大きな助けになったものが 2 つ挙げられる．1 つはコンピュータの発展とともに身近になった GIS（地理情報システム）をはじめとした空間情報技術である．地域に関わる空間情報を重層的に格納，利用することができ，スケールも自由自在に変えられる．これを使って地域を対象に研究に取り組めば，専門分化してしまった研究分野が再び融合し，分野を超えた文理融合の研究が可能なのではないかとの期待を抱いた．

　もう 1 つは国連がまとめた『ミレニアム生態系評価（Millennium Ecosystem Assessment）の生態系と人間の福利：調和（Ecosystems and Human Well-Being : Synthesis）』の報告書である．この報告書は世界の 1300 人以上の研究者が参加して 2005 年にまとめられたもので，人間の福利を間接変化要因，直接変化要因，生態系サービスとの相互関係で整理した概念的枠組みを提示している．この概念的枠組みを分野・立場を超えたさまざまな関係者の協働に適用することを思い至った．それが本書の「概念的構造化」に活かされている．

　本書は全体が Ⅳ 部構成になっている．第 Ⅰ 部で「時空間情報プラットフォーム」とはどのようなものか，また時代背景や重要性，人間の環境認識ツールとしての意義などについて解説している．第 Ⅱ 部では，地球環境問題への対応に総合的に取り組む空間単位として重要と考えられる流域圏を取り上げて，時空間情報

プラットフォーム構築の第1段階としての「概念的構造化」の解説を行っている．国連のミレニアム生態系評価の概念的枠組みにわれわれ独自の「基盤変化要因」を加えたものを利用して，流域の自然環境，社会環境の変遷と課題，今後のあり方を，地球科学，森林・土壌生態学，生態学，都市環境工学，都市計画，農業・財政・産業連関に関わる経済学などの多分野の視点で定性的，構造的に整理している．第Ⅲ部では，第Ⅱ部の概念的構造化に基づく「時空間情報化」，その利用を支える技術について解説している．第Ⅳ部では具体的に秦野市を中心とした神奈川拡大流域圏での取り組みの実践を通して得られた経験を述べるとともに，今後の展望を行っている．

　本書の読者は地域課題解決に向けてそれぞれの立場から取り組む市民，自治体，企業，研究者，およびその協働体を想定している．各立場の方々単独で読んでいただきつつ，協働に向けた展開を進めていただくための利用を想定している．なお，本書はあくまでもわれわれのこれまでの途中経過であり，今後取り組みたいことも含めて予告編的に書いているものである．また，本書でいうところの「インテグレータ（協働促進者）」の存在が重要な鍵を握っていることも強調しておきたい．

　本プラットフォームの最初のユーザーに，水源環境保全・再生施策かながわ県民会議座長で本書の取り組みの先頭を切って走っておられた故金澤史男横浜国立大学教授（当時）を想定していたが，2009年6月に急逝されたことは痛恨の極みであった．故金澤教授は本書の第9章の執筆予定者でもあったが，執筆の構想は引き継がれて，お弟子さんである其田茂樹氏，清水雅貴氏に担当いただいた．

　本書は，横浜国立大学21世紀COEプログラム「生物・生態環境リスクマネジメント」（拠点リーダー：浦野紘平横浜国立大学教授（当時），2002～2006年度）での研究活動を活かして，2006年10月から2年間にわたって取り組んだ（財）日本生命財団の学際的総合研究助成による「持続可能な拡大流域圏の地域住民，NPO，行政，研究者の実践的協働を実現する空間情報プラットフォームの構築」の研究成果をまとめたものである．また，上記研究を進める中で，21世紀COEプログラムの次の展開である横浜国立大学グローバルCOEプログラム「アジア視点の国際生態リスクマネジメント」（拠点リーダー：松田裕之横浜国立大学教授，2007～2011年度（予定））の採択が決まり，同プログラムの一環としてその支援を受けながら地球環境時代の知的情報基盤である本プラットフォ

ームの構築の具体化を行うことができた．

　本書の出版にあたって（財）日本生命財団の出版助成をいただきましたことを記して感謝申し上げます．また，研究にご協力をいただいた共同研究者，桂川・相模川流域協議会，桂川・相模川流域ネットワークをはじめとした市民やNPO，秦野市・横浜市・都留市をはじめとした自治体，および企業の方々にこの場をお借りして感謝申し上げます．最後に，本書の全体構成の構想から原稿依頼，スケジュール管理，最終校正にいたるまで，東京大学出版会の小松美加氏，薄志保氏に大変お世話になりましたことを感謝申し上げます．

　2010年6月

佐土原　聡

目 次

はじめに　i

第Ⅰ部　地球環境と時空間情報プラットフォーム

第1章　地球環境時代と協働　………………………佐土原聡・佐藤裕一　3

1.1　文明の転機，地球環境時代の訪れ（気候変動枠組条約，生物多様性条約）　3
   1.1.1　冷戦から地球環境問題へ　3
   1.1.2　近代工業文明の終焉と持続可能社会　5
   1.1.3　グリーン革命の進行，低炭素社会と生物多様性社会の実現に向けて　6
   1.1.4　科学技術と国際政治決着　7
1.2　情報社会の深化，空間情報社会の実現　7
   1.2.1　ICTの急速な発展と地球情報時代　7
   1.2.2　空間情報技術の誕生と発展　8
   1.2.3　地理空間情報活用推進基本法の制定　10
   1.2.4　空間情報社会の課題　11
   1.2.5　ユビキタス社会　11
1.3　地球環境情報文明時代を切り開く情報伝達・共有と協働　12
　　文献・参考ウェブサイト　13

第2章　人間の脳力と知識の構造化　………………佐土原聡・佐藤裕一　15

2.1　脳の外在化とヒトの脳力　15
   2.1.1　ヒト脳の進化　15
   2.1.2　文明の歴史と地球環境容量の壁　15
   2.1.3　概念の効用と認知バイアス，因果律の要求　16
   2.1.4　ヒトの概念思考と国際政治・地球環境問題，概念の科学的定量変換　17
   2.1.5　外在化する脳機能の膨張とヒトの脳力　18
   2.1.6　個別解から全体解へ，あらたな因果律の発見と構造化　19

2.2　知識の構造化と時空間情報プラットフォーム構築のプロセス　20
　　2.2.1　知識の構造化の重要性　20
　　2.2.2　概念的構造化から時空間情報化，行動の構造化へ　21
　　2.2.3　MA（国連ミレニアム生態系評価）を活用した概念フレーム　23
　　文献　26

第3章　時空間情報プラットフォームとは　………佐土原聡・佐藤裕一　27

3.1　時空間情報プラットフォームがなぜ必要なのか　27
　　3.1.1　要素還元主義と専門分野形成　27
　　3.1.2　ヒトの認知を支える時空間認識　28
　　3.1.3　時空間という共通情報による多分野統合と概念モデルの検証　28
　　3.1.4　マルチ・スケールとマルチ・メジャー，時空間一体情報化　29
　　3.1.5　モンスーン・アジアにこそ必要な時空間情報プラットフォーム　30

3.2　時空間情報プラットフォームの構成・内容　31

3.3　時空間情報プラットフォームの機能とウェブでの展開　33
　　文献　34

第4章　協働ツールとしての活用と行動の構造化…佐土原聡・佐藤裕一　35

4.1　地域・地球環境問題解決に向けた有力な協働支援ツール　35

4.2　協働ツールとしての活用の実践におけるポイント　36

4.3　協働の時代の訪れとその課題：人口減少社会と国土管理　38

第Ⅱ部　情報の収集と構造化

第5章　富士山から東京湾まで―神奈川拡大流域圏のあらまし
　　　　　　　　　　　　　　　　　……………………佐藤裕一・佐土原聡　44

5.1　なぜ拡大流域圏なのか―生物多様性社会・低炭素社会をデザインするために　45

5.2　神奈川拡大流域圏の水循環構造　48
　　5.2.1　神奈川拡大流域圏の淡水大循環　48
　　5.2.2　河川上水道ネットワーク　49

5.3　神奈川拡大流域圏の社会経済と水利用・水資源開発の歴史　50

  5.3.1　近代水道創設と神奈川の近代（1859-1945）　50
  5.3.2　現代（1945-1989）神奈川の戦後高度成長と水需要急増　51
  5.3.3　文明の転機（1990年～）と水行政の量から質への転換　52
 5.4　拡大流域圏の水質と下水道事業の普及　53
 5.5　相模湖・津久井湖のアオコ発生と土砂堆積問題　54
  参考文献　55

第6章　地質・水循環と水源地の地球科学的リスク－地球科学
                 有馬眞・石川正弘　56

 6.1　はじめに　57
 6.2　地球システムと人間圏　57
 6.3　神奈川拡大流域圏の地球科学的特性　59
  6.3.1　プレートテクトニクスと伊豆-小笠原弧の衝突　59
  6.3.2　地形と地質概要　60
 6.4　丹沢山地における酸性沈着と土壌・渓流水質リスク評価　62
  6.4.1　土壌と渓流水質　62
  6.4.2　丹沢森林土壌の分布と構造　63
  6.4.3　土壌の地球化学的特徴　64
  6.4.4　丹沢山地の渓流水質　66
 6.5　水資源の地震災害リスクと時空間情報プラットフォーム・システム　68
  6.5.1　関東地震震源域と東京・横浜大都市圏　68
  6.5.2　大正関東地震による斜面崩壊　69
  6.5.3　地震による水源地の複合リスク　70
 6.6　時空間情報プラットフォーム・システムの活用可能性と今後の取り組み　71
  引用文献　72

第7章　水源森林生態系とその保全再生－森林生態　………木平勇吉　74

 7.1　はじめに　75
 7.2　森林生態系と森林機能の階層構造　75
 7.3　丹沢の立地と生態系サービス　77
 7.4　森林生態系の撹乱と生態系サービスの低下　78
  7.4.1　ブナの枯死　78

  7.4.2 人工林の荒廃と土壌流出　78
  7.4.3 渓流生態系の荒廃　79
  7.4.4 ニホンジカの過密化と植生衰退・土壌流出　80
  7.4.5 希少動植物の消滅と孤立　81
  7.4.6 外来生物の侵入　81
  7.4.7 地域社会の停滞と鳥獣被害　81
  7.4.8 自然公園の施設破壊　82
 7.5 森林生態系撹乱の間接要因－森林管理の歴史的経緯　82
  7.5.1 木材伐採による里山の荒廃（明治時代以前）　82
  7.5.2 関東地震と戦時伐採による山地荒廃（明治時代から第2次大戦まで）　83
  7.5.3 燃料革命と人工林造成（1950年代）　83
  7.5.4 高度経済成長と奥地開発と都市化（1960年代）　84
  7.5.5 林業衰退と自然環境異変の兆候（1970年代）　84
  7.5.6 生態系撹乱の深刻化と地域社会の衰退（1980年代）　84
  7.5.7 自然環境の保全再生への取り組み（1990年代）　85
  7.5.8 丹沢大山総合調査と再生事業の実施（2000年代）　85
 7.6 水源森林の生態系撹乱の直接要因　85
  7.6.1 大気汚染とブナの枯死　85
  7.6.2 林業不振と人工林の荒廃　86
  7.6.3 野生動物管理とシカ問題　86
  7.6.4 観光地化と公園施設荒廃　87
 7.7 水源森林生態系の保全再生の対策　87
  7.7.1 景観域区分と対策の原則　87
  7.7.2 e-Tanzawaの開発　88
  7.7.3 水源森林生態系の保全再生対策についての筆者の意見　89
 引用文献　91

第8章　生態系サービス維持のための土壌生態系保全－土壌生態
                      金子信博　92

 8.1 はじめに　93
 8.2 土壌を生態系として捉える　93
 8.3 土壌生態系と炭素　98
 8.4 生態系における活性窒素の増加問題　98
 8.5 森林の表土の機能　103
 8.6 土壌の生成速度　104

8.7 まとめ　105
　　引用文献　107

第9章　水源環境施策と納税者コンプライアンス－地方財政
　　　　　　　　　　　　　　　　　　　　　　　　　其田茂樹・清水雅貴　109

9.1　はじめに　110
9.2　水源環境税を導入した狙いと経緯　110
　　9.2.1　地方新税の背景　110
　　9.2.2　神奈川県の水源環境税導入の経緯－導入段階における「参加型税制」の実践
　　　　　111
9.3　かながわ水源環境保全・再生施策の政策枠組みの特徴　113
　　9.3.1　税制措置の特徴　113
　　9.3.2　「施策大綱」と「実行5か年計画」　115
9.4　県民参加協働と施策モニタリング・納税者コンプライアンス　116
　　9.4.1　県民会議の概要と納税者コンプライアンス　116
　　9.4.2　納税者コンプライアンスからみた水源環境保全施策の評価体系　117
9.5　環境政策としての新税施策の先進性・意義　119
　　9.5.1　創設された「地方新税」の類型　119
　　9.5.2　日本型環境税の特徴と意義　120
9.6　コンプライアンス・ツールとしての時空間情報プラットフォーム・システムの活用　121
　　9.6.1　事業評価の課題　121
　　9.6.2　水・汚染物質循環のモデル構築と施策シミュレーションの試み　122
9.7　おわりに　123
　　参考文献　124

第10章　グローバル経済と環境負荷－産業連関　…居城琢・長谷部勇一　126

10.1　はじめに　127
10.2　地域産業連関表と連関構造　128
10.3　ヴァーチャル・ウォーター（VW）　130
10.4　ウォーター・フットプリント（WF）　130
10.5　神奈川県産業別水使用データの作成　131
　　10.5.1　農業部門の推計方法　132

10.5.2　工業部門の推計方法　133
10.5.3　電力・ガス熱供給部門の推計方法　133
10.5.4　その他の部門　133
10.5.5　神奈川県水使用データの概要　133
10.6　神奈川県のウォーター・フットプリント（WF）分析　135
10.7　まとめ　140
参考文献　141

第11章　農林業の再生と自然産業の形成－農業経済 ……… 嘉田良平　142

11.1　はじめに－揺らぐ農山村の持続可能性　143
11.2　中山間地域の現状と「里山」問題　144
11.2.1　中山間地域の現状　144
11.2.2　「里山」をめぐる諸問題　145
11.2.3　農林業政策の影響　146
11.2.4　公共政策の見直し　147
11.3　環境価値の可視化と「自然産業」の形成　149
11.3.1　自然産業とは　149
11.3.2　環境の価値を可視化するには　150
11.4　「水源環境税」と「横浜みどり税」の意義と課題　152
11.4.1　神奈川県における拡大流域圏とその水需給の構図　152
11.4.2　水源環境税とみどり税は何を意味するのか　154
11.4.3　環境保全型農業と直売システムの展開　156
11.5　むすび－都市と里山をつなぐプラットフォーム構築にむけて　157
参考文献　159

第12章　持続可能な国土管理と流域圏－都市計画・地域計画 ……………………………………………… 小林重敬　160

12.1　はじめに　161
12.2　成長社会から成熟社会への移行に伴う市街地の縮減　161
12.3　国土形成計画と持続可能性　163
12.4　国土利用計画と「持続可能な国土管理」　164
12.5　「国土の国民的経営」　165
12.6　流域圏アプローチによる国土管理の推進　167

12.7　国土利用の質的向上　170
　　参考文献　171

第13章　情報収集と概念フレームによる構造化…佐藤裕一・佐土原聡　172

13.1　神奈川拡大流域圏の課題の概念的骨格　173
13.2　丹沢山地の生態系の危機とその因果関係　174
13.3　神奈川の丹沢大山自然再生施策，水源環境税と水源環境保全再生施策　176
13.4　拡大流域圏の域外依存　178
13.5　新たな担い手とコモンズの形成　179
13.6　概念的構造化と時空間情報化へ向けて　180
　　参考ウェブサイト　181

第Ⅲ部　時空間情報の処理とプラットフォームの構築

第14章　地下構造のモデリング　………………………………堀伸三郎　184

14.1　はじめに　184
14.2　拡大流域圏の3次元地質モデルの構築　185
　　14.2.1　地形・地質概要　185
　　14.2.2　神奈川拡大流域圏の地下構造　185
　　14.2.3　相模川流域の地質構造　190
　　14.2.4　金目川流域3次元地質モデルの構築　191
14.3　ボーリング情報の3次元化　194
　　14.3.1　地質技術者の判断基準を条件とする地層区分の検索・分類　196
　　14.3.2　3次元グラフィック上での空間関係による分類　197
14.4　まとめ　197
　　参考1—地下構造モデリングの手順　198
　　参考2—地下構造に関する地球科学的情報　200
　　参考文献　200

第 15 章　地圏水循環のシミュレーション　………………………登坂博行　202

15.1　はじめに　202
15.2　陸域水循環とシミュレーション　202
 15.2.1　地表流・河川の流れ　203
 15.2.2　地下の流れ　204
 15.2.3　地表と地下の水の往来　205
 15.2.4　流れの式を解く　206
15.3　神奈川拡大流域圏の水の動きを俯瞰する　206
 15.3.1　モデルの設定　207
 15.3.2　大域の水循環を描き出す　209
15.4　秦野盆地・金目川の詳細モデル　214
15.5　まとめ　216
 参考文献　218

第 16 章　大気循環のシミュレーション　………………………近藤裕昭　219

16.1　はじめに　219
16.2　自然界における窒素循環と人為起源活性窒素の発生量　220
16.3　大気モデルの考え方　221
16.4　沈着の考え方　224
16.5　計算結果　226
16.6　まとめ　228
 参考文献　228

第 17 章　データベースと共有システム　………………………平野匡伸　230

17.1　はじめに―時空間情報プラットフォームにおける GIS の役割　230
 17.1.1　GIS とは　230
 17.1.2　GIS を利用することのメリット　230
 17.1.3　GIS の進化　231
 17.1.4　時空間情報プラットフォームで用いる GIS ソフトウェア　233
 17.1.5　GIS ソフトウェアの利用形態　234
17.2　共有システムとしての時空間情報プラットフォーム　236
 17.2.1　各情報処理ソフトウェアへの基礎データの提供および処理結果の集約　236

17.2.2　時空間情報および論文情報のオンライン検索機能（クリアリング・システム）　238
17.2.3　研究者への時空間情報の提供機能（データダウンロード機能）　241
17.2.4　時空間情報の簡易閲覧機能　243
17.3　まとめ　245
参考文献　246

第18章　ハイビジョン遠隔ネットワークのマルチメディア・システム
………………………………………………………有澤博　247

18.1　はじめに―インターネットを用いたマルチメディア情報交換・共有システム　247
18.2　高精細映像伝送　247
18.3　インタラクション　249
18.4　時空間データベース　252
18.5　アプリケーション共有　253
18.6　まとめ　255

第19章　情報の処理とプラットフォーム構築の方法
………………………………………………佐藤裕一・佐土原聡　256

19.1　時空間情報化の役割と機能拡張，可視化・立体視化　256
19.2　背景基盤情報としての自然圏（地圏・水圏・気圏）時空間情報基盤の構築　257
19.3　生命圏（生物圏・人間圏）の時空間情報化　262
　19.3.1　生物圏データ　262
　19.3.2　人間圏データ　264
19.4　データの重ね・組み合わせと概念的構造化へのフィードバック　266
19.5　今後の展開　266

第Ⅳ部　時空間情報プラットフォームの活用

第 20 章　現場への活用と実践運用による貢献 …… 佐藤裕一・佐土原聡　270

20.1　はじめに　270
20.2　秦野市での取り組みのきっかけ　270
20.3　秦野モデル構築の背景　272
20.4　秦野現況モデルの構築　274
20.5　現況モデルから持続可能な将来のモデルづくりへ　276
20.6　秦野現況モデル構築のプロセス　277
20.7　研究の全体と秦野モデルの位置づけ　282

第 21 章　協働支援と行動の構造化 ………………… 佐藤裕一・佐土原聡　283

21.1　はじめに―出発点としての協働　283
21.2　協働支援ツールとしての時空間情報プラットフォームとインテグレータの役割　283
21.3　協働の成果としての「行動の構造化」　285

第 22 章　課題と今後の展開 ………………………… 佐土原聡・佐藤裕一　286

22.1　時空間情報プラットフォーム構築と活用の課題　286
　22.1.1　課題1―時空間情報プラットフォームのコアシステムの機能　286
　22.1.2　課題2―システム操作技術習得の課題　287
　22.1.3　課題3―プラットフォーム・コミュニティ構築維持の困難さ　287
　22.1.4　課題4―高額なコスト　287
22.2　時空間情報プラットフォームのあるべき姿―ユビキタス時代の情報社会基盤　288

あとがき　289
索引　291
編者・執筆者一覧　295

第 I 部
地球環境と時空間情報プラットフォーム

　第 I 部ではこの本の表題である「時空間情報プラットフォーム」とは何か，どのような時代背景でこれが重要かつ必要とされているのか，そしてプラットフォーム構築の手順・方法，これからの可能性について解説する．

　1989 年のベルリンの壁の崩壊で東西冷戦に終止符が打たれて以降，気候変動と生物多様性の喪失といった地球環境問題が人類共通の問題として浮上した．また，世界経済のグローバル化の進展で，都市部への人口集中と周辺部・中山間地域の人口減少・過疎化の同時進行，環境問題のさらなる深刻化が起こっている．しかし，これらの課題解決に貢献しなければならない学問の分野はこれまで以上に専門分化が進み，分野横断的で輻輳する現代社会の要請に応えることができない状況にある．

　幸いにも今日，情報革命とも呼ばれるほどのコンピュータ技術，情報通信技術の発展とそれを活かす社会環境の整備が進行中で，大量の情報を取得し，処理，分析，可視化，伝送して活用することが容易な時代を迎えている．そこで情報社会のこの環境を駆使し，専門分化した学問の知識を実践的に活用できるように再構築するとともに，一人ひとりが持っている能力をフルに発揮して，さまざまな分野・立場の人々の協働による社会づくりを可能とする情報社会基盤「時空間情報プラットフォーム」を提案する．

　「時空間情報プラットフォーム」は人間の脳が行っている事象の認識の特性をふまえて，「概念モデルの構築」と「時空間情報化」と呼ぶ 2 つのプロセスを相互に関連づけフィードバックしながら，その結果をコンピュータ上に構築する情報基盤である．このプラットフォームは，われわれを取り巻く周辺の環境で起こっている現象，問題のさまざまな要因や影響の相互関係をわかりやすく，より正確に理解するための支援ツールとして機能するが，その構築の第一歩として，現象，問題の実態や影響要因を，地球の環境を構成する要素にしたがって共通の概念フレームで整理する必要がある．そこで国連のミレニアム生態系評価（MA）の概念フレームを基に，水循環・大気循環，それを駆動する太陽エネルギーの入射を含めた「地圏」，「水圏」，「気圏」という自然圏を基盤変化要因として加え，「生物圏」，「人間圏」の生命圏と合わせた 5 圏の概念フレームを提案し，これを用いて「概念モデルの構築」と「時空間情報化」を行い，「時空間情報プラットフォ

ーム」を構築する.

　日本が位置するモンスーン・アジアは多様で豊かな自然環境に恵まれている.この環境を保全し持続的に活かすためには,それぞれの地域の特性に合わせたきめ細かい対応,環境総体の特性をふまえた総合的対応が必要であり,それを支援するアジア型のプラットフォームをめざしている.

第1章
地球環境時代と協働

佐土原聡・佐藤裕一

1.1 文明の転機，地球環境時代の訪れ（気候変動枠組条約，生物多様性条約）

1.1.1 冷戦から地球環境問題へ

　1989年11月ベルリンの壁が崩壊し，第2次世界大戦後40年あまり続いた東西冷戦に終止符がうたれ，世界規模の戦争の危険性は遠のいた．そして地球環境問題が次の人類共通の課題として浮上し，1992年「環境と開発に関する国際連合会議」（通称地球サミット）が国際連合の主催によりリオデジャネイロで開催された．国際連合加盟国ほぼすべてにあたる178カ国が参加し，2万人を超える人々が集い，「環境と開発に関するリオデジャネイロ宣言」と，21世紀へ向けての人類の行動計画「アジェンダ21」が採択され，「気候変動枠組条約」と「生物多様性条約」が署名された（シャベコフ，2003）．この国際的な動きを受けて，日本においても1993年に複雑化・地球規模化する環境問題に対応するために環境基本法が制定され，旧来の公害対策基本法を廃止し，自然環境保全法を改正している．

　人類は核戦争の危機から遠のき始めることで，ようやくもう1つの人類の危機「地球環境問題」に取り組むことが可能になったといえるが，むしろ東西体制崩壊により多極化する国際社会の政治的混迷を避けるために人類共通の目標を見出さなければならないという，文明転換期の時代要請によるところが大きい．その後，気候変動枠組条約締約国会議が定期的に開催されており，1997年京都で第3回締約国会議（Conference of Parties 3, COP3）が開催され，国際的な枠組みとなる京都議定書が採択された．2008年から2012年の間に6種類の温室効果ガス（二酸化炭素（CO_2），メタン（CH_4），一酸化二窒素（N_2O），ハイドロフルオ

ロカーボン（HFCs），パーフルオロカーボン（PFCs），六フッ化硫黄（SF_6））の排出量を，基準年（1990年）比で一定数値削減することを義務づけた画期的なものとなった（高村・亀山，2002）．2001年にブッシュ政権の米国が離脱し，発効されない状態が続いたが，ロシアが2004年11月に批准したことによって，米国抜きでもCO_2の排出量が61％を超えることになり，京都議定書は2005年2月16日に発効した．

気候変動による地球温暖化問題については，気候変動に関する政府間パネル（Intergovernmental Panel on Climate Change，IPCC）が世界気象機関（WMO）の一機関として1988年に設立され，気候変動枠組条約の科学的検討作業をIPCCが当面代行することとなり現在に至っている．IPCC自体が各国への政策提言等を行うことはないが，国際的な地球温暖化問題への対応策を科学的に裏づける組織として間接的に大きな影響力を持ち，2007年には第4次評価報告書が第27回総会で承認された．

生物多様性については，1993年12月に生物多様性に関する条約が発効し，2009年2月現在で締約国が191に達している（COP10 CBD支援実行委員会，2009）．この条約は締約国に対して，生物の多様性の保全および持続可能な利用を目的とする国家的な戦略もしくは計画（生物多様性戦略）を策定することを課している（及川ほか，2007）．日本では1995年10月に「生物多様性国家戦略」を決定し，2002年に全面的な見直しをした「新・生物多様性国家戦略」を決定した．「新・生物多様性国家戦略」では概ね5年程度で見直しを行うことになっており，それに基づいて2007年11月に今後5年程度の間に取り組むべき施策の方向性を4つの「基本戦略」としてまとめ，数値目標も盛り込んだ「第3次生物多様性国家戦略」を閣議決定している（環境省自然保護局，2009）．しかし生物多様性に関してはIPCCのような役割を担える世界的機関がまだできていない．2003-2005年に国連環境計画（United Nations Environment Programme，UNEP）を事務局として，生態系の変化が人間の福利に与える影響を評価し，生態系の保全と持続的な利用を進め，人間の福利への生態系の貢献を高めるために，われわれが取るべき行動は何かを科学的に示す目的で「ミレニアム生態系評価」が実施され（Millennium Ecosystem Assessment，2007），4つのシナリオが提示されている．現在日本では，2010年名古屋で開催予定の第10回締約国会議（COP10）に向けて，国連大学高等研究所が中心となり，そのサブ・グローバ

ル・アセスメント（里山里海SGA）が行われている．これは「ミレニアム生態系評価」の成果をふまえて，日本国内の各地の研究者が参加して，地域の特性を反映した，より詳細な評価を行うものである．また，この動きと連動して，国連大学と環境省が連携した国際SATOYAMAイニシアティブが立ちあげられようとしている．

1.1.2 近代工業文明の終焉と持続可能社会

　この世紀の変わり目を挟んだ20年間は，単に冷戦が終結して，地球環境問題が国際社会の第1の課題となったというだけではない．国際金融商業貿易と産業革命，植民地支配の帝国主義の時代に始まった近代工業文明が大きな転換期に入り，人類が横並びで新しい文明の時代に向かっている．東西冷戦が終結しソビエト連邦が崩壊して，中国が改革開放政策に転じて国際自由貿易体制に参入し，この2国にブラジル，インドを含めたBRICs（Brazil, Russia, India, China）といわれる人口・資源大国が台頭してきた．いまや中国のGDP世界第2位がほぼ確実で，アメリカ一極から多極型の国際社会経済が瞬く間に形成されている．特に2008年リーマン・ショックに端を発する，アメリカ起源の世界金融危機とG7，G20を中心とした対応は，そのことを顕著に示している．国家対立の象徴である核兵器の廃絶へと向かいながら，世界の各国家の政治体制は連鎖的に変わり，金融貿易による国際経済の急速な進展拡大は，人類社会を地球規模の運命共同体としていく．近代工業文明は物質的な豊かさを獲得することが大前提であり，BRICsや新興国はいま経済急成長のさなかで近代工業文明の最終コーナーに位置するといえるが，この経済膨張は資源・エネルギーと地球環境容量の限界にすでに近づきつつある．人類はかつて欧米主導の帝国主義体制のもとに資源・エネルギーを奪いあってきた．イギリス市民革命と産業革命以降，フランス革命・アメリカ独立戦争，ソビエト革命と2度にわたる世界大戦，そして東西冷戦と，近代工業文明期は資源争奪のための戦争と革命の時代でもあった．東西対立は自由貿易と市場経済の体制に軍配が上がり，新興国の経済成長が促進され，物質的な豊かさが地球規模に拡大する中，先進国は人口停滞減少・脱成長時代の新たなパラダイムを生み出しつつある．それは化石資源・エネルギーに過度に依存しない豊かさの追求であり，持続可能社会の実現である．

1.1.3 グリーン革命の進行，低炭素社会と生物多様性社会の実現へ向けて

現在は近代工業社会が地球環境対応の持続可能社会へ急速に移行しつつある時代で，産業と社会のグリーン化，戦争なきグリーン革命が進行中である．その最優先事項は地球環境保全であり，国際条約が発効している「気候変動防止」と「生物多様性保全」が具体的なグリーン産業の評価視点となる．地球環境問題に対応したグリーンな持続可能社会として低炭素・生物多様性社会がイメージされ，その国際的な評価基準の合意が必要とされている．低炭素に関しては科学的な根拠と客観性が求められて，IPCCを舞台とした科学的な検討が重ねられ，気候変動枠組条約締約国会議で削減目標等の国際的な政治決着が図られている．しかし，生物多様性に関しては定量的なアプローチが困難で，CO_2のような単一の数値目標を立てにくく，低炭素とは異なる科学的手法と評価法の開発が喫緊の課題となっている．

低炭素社会が化石燃料依存の近代工業文明の見直しを迫る課題であるのに対し，生物多様性社会は農林水産業のありかたの課題であり，森林伐採，農牧地拡大，水産資源乱獲などが問題となっている．生物多様性問題は文明黎明期以来の農林水産業を通しての生物圏と人間圏の関わりの転換を迫る問題である．低炭素社会は化石燃料の消費による資源枯渇と地球汚染という負の遺産を人類の次世代に引き継がないという大きな使命があるが，生物多様性社会はそれ以上に大きい種の絶滅を食い止めるという使命を実現する社会である．長い進化の歴史を経て誕生した多様な種は，いったん絶滅してしまえば再び現れることはない．種の消滅の連鎖が生態系を破壊し，人類存続の直接的な基盤である生態系機能を劣化させ，その恵みであるさまざまな「生態系サービス」（供給サービス，調整サービス，文化的サービス，基盤サービスがある（Millennium Ecosystem Assessment, 2007））が低下し，人類の福利の低下につながる．これが国連のミレニアム生態系評価の枠組みが示す関係性で，生態系に対する直接変化要因として土地利用改変による生息域収奪や化学物質投入・汚染があり，間接変化要因として人類の社会経済活動や科学技術の発展を挙げている．問題はこのような連鎖の実態を科学的に把握することが困難で，生物多様性喪失問題の深刻さが人々に伝わりにくいことである．

1.1.4　科学技術と国際政治決着

　地球環境問題は科学によって発見された問題で，地球規模の観測調査やデータのネットワークがあって初めて人類がその存在を知ることができた．人類の科学技術システムの発展が地球規模の近代文明を可能とし，その問題点を科学が発見し，その成果に基づいて文明システムを変更していくという連環が動いている．科学であるかぎり，その知見についての議論や検証が活発に行われる必要があり，現時点でも地球温暖化についての科学的議論に最終的決着がついたわけではない．しかし，IPCCなどの長い科学的検討プロセスを経て，気候変動枠組条約第15回締約国会議（COP15）がコペンハーゲンで開催され，京都議定書の次の枠組みが検討された．また，2010年には生物多様性条約第10回締約国会議（COP10）が名古屋で開催される．このような締約国会議で科学プロセスの結果が政治決着となっていき，政治目標が設定されて締約国が動いていく．地球環境問題が科学的テーマとなり，このようなサイクルが回っていくには，コンピュータに支えられた情報通信技術（Information and Communication Technology，ICT）の革新的な発展があった．地球シミュレータはもちろん，地球上の各観測点ネットワークの形成などにICTは不可欠で，インターネットなどの技術革新の積み重ねが，今日の地球環境問題への対応を可能にしている．

1.2　情報社会の深化，空間情報社会の実現

1.2.1　ICTの急速な発展と地球情報時代

　コンピュータが登場して半世紀が経過し，この間ハードウェアの能力は指数関数的に増大し，地球シミュレータのようなスーパー・コンピュータが運用されるとともに，ダウンサイジングが進みパソコンが登場して，デスクトップ，ノート，ハンディへと高機能化を果たしながら軽量縮小化してきた．

　これらのコンピュータの高機能化・低廉化・普及と並行して，さまざまなソフトウェアが開発され，新たな用途が開発されてきた．特にインターネットの登場は革新的であった．1985年にアメリカ科学財団による学術研究用のネットワーク基盤NSFNetが作られ，そこにインターネットのバックボーンが移管され，商用インターネットへ開放されて，1990年にWorld Wide Webシステムが開発された．1995年NSFNetが民間に移管しWindows 95の登場でインターネット

の普及に加速がついた．

　これらの動きの政策的原動力はクリントン政権のアル・ゴア副大統領の打ち出した「情報スーパーハイウェイ構想」であり，1993年の政権発足とともに全米情報基盤構想 NII（National Information Infrastructure）がスタートして，全国規模での情報インフラ整備が進められた．それがやがて情報革命となり，情報分野への過剰な金融投資を誘発して情報産業バブルとなっていった．この中から Amazon などの情報ベンチャーが成長していった．

　この1つに1998年カリフォルニアに誕生した Google がある．2000年に Yahoo の検索エンジンに採用され，その後数々の企業を買収合併して急成長すると，2004年 Keyhole 社を買収し，その技術を使った Google Earth が公開された．世界のほとんどの地域を無料の高解像度衛星画像で見ることができ，そのような画像の集合体として地球全体をイメージできるようになった．当初衛星写真を配信するだけであったが，その後多くの機能が付加されている．

　日常的に地球規模の情報をヴィジュアルに獲得できるところに人類は立っており，その空間のデータを位置から検索していくことが可能になっている．その到達点は地球全体がデータや情報の巨大な集合体として仮想空間に再現される「デジタルアース」である．これはアル・ゴアが1998年に提唱したものであるが，意図したのは「膨大な量の地理空間情報をはめ込むことができ，多解像度で，かつ3次元で地球を表現できるデジタルアースが必要である」ということであった（電気学会，2001）．この時念頭にあった最大のものが地球温暖化等の地球環境問題であったことは，その後の彼の行動から推測できる．

　このようにデジタルアースを実現し，地球環境問題を解決できる手段として期待される地理空間情報技術が，ICT の歴史の中でどのように展開してきたのかを，以下に紹介する．

1.2.2　空間情報技術の誕生と発展

　コンピュータが出現した早い段階から，これを地図づくりに使おうとする試みが始まった．1960年代にグレートブリテン・北アイルランドアトラスの出版プロジェクト（1958-1960）での膨大な地図データの処理のために地図作成を自動化するオックスフォードシステムが作られた．カナダでも農村調査と政策立案のための大量の地図情報処理が必要となり，世界初の地理情報システム（Geographic Information System，GIS）であるカナダ地理情報システムが誕生した．1970 年代には最初の GIS パッケージである SYMAP が，ハーバード大学のフィッシャー教授の主催するコンピュータグラフィックス研究室で作られ，続いて後継の ODYSSEY が開発された．さらにこの開発にも携わった J. デンジャモンドが非営利研究所として環境システム研究所（ESRI）を設立し，1982 年に商用 GIS を販売し，これが事実上の世界標準となっている．このころにアメリカ国内でも先駆的実用の試みがなされ，やがて日本にも導入され，国や自治体でもモデル的に取り組まれたが，成功例は少なかった（電気学会，2001）．

　1985 年以降，コンピュータの高機能化とダウンサイジングが急速に進み，GIS パッケージが改良され，パソコンでの操作性が向上し，普及期を迎えることになる．前述したように 1990 年代，地球環境問題が注目され，グローバルデータセットの整備が世界的に進められた．国連環境計画（UNEP）は GRID プロジェクトを立ち上げ，全球をカバーするデジタルデータベースを整備し始めた．また国土情報については，アメリカ地質調査所が世界最大規模の GIS プロジェクトを立ち上げており，1990 年には 11 省庁をメンバーとする連邦地理データ委員会（Federal Geographic Data Committee，FGDC）が組織され，国土空間データ基盤 NSDI（National Spatial Data Infrastructure）へと発展していく．また，カリフォルニア大学サンタバーバラ校を拠点とする研究コンソーシアム NCGIA（National Center for Geographic Information and Analysis）が 1988 年に設置され，GIS の基礎研究を行っている（電気学会，2001）．

　日本では国土地理院がデジタル地図を「数値地図」として刊行した．また総務庁統計局によって標準メッシュで国勢調査等がデジタル化され，1995 年度国勢調査以降はベクタ・データで提供されている．また，1991 年地理情報システム学会が発足し，体系的に取り組む仕組みができた．

　1995 年に 11 省庁で国土空間データ基盤協議会が発足し，全国的なデータ整備戦略と体制の検討を始め，国土地理院が国土空間データ基盤整備事業（National Spatial Data Infrastructure Promoting Association，NSDIPA）を本格的に開始した．同年の阪神淡路大震災は，緊急時の対応のためのデジタル地図基盤情報の整備の重要性を認識するきっかけとなり，全国の自治体での GIS 導入に拍車がかかることとなった．このようなデータの整備が進むにつれてデータの互換性が問題となり，ISO での GIS に関する国際標準 ISO/TC211 が作成されてい

る（電気学会，2001）．

　1995年にはGPS（Global Positioning System）が本格的に運用され，地球上のどこでも測位できるようになり，電子地図と組み合わせたカーナビゲーションが急速に普及して，GISデータが生活の中で身近に活用されるようになってきた．現在では同様のシステムがGPS携帯に組み入れられ，個人が携帯電話で地図情報を取り出せる．また地球観測衛星の解像度が向上し，衛星リモートセンシング・データの活用範囲が広まってきている（電気学会，2001）．

　そしてインターネットによる情報革命が引き起こされ，文字以外のさまざまな画像，音声，GISデータを，ウェブ上でやりとりできるようになった．ウェブの膨大な情報とGISデータが一体で扱えることとなり，それは大型の地図データベースが求められるということで，高度なGISエンジンを搭載したGISサーバが必要とされる．ちなみに本書で述べる時空間情報プラットフォームを支える核となるものも，多様な流域圏情報を格納したGISサーバである．

　1998年ゴア副大統領が提唱したデジタルアース構想の成果がいまGoogle Earthとなって，インターネット上で世界中の人々に活用されている．このデータとGISデータを重ね合わせることができる．われわれは地球全体を対象として，さまざまなデータ処理を行い，それを地球上の多くの人々が共有しつつ，地球上に分散するデータベース・ネットワークでデータを互換しながら，重ね合わせ解析できるところにいる．地球全体を俯瞰しつつ局所的な地域に焦点をあて，相互の関係を確認しながら，地球環境問題解決に向けて地球全体と地域の課題解決策を検討できるところにきている．

1.2.3　地理空間情報活用推進基本法の制定

　2007年5月に日本版NSDI法というべき地理空間情報活用推進基本法が制定された．「この法律は，現在及び将来の国民が安心して豊かな生活を営むことができる経済社会を実現する上で地理空間情報を高度に活用することを推進することが極めて重要であることにかんがみ，地理空間情報の活用の推進に関する施策に関し，基本理念を定め，並びに国及び地方公共団体の責務等を明らかにするとともに，地理空間情報の活用の推進に関する施策の基本となる事項を定めることにより，地理空間情報の活用の推進に関する施策を総合的かつ計画的に推進することを目的とする．」（地理空間情報活用推進基本法第1条）とある．日本は空間

情報社会を実現するための要素はほぼそろっているにもかかわらず，ヴィジョンや制度・システムの整備において立ち遅れていた感が否めない．それが地理空間情報活用推進基本法で国の制度として定められ，翌 2008 年地理空間情報活用推進基本計画が決定され，目標や行動の指針が明確にされてきた．今後地理空間基盤データの充実を基に，さまざまなサービスや試みが現実のものとなってくると思われる（柴崎ほか，2008）．

1.2.4　空間情報社会の課題

空間に関する情報が社会に急速にあふれるにつれて，「この世界に関する多様なデータの計測・収集や処理・分析を，場所・位置と関連づけて行う．地理空間の中で実際におきているさまざまな現象の理解を深め，それを分かり易いモデルとして表現する．データやモデルを睨みながら世界をどのように誘導すべきか，発生しつつある問題にどのように処すべきかを明らかにする」（柴崎，2009）ことが課題となってくる．断片的な情報やデータではなく，現実の社会の課題を解決できる，構造化された具体的な時空間情報の提供が求められてくる．特に地域的なミクロ・スケールの課題解決と地球規模のマクロ・スケールの問題解決が同時になされなければならない地球環境時代の今日，生活空間や行動圏の都市・地域といったスケールと地球規模の環境問題が密接に相互関連していることが人々に認識され，異なる空間スケールの問題に同時並行で対応できることが求められており，それを可能にする空間情報社会のツールが必要とされている．

1.2.5　ユビキタス社会

IC チップの極小化や GPS などのコンピュータ通信技術の革新的進歩は，「コンピュータの機能がどこにでも」という「ユビキタス・コンピューティング」を可能としてきている．社会全体のあらゆるモノ・場所に IC チップを組み込んで信号をキャッチし，そのモノ・場所の情報をインターネットにつながった情報提供用コンピュータ・サーバから入手することができるといった，「ユビキタス・ネットワーク」が社会基盤として整備されることが，現実のものとなってきている．輸送・エネルギー・情報網の 3 つのネットワーク・インフラのうちの情報網がインターネット・コンピューティングで革新的に進歩し，この次のインフラ・イノベーションを担うものとして「どこでもコンピュータ」というユビキタス・

コンピューティングが期待されている．いわばモノや場所が情報を持ち，少子高齢化や環境問題に対応したこまやかな社会システムを可能にしてくれる．空間情報社会の先にはユビキタス社会のステージがある（坂村，2007）．

1.3 地球環境情報文明時代を切り開く情報伝達・共有と協働

　ユビキタス時代にはあらゆる場所から固有の情報を大量に引き出すことが可能となるが，課題は有用な情報を準備することであり，セキュリティを確保しつつそれらを自由自在に引き出せる社会システムを構築していくことである．
　一方で地球環境問題はシームレスにつながっており，あらゆる人々が，その問題から逃れることはできない．そして，現段階ではわれわれが地球環境について知り得ることが少なく，地球環境との関わりが明示されないことが問題である．特に，地球環境の一部であるわれわれを囲む身近な環境が全体とどうつながり，何が問題なのかの情報が少なく，直接的な事実としての身近な周辺環境と間接的な概念としての地球環境全体との関連性が見えてこない．そこに環境問題に誤解や風説的なまやかしが忍び込むスキができてしまう．したがって，地球温暖化の問題も，CO_2 削減目標が規制に置き換わり，生活レベルにまで降りてきた時に初めて実感するということになる．
　とすると，地域と地球環境の関係性の実態を受け止めることができる，科学的に裏打ちされたリアリティをもった情報が伝えられる必要があり，データ・リソースさえ準備されるならば，ユビキタス・システムを通して入手することは困難でなく，また遠い将来の話でもない．膨大な人間の知の積み重ねによる科学的情報が確実に分散蓄積されていれば，それらを選び出していくことで，必要なデータを収集でき，現場の実測データと重ね合わせて検討することも可能である．時空間情報プラットフォームは多様な情報を組み合わせて，必要な情報に加工していくこともでき，ユビキタス環境でより威力を発揮するだけでなく，ユビキタス環境を支えるシステムをより多機能の情報社会基盤としていく上で不可欠である．少なくとも現在構築中の時空間情報プラットフォーム・システムのプロトタイプはそのような機能を持つものをめざしている．
　現在，二酸化炭素削減目標の設定を巡って国際政治の舞台で交渉が続けられており，その目標達成のためにはそれぞれの国々がかなりの努力を重ねなければな

らず，国民のライフスタイルが一変する可能性がある．しかし，これは地球環境問題の序ノロにすぎない．生物多様性などのより困難な問題が待ち構えている．これらの問題構造を読み解いて，それを人々が正確に把握する必要がある．主体者となる情報の受け手の理解力はさまざまであることから，できるだけわかりやすい形で問題の本質を伝えることができる必要がある．

　究極的には，世界各地で人々が，科学的に裏打ちされたそれぞれの地域と地球の環境情報に容易にアクセスでき，情報を共有して自発的かつ自分の能力で読み解いて，適切な行動を選択していく協働を実現する必要がある．そのためには，地域と地球の環境の情報を老若男女あらゆる人々が共有するということを実現しなければならない．なお，このとき逆に人々は事実をどのように理解していくか，どのような情報であれば人々の正確な理解を迅速に導き出せるのかという課題が出てくる．思考し行動するヒトとしての人間の能力の問題に行きつき，それは人間の脳の働き，ヒトの脳力の問題となってくる．次章でこのことを検討し，どう脳力を引き出していけばよいかを検討してみたい．

文献・参考ウェブサイト

及川敬貴ほか（2007）：生物多様性国家戦略における生物多様性の概念とその重要性に関する規定の国際比較論，文部科学省21世紀COEプログラム「生物・生態環境リスクマネジメント」成果報告書，横浜国立大学大学院環境情報研究院．

環境省自然保護局（2009）：生物多様性国家戦略：http://www.biodic.go.jp/nbsap.html

坂村健（2007）：『ユビキタスとは何か―情報・技術・人間』（岩波新書），岩波書店．

柴崎亮介監修・東京大学空間情報科学研究センター寄附研究部門「空間情報社会研究イニシアティブ」編著（2008）：『地理空間情報活用推進基本法入門』，日本加除出版．

柴崎亮介（2009）：地理情報システム学会会長挨拶，地理情報システム学会：http://www.gisa-japan.org/gisa/president.html

シャベコフ，フィリップ（2003）：『地球サミット物語』，JCA出版．

高村ゆかり・亀山康子編（2002）：『京都議定書の国際制度』，信山社．

電気学会・空間情報統合化技術調査専門委員会編（2001）：『GISの基礎と応用』，オーム社．

COP10 CBD（生物多様性条約第10回締約国会議）支援実行委員会（2009）：http://cop10.jp/aichi-nagoya/

Millennium Ecosystem Assessment 編・横浜国立大学 21 世紀 COE 翻訳委員会責任翻訳（2007）：原著序文，『国連ミレニアムエコシステム評価―生態系サービスと人類の将来』，オーム社．

第2章
人間の脳力と知識の構造化

佐土原聡・佐藤裕一

2.1 脳の外在化とヒトの脳力

2.1.1 ヒト脳の進化

人類は言語を持つことで情報を蓄積し，またコミュニケーションを図ることができ，より生存に有利になるとともに，食料，資源・エネルギーの獲得を増大させて活動を拡大してきた．コンピュータの発明はその能力をさらに飛躍的に増大させた．菰田文男がいうように，「文字や道具は人間の脳が外化されたものであり，脳は外化された脳と相互作用することによって，脳自身や人間の身体能力を高めることができる」(菰田, 2003)．このように人間は言葉を外在化させ保存するために文字を生み出した．そして，同時代や後世の人々が人間文化社会を解釈し文字に残し，それが共有され歴史が形成されてきた．私たちは今，次のような文明史を共有している．

2.1.2 文明の歴史と地球環境容量の壁

進化の過程で，人類は農耕によって生物圏を操作改変し余剰人口を生みだし，およそ1万年前人類最初の文明を誕生させた．さらに18世紀には石炭による産業革命が近代工業文明を，続いて石油や天然ガス等を駆使した現代科学技術文明を作りだしてきた．文明は試行錯誤の繰り返しの上に成立し，土地や資源を争奪し戦争を繰り返した．特に近代は国家が形成され，大量殺戮兵器が生み出され，多数の死傷者を出す近代戦争を展開し，2度の世界大戦の幕を核兵器の製造と使用で閉じた．そして核兵器による人類滅亡の危機をはらむ半世紀の冷戦を経て，いま地球環境問題に直面している．

約10万年前に言語を獲得し，その数万年後にアフリカを出た現生人類の祖先

は地球全大陸に広がり，農耕牧畜の始まりとともにその人口は増加し，この数世紀の近代文明期に急増している．このように人類による地球の占有，グローバリゼーションが始まり，土地や資源・エネルギーの人類内での争奪が地球規模で繰り返された．そして資源・エネルギーの枯渇と大量消費による気候変動の恐れがあり，人類による森林伐採や農地拡張，生物資源乱獲による生物多様性の大幅な低下は生物圏を脅かし，人類活動を許容する地球環境容量の有限性がクローズアップされている．このような地球規模での環境の問題は人類が原因者で，その進化の行きついた結果である．これまでの文明のあり方では地球環境容量の壁に阻まれ人類の未来が閉ざされてしまう．とすれば人類には文明の方向のパラダイム・シフト以外に道はない．これが地球環境時代の意味である．

　これまで，地球環境容量は無限大という前提で，地球上に偏在する資源・エネルギー争奪の覇権が人類の関心事であった．東西対立が終焉した1990年以降，地球環境容量が有限であることが国際社会で認識されはじめ，無限大から有限を前提とした文明プログラムに否応なく転換していかなければならないことが明確になった．人類は種の存続をかけた適応を自覚的に行うという新たな適応のステップに踏み出した．これはヒトという種の新たな進化への挑戦ということになる．

2.1.3　概念の効用と認知バイアス，因果律の要求

　ヒトは言語を獲得し，特有の認知機能である「概念作用」を駆使して思考し，環境に働きかけ改変して，多くのものを獲得してきた．概念は構造化されるという性格を持っている．人間はさまざまな概念を構造化するという概念的思考を駆使する．暫定性や曖昧性を持つ概念を複雑に積み上げて，論理性や思考法で整合性を持たせ構造化することで，人間的知性を実現してきた．

　言語による思考とは，文法などの言語の法則性に基づき概念を構造的に組み立てていくことである．しかし，概念とは，抽象的特徴に依拠する具体事象のグループであるから，はじめから暫定性や曖昧性を含んでいる．最初からバイアスがかかってしまう．この非論理的認知バイアスは，人間の思考の自由性や創造性をもたらすとともに，事実とは異なる思考の暴走という危険もはらんでいる．それゆえ言語的論理を超えた因果律の確認を求める．その因果律を厳密に求めて科学が成立してきたといえる．

　このように人間には思考に潜む認知バイアスの回避や因果律の追究への欲求が

あり，それらを超克するものとして科学が生まれたと考えられる．しかし自然環境を改変し，科学技術による文明が地球環境容量を脅かしている現代では，科学にさらなる高度化が求められている．

2.1.4　ヒトの概念思考と国際政治・地球環境問題，概念の科学的定量変換
　1992年のリオデジャネイロ「環境と開発に関する国際連合会議」で，「環境と開発に関するリオデジャネイロ宣言」が出され，その前文で「各国，社会の重要部門及び国民間の新たな水準の協力を作り出すことによって新しい公平な地球的規模のパートナーシップを構築するという目標を持ち，全ての者のための利益を尊重し，かつ地球的規模の環境及び開発のシステムの一体性を保持する国際的合意に向けて作業し，我々の家庭である地球の不可分性，相互依存性を認識し，以下のとおり宣言する」（環境省，2009）と述べられている．
　このように「地球環境問題」は国際社会のきわめて政治的な課題が出発点であるが，ヒトの概念的思考のプロセスが国際政治の舞台で顕著に現れているといえる．まず地球環境問題が存在するという「気づき」の創発があり，その概念の暫定性と曖昧性を内包するテーマを，国際社会の代表者がとりあえず承認し，このきわめて概念的な「地球環境問題」に適合する現実の要素を列挙していくことになる．それは2つの条約のフォローアップ・プロセスに見られ，条約締約国会議が定期的に開催されている．特に気候変動枠組条約については「地球温暖化」をテーマとしてIPCCを舞台に科学者による国際的な検討が重ねられ，二酸化炭素削減の目標をめぐって国際的な政治交渉が続けられている．しかし，地球環境問題といった概念自体が抽象的で，もともと仮説性や曖昧性を多分に含み，地球温暖化の問題も科学の決着が完全に着いたわけでない．しかし，人類68億人の多くが"わかったつもり"になるという国際的合意を取りつけるために，因果律を追究して科学的検討が重ねられた．
　そこでの焦点は気候変動のメカニズムへの温暖化物質の影響の科学的解明であり，目標の数値化であった．このきわめて政治的な背景から設定された概念目標は，そのまま物理的パラメータとして定義することがむずかしい．そのために温暖化物質をいくつか同定し，二酸化炭素をメーンターゲットとした．その濃度と温暖化との関係性と発生源となる人間活動との関連性とをシミュレーション等の科学的検討で検証し，その信頼性の確率を高めながら，国際的合意を次第に数値

目標にまで高めていった．この1992年から続けられた地球環境に関する概念目標の科学的定量的明示化と人類社会の合意形成のプロセスは，冷戦終結後の大規模戦争が回避できる国際社会の安全と平和の上に成立している．そして情報化の進展もあって科学的成果が広く国際的に共有され，先進国を中心に産業や生活の場での低炭素社会化が進み始めている．

ヒトに固有の非論理的な認知バイアスは，"わかる"ことを追究する「因果律の要求」を生み続ける．二酸化炭素削減の目標が合意されれば，その検証やモニタリングなど，新たな未知の分野が発生し，このような社会的合意と科学的検証の輪は回り続けなければならないが，むしろヒトの文明的進化の必然としてこれを受け入れ，ヒトの認知バイアスに基づく概念の境界に否応なく残される「にじみ」ともいうべき曖昧性の生物的限界とリスクの存在を明確に認識，共有しながら，この因果律の輪を回すべきであろう（入來，2008）．

前述したように人類はヒトという種の存続をかけた適応のステップを踏み出し，種としての挑戦をすることになる．その際にヒトの持つ非論理的な認知バイアスのマイナス面をいかに回避するかが重要で，地球環境に直接影響を及ぼすまでの文明の力を持ってしまったヒトにとって，必然的に起きてくるこの認知バイアスによる過ちを抑え込む必要がある．知の暴走という大きな過ちは取り返しがつかない事態を引き起こしかねない．いずれにしろ，ヒトという種をあげての適応は文明の大転換を意味し，1990年以降の国際社会の動向はすでにそれが大規模に始まっていることを表している．

2.1.5 外在化する脳機能の膨張とヒトの脳力

確かに，「言語を利用した表象や概念をつくりあげる必要が生まれる理由は，脳の未来生成器・未来改造機器としての機能をさらに高めるためである」（菰田，2003）と書かれているように，人間は未来の状況を予測して選択シナリオを検討し，対応力，生存能力を高める．

複雑化している現実世界の実態，メカニズムを科学的に「見える化」し，多主体でコンピュータによる脳の外在化を行い，相互にコミュニケーションを行うことによって，協働によるさまざまな知見の創出，蓄積を行うことができる．こうして外在化された多主体の情報蓄積はさらに協働で知的能力を高めていく好循環を創り出すが，そのような蓄積，発展型の脳の外在化を支援するツールが求めら

れている．一方で脳の外在化は脳自体の機能限界にも規定されてくる．生存のための視覚による空間認識と生命リズムによる時間認識に始まり，道具による身体・認識能力の拡張，言語による概念構築と操作，文字とコンピュータによる脳機能代替え拡張と続き，その延長に現代文明が築きあげられてきた．しかし，脳の生理的限界を超えて人間が外部を認識することは不可能で，脳の生理機能に寄り添った情報の入力法が求められてくる．それが結局「わかりやすい」ということになるのである．

このわかりやすさを得るためには，人間の視覚的認識の潜在能力を引き出すことに着目することが重要である．視覚は脳神経と結びついていて，外界のものを認識・判別するが，これは高度な脳神経機能によって支えられている．言語を獲得する前の人類の外界認識は5感の特に視覚に頼ってきた．例えば雑多なものの中から目的のものを探し出したり，相手の顔の表情から感情や意図を瞬時に推察するという作業を苦もなくこなしてしまう．いわばこの無意識のうちに行われる視覚よる直観的認識力や理解力を動員して，複雑な事象を理解することができる．幸い近年，立体視などヴァーチャル・リアリティ技術などが急速に進化している．これらを積極的に取り入れながら，プラットフォームの情報伝達機能を高め，視覚機能を活用した「見える化」による「わかりやすさ」を実現したい．

文明により外在化し膨張を続ける脳機能を適切にコントロールしない限り，人類の種としての存続が危うい状況にある．今日の人間の知の蓄積は膨大で，今やそのすべてを把握することは不可能である．とすれば，少なくとも知の暴走による地球環境破壊を回避できるほどには，人間はその脳の外在化物をコントロールできなければならない．

2.1.6 個別解から全体解へ，あらたな因果律の発見と構造化

先に紹介したように，「非論理的認知バイアスは，ヒトが暫定性を留保しながら事象の概念範疇を形成する能力や，事物を命名し言語を獲得する基盤」（入來，2008）となっている可能性があり，ヒトの知性や科学技術は，この暫定性や曖昧性といった非論理的認知バイアスを克服するために生まれてきた．この努力は事象を「分ける」ことに向けられ，「分類学」にはじまり概念範疇が細分化され，「分析」が学問手法の1つの主流となっていった．そして学問や科学技術の細分化と詳細化は，多くの専門分野の誕生をもたらすこととなる．問題は細分化され

た個々の専門分野が全体との関係性を考慮することなく専門分野の限定された論理性だけを主張し始め，それが科学技術を経由して社会や環境に働きかけ改変していくことで，結果的に全体としてはマイナスに作用することである．地球規模にまで影響を及ぼすほど膨大化した人間文明は，バラバラに肥大化する専門分野のゆがんだ影響に悩むことになる．「個別解」が「全体解」につながらないことが問題なのである．

言語は「統語」や「文法」という形式法則があって初めて成立するもので，要素である単語の羅列では全く機能せず，成立時から構造化が不可欠であった．それゆえ，知性の発達とともに因果律を強く求めることにも繋がっていき，人間の知性は論理学に始まり，細分化と並行して概念の体系化を進めてきた．

現代文明の問題は，専門分野の「個別解」が突出して機能し，体系化と構造化による「全体解」の創出が大きく遅れていることにあるといえる．それが地球環境問題の本質でもある．人間の欲求の個別充足が優先され，社会全体の福利がないがしろにされ，公害が発生し地球環境問題にまで波及して，人類全体にとってマイナスとなってしまう．とすれば今人間が努力すべきは「全体解」の創出であり，そのための方法論の確立である．膨大化した文明の構造を解き明かすあらたな「因果律」の発見が求められる．

2.2 知識の構造化と時空間情報プラットフォーム構築のプロセス

2.2.1 知識の構造化の重要性

コンピュータの発展による情報革命は，脳の外在化による知識の量を爆発的に増加させ，インターネットで繋がりながらそれが地球規模で指数関数的に膨張し，加速し続けている．さらに地球環境問題は，これまで人類が蓄積してきた膨大な知識に新たな知識を加え，地球環境全体をイメージしつつ具体的な対応法を生み出していくことを求めており，人類は地球規模の知識の集積に対応していかなければならない．しかも学問分野は非常に専門分化しており，この膨大な専門分化した情報・知識の氾濫に人間の能力が追いつかない中，その有効活用のために，「知識の構造化」の必要性が強く主張されている（小宮山，2004）．

小宮山は対策も1つひとつは単純な原理に基づくものであるけれども，現象が多岐にわたり，相互に関係しあって複雑化する環境問題の「全体像を理解するた

めには，問題の構造を同定するのが重要である」，「膨大な情報・知識の中から必要な知識をどうやって探しだし，自らの全体像をどうやって構築するのか，それが問題なのだ」と述べている（小宮山，2004）．

この知識のカオス状態から抜け出し，「知識のより効率的な活用のためには，異なる分野間の知識の関連づけが一つの鍵」となり，「新しい概念を理解するには，人との直接コミュニケーション，知識の適切な動員と統合，表現方法などの組み合わせが重要」で，小宮山はこれを知識の構造化と呼び，「構造化知識，人，ITおよびこれらの相乗効果によって，知識の膨大化に対応し適応可能な，優れた知識環境を構築すること」と定義している（小宮山，2004）．21世紀はまさに知識の構造化の時代であるといえ，この多分野の研究の連携による知識の構造化，構造化された知識の「見える化」による情報共有を基盤とした，多主体の協働による行動，すなわち「行動の構造化」（小宮山，2009）が求められる．

2.2.2 概念的構造化から時空間情報化，行動の構造化へ

地球環境問題は物理的な問題現象と人間社会の活動が複雑に関係して引き起こされていることから，単に物理的な現象だけの構造化ではなく，人間社会の活動がどのように物理的な現象の要因となって事態が生じているかをふまえた構造化が必要である．それが知識の構造化の体系につながる．そして地球環境問題という地球スケールの大きな課題と，対策をとるための単位である市町村などの行政単位，および市民が具体的な行動を取ることができる身近な生活環境のスケールや足下の環境などの自己管理ができるスケールとを，関連づけて考えることが求められている．このような身近な意思決定を支援する「知識の構造化」が必要である．個々の環境問題は具体的現場での事象であり，それらに関する時間的・空間的情報を扱う技術の1つである時空間情報技術は，知識の構造化と一体となって，地域情報の構造化に重要な役割を果たしうる．先に述べたように時空間情報技術はユビキタス時代に向かって飛躍的に発展してきており，地理空間情報利用推進基本法も施行されるなど，環境が整ってきている．

こうして，地球環境問題への対応に有用で膨大な知識を，要因や現象の相互関係性をふまえて，「構造化」し，また時空間情報技術を活用して地域情報の構造化を行い，複雑で解決がむずかしい環境問題の構造を「見える化」し，多主体が協働できる場をつくることをめざす必要がある．環境問題への対応のための「知

識の構造化」は，地理学や博物学といったこれまで知識の蓄積を担ってきた旧来からの学問分野の膨大な蓄積を地球環境時代に合わせて再生し，活用を促進することにもなる．

　知識が構造化されることで，全体像を俯瞰して見ることができ，自分の位置づけや全体への関わりが理解できる．そうすると各個人は自ら全体の問題解決のためにどの分野，あるいは誰と連携すればいいのか，どのような役割を果たすべく動けばいいのかを自ら考えて行動に移すことができるようになる．人間の脳を構成するニューロン（神経細胞）が樹状突起を伸ばして他の細胞とシナプスを形成し，膨大な情報処理と情報伝達を行うように，ニューロンにあたる各分野が樹状突起にあたる分野概念拡張を行い，シナプスにあたる関連分野との学際的場をもつというイメージで協働が促進されていく．このことは時間的な変化の中で，各分野がどう関係しあって行動し，問題解決に協働で力を発揮していくかという「行動の構造化」へと発展していく．

　行動の構造化の基盤となる知識の構造化を実践するには，並列する2つのプロセスが必要である．1つは人間の抽象的概念構築力を用いて個々の事象の相互関係を構造的に把握する「概念的構造化」のプロセスであり，もう1つは具体的なフィールドを対象に，概念的構造化で得られた結果を定量的に時空間情報に置き換え，コンピュータに再現する「時空間情報化」のプロセスである（図2.1）．前者が時空間を超越し，自由に事象の関係性を考察していくという，概念の創造性を駆使しつつ，膨大な知識を構造化することで論理的統合性を獲得し，問題解

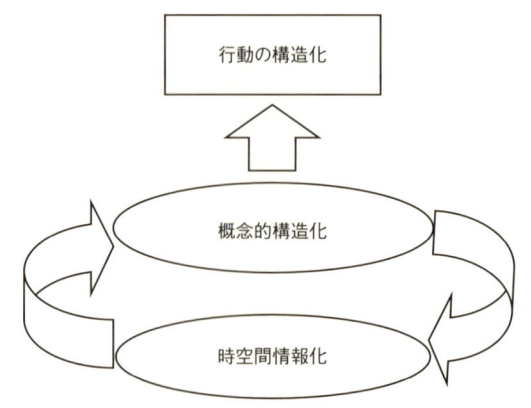

図2.1　概念的構造化・時空間構造化と行動の構造化

決の方向性を発見していくプロセスで，これまでの知的なアプローチを集大成して再構築する定性的作業とすれば，後者は時空間座標軸で前者の成果物を再構成し，現実事象を科学的に反映した仮想現実にあてはめて，その矛盾やほころびを修正していく定量的作業と言える．この2つのプロセスを繰り返すことで概念的世界は大きく修正され，現実性を増した，より精度の高い概念的構造化がなされることになり，過去から現在までの時空間構造的な把握の延長線上に未来像が見え，予測し行動を計画，実践していく「行動の構造化」の基盤が醸成されていく．

　言語と概念を駆使するヒトの思考行為は，本来非論理的な認知バイアスを含んでいるが，問題解決のためには，そのリスクを十分認識しつつ，この思考力に頼らざるを得ない．とすれば，いかにこのヒトの知力を有効に活用していくかを考えなければならず，時空間情報化はそのリスクをできるだけ軽減するためのプロセスである．

　具体的な地域を対象にこの2つのプロセスを多主体協働で行うには，その下地となる「概念フレーム」が必要である．次節ではこの概念フレームの設定について解説する．

2.2.3　MA（国連ミレニアム生態系評価）を活用した概念フレーム

　さまざまな地球環境問題を共通に整理できる概念的枠組みとはどのようなものであろうか．今日，学問分野は細分化され，現実に起こっている現象をそれぞれの分野の視点から捉えている．たとえば物理現象として河川での水の流れを考えた場合，一時に多量の水が流れて水害を引き起こせば災害，その水が汚染されていれば環境問題というように，対象となる現象が同一でも，受け止める側で異なる分野の現象としてとらえている．そこで共通の枠組みとして，おもにわれわれの環境を構成している基本的な物理的条件に着目して整理することを考えた．

　人間は言語を確保し，文明を形成することで「生物圏」から「人間圏」を生み出した（松井，2003）．生物多様性喪失という地球環境問題解決に向けて生態系と人間活動との複雑な関係性を構造的に整理するために，国連のミレニアム生態系評価（Millennium Ecosystem Assessment, MA）では，この「生物圏」と「人間圏」で構成される概念フレームが提示されている．MAは国連のアナン事務総長の呼びかけにより，2001年から2005年にかけて国連環境計画（UNEP）を事務局として1360名を超える専門家の協力によってまとめられたもので，生

態系の変化が人間の福利に与える影響を評価し，生態系の保全と持続的な利用を進め，人間の福利への生態系の貢献をより高めるためにわれわれが取るべき行動は何かを，科学的に示すことを目的としている（Millennium Ecosystem Assessment, 2007）．

ところで，人間圏，生物圏の場の状態を決めている基本的な物理条件は，地盤・地質構造，水循環，大気循環，エネルギーの流れであり，地球上のどこにおいても，人間圏，生物圏の営みはその条件からはのがれることはできない．そこで，MA の概念フレームである人間圏，生物圏に，基盤変化要因として「地圏」，「水圏」，「気圏」を，また水循環，大気循環の駆動力である「太陽からのエネルギー入射」を加えた口絵図1を概念フレームとして提示する．「地圏」，「水圏」，「気圏」は3次元で変化している場であるが，その上でおもに地表面という2次元の「生物圏」と「人間圏」で生物，人間が相互に関わり合いながら共存している．生物圏と人間圏はともに基盤変化要因の上に載って生息域をシェアしている共生体であり，生物圏は人間活動に影響を与え，同時に人間圏を支えており，また人間圏の活動が生物圏にさまざまな影響を与えている．生物圏と人間圏をこのような概念フレーム上で共生体ととらえることによって，気候変動，生物多様性の喪失といった地球環境問題へのアプローチも構造的に整理されてくる．

人間圏は，活動域を拡げることによって直接，生物の生息域を奪い，生態系を劣化させる．一方，人間圏のエネルギー消費にともなう CO_2 をはじめとした温室効果ガスの排出は，基盤変化要因である気圏を変化させ，気圏に生じた変化が生態系や人間活動に悪影響をもたらす．人間による生物多様性の喪失は，生物の生息域を奪う，あるいは劣化させるという人間からの直接的影響の結果である．そして生物多様性の喪失は，生態系サービスの劣化により人間の福利の低下をもたらす．どのような生物多様性の喪失が，どのような生態系サービスの劣化を生じさせるかなどの科学的・定量的把握については，今後の多くの研究成果を待たなければならないが，因果関係自体ははっきりしている．それに対して，温室効果ガスの排出による人間の福利の低下については，因果関係に不確実な部分が多い．大気中の温室効果ガスの増加がどの程度の気候変動をもたらすのか，またその気候変動が生態系，人間の居住域にどう影響して人間の福利を低下させるのか，これらの因果関係は，生物の多様性喪失による人間の福利の低下の場合よりも多くの不確実性を含んでいる．概念フレームを用いるとそれらの関係性の整理が容

易になり，生物多様性の保全は温室効果ガス排出削減よりも，さらに明確な危機への対応であることがわかってくる．生物多様性の保全を中心に据え，さまざまな環境への取り組みがよりよい方向に向かっていることを示す総合的で重要な評価指標の1つとして温室効果ガス排出量を用いるという考え方が重要である．

　MAで提示されている「生物圏」，「人間圏」の概念フレームをわかりやすく解説するために，今日生じている問題の一例を構造的に整理すると次のようになる．生態系は生態系サービスを介して人間に福利をもたらしている．生態系は都市化や工業化にともなう土地利用の変化や大気，水質の汚染等の物理的な直接の環境変化の影響により生息地の喪失，生態系の荒廃・劣化を生じている．あるいは過去に植林した人工林が海外の安価な木材の輸入で経済的に成り立たなくなって放棄される，中山間地域の人口減少・高齢化により放棄農地が増加するなどで，やはり生態系の荒廃・劣化が起こっている．これらの直接変化要因（ダイレクト・ドライバー）だけを問題にしていても，実践的な解決につながるマネジメントを行うことはできないため，MAでは，それに影響を及ぼしている間接変化要因（インダイレクト・ドライバー）である人口の変化，経済・社会活動などを含めて相互の関係性を整理している．MAでは最終的には社会的な制度や人間活動をマネジメントする必要があるという考えで枠組みが示されている．

　これら5圏のレイヤーは関係性の整理のために，口絵図1のようなボックスの相互関係で表現されているが，現実世界では同一の場所にこれらの要素が一体となって存在している．地圏，水圏，気圏の動きは3次元で，地表面の部分を接点としてそれらが重層的に存在し，関わり合っている．

　この概念フレームを用いて，さまざまな分野の研究領域から見た現在直面している課題や解決策を，関連分野とのつながりも含めて構造的に整理することで，共通のフレーム上での整理が可能となる．このフレーム上に整理されたものを重ね合わせながら議論をすることで，多主体協働を進めやすくなると考えられる．また，同じ対象地域に関して異なる分野の研究者がこのフレーム上で具体的なデータ項目を整理することができるので，第II部，第III部で述べる時空間情報プラットフォームの構築に向けた整理に活用することができる．

　なお，概念的構造化による概念モデルの構築を行うための最初のプロセスは，対象となるフィールドと課題の設定である．時空間情報プラットフォームの場合，ある段階で必ず対象フィールドを確定する必要があるが，多主体協働の基盤づく

りのための課題はあまり限定的でなく，多くの人が参加することができる程度に広い間口が必要である．広い課題設定のもとに情報知識を構造化し，関係者間の相互関係が整理できてくれば，そのなかのサブグループでより細分化され，より明確な課題設定がなされていってもよい．またテーマが先にあり，そのためのフィールドを選択していくという逆の手順も想定される．

文献

入來篤史 (2008)：総論—霊長類知的脳機能の進化，甘利俊一監修・入來篤史編『言語と思考を生む脳』シリーズ脳科学3，東京大学出版会，pp.1-3.

環境省 (2009)：http://www.env.go.jp/

小宮山宏 (2004)：はじめに，『知識の構造化』，オープンナレッジ，p.19, 21.

小宮山宏 (2009)：サステイナビリティ学連携研究機構公開シンポジウム特別講演，http://www.adm.u-tokyo.ac.jp/res/res5/ir3s2009/komiyama.html/

菰田文男 (2003)：『脳の外化と生命進化—ゲノム・脳研究の行方』，多賀出版，p.149, pp.155-157.

松井孝典 (2003)：『宇宙人としての生き方—アストロバイオロジーへの招待』(岩波新書)，岩波書店.

Millennium Ecosystem Assessment 編，横浜国立大学21世紀COE翻訳委員会責任翻訳 (2007)：『国連ミレニアムエコシステム評価—生態系サービスと人類の将来』，オーム社，原著序文.

第3章
時空間情報プラットフォームとは

佐土原聡・佐藤裕一

3.1 時空間情報プラットフォームがなぜ必要なのか

3.1.1 要素還元主義と専門分野形成

　これまでの近代科学は第2章で述べたように，分析や専門分野への特化など「分ける」という要素還元主義を中心に発展してきた．しかし，要素に還元すると，かえって全体の仕組みが見えなくなってしまい，より重要な真実を解明できないという事態に立ち至っている．特に環境問題のようにさまざまな要素が入り組んでいる課題に対して，適切な解答をなかなか引き出せないという状況にある．このことについて多くの人々が早くから気がついていて，分野横断や文理融合といった学際的な取り組みの必要性が提唱されてきた．日本学術会議の「学術の在り方常置委員会」報告書では，人類全体の拡大志向が「行き詰まり」に直面しており，これまでの近代科学の「あるものの探求（認識科学）」から，人類が直面する深刻な問題の解決に資する「あるべきものの探求（設計科学）」を含めた科学体系の再構築が必要であるとしている（日本学術会議「学術の在り方常置委員会」，2005）．しかし，異なる分野の人々が集まったとしても，それぞれの分野があまりにも特化し深化しているために異分野の内容の相互理解が困難であることや，異分野を横断する共通の場や尺度がそもそも成立していないという局面に至ることが多い．それに高度情報化時代を迎えて，膨大な関連情報の氾濫という困難さが加わり，文理融合のような学際的分野横断の試みは，当初意欲的に取り組まれるものの，結局各分野間の情報交換に終始し，立ち消えになってしまう場合が多い．そこには，要素還元主義の近代アカデミズムが学会の主流であり，各分野での先端的な論文を次々と生み出していかないと，研究者として生き残っていけないという実情もある．

3.1.2 ヒトの認知を支える時空間認識

人間は一瞬一瞬五感で入力されたまわりの環境を無意識のうちに解釈・予測し，その環境に対応し行動しているが，それには多くの経験の蓄積が作用していることもわかってきた．これは幼児と大人を比較すれば自明のことであるが，人間には一瞬のうちに周辺環境を解釈し，ある種の仮定を設定しながら行動を選択するというメカニズムが機能している．その経験の社会的蓄積に大きく関わるのが言語およびそれと対となる概念である．また時空間認識が基本で，モノを時空間概念を背景にして位置づけることで，外界と自らを関係づけながら，世界を認識している．それが言語で記憶され，人々に共有され次世代に受け継がれていく．それゆえ，概念はあいまいで絶えず揺れ動くという宿命を持っている．

3.1.3 時空間という共通情報による多分野統合と概念モデルの検証

時空間情報プラットフォームは時空間という人間の認識の原点に立ち戻ることで，多様で多くの人々が認識を共有できる場を作りあげ，幅広い情報共有を実現しようとするものである．いわば言語概念とそれに派生する種々の事象属性データを活用して対象問題を概念的に構造化した概念モデルを，コンピュータに時空間属性で定量的に再整理し可視化して検証する試みである．異なる分野の情報に，明確な時空間属性を付与し，同じ時空間軸で比較検討することで，その因果関係を浮き彫りにすることを目的としている．国連ミレニアム生態系評価（MA）のアプローチでの生物圏や人間圏の関係性の整理でも，時空間軸を確定していくことで，より明確で定量的な評価が可能である．

言語は本来時空間を超越しており，モノや概念の世界を整理する仕方，ないしは仕切る範囲も各個別言語が独自に，恣意的に決定しているため，状況の変化に応じて，文法など構造を持つ記号体系の影響も受けつつも，無限に新たな文が作り出されて，これがヒトの創造力の源になっている（大石，2008）．したがって言語的思考のプロセスである概念的構造化が，絶えずあいまいで現実の時空間を超越した想像物となる恐れがあり，われわれはこの危険性を時空間情報化によって小さくしていくことができる．

とはいってもプラットフォームの時空間情報基盤も，コンピュータの中に存在する仮想時空間にすぎない．コンピュータの中で，多分野の概念的構築物を時空間の認識座標軸で関係づけたもので，それは多くの人々の事象解釈の集合物であ

る．直観的な理解を促し，複雑で大量の情報群を短時間で受容できるようにするために，立体視化し時系列での変化を動きとして表現するので，リアリティのある画像表現として見え，過ちを発見しやすい一方で，いかにも真実であるかの錯覚さえもたらす．だが出発点は個人や集団の知的営みであり，その結果の投影である．むしろ，現場の実測データと比較することで，そのようなリアリティのある情報の不都合を見つけ出し，出発点の知的営みを積極的に修正していくことが望ましい．

このような保留条件つきながら，時空間情報プラットフォームは，異分野の情報をつなぎ合わせ，統合知といったものを生み出すことができる．人間の人口増や生産活動が土地利用改変や汚染をうみ，それが大気や水の循環にのって拡散し，大気汚染や土壌汚染，地下水汚染となっていく様子を，これまでとまったく異なる解像度で立体的動画として提示することも可能である．これは分野を異にする経済学や人口学，都市計画や都市環境学，生態系や地球科学，水理学や気象学などの協働でなければ生まれないが，時空間情報プラットフォームはそれを可能にし，その結果をわかりやすい可視的情報として多くの人々に伝えることができる．汚染のシミュレーションはこれまでさまざまに試みられているが，その原因となる産業や都市活動へ遡り，社会的な対策を導きだすとともに，再発防止のモニタリングなどを適切に行うために活かされる必要がある．そのためには分野横断的な取り組みが必須であり，時空間情報プラットフォームはその最適なツールの1つとして機能することを目指している．

3.1.4　マルチ・スケールとマルチ・メジャー，時空間一体情報化

コンピュータの性能が指数関数的に向上し，近い将来，全球観測データや地球シミュレーション結果を3次元可視的に格納したデジタルアース・モデルの実現も予想される．よってこの地球規模の情報と個々人の行動範囲のようなローカルな情報とをつないでいくプラットフォームが求められてくる．この中間スケールでは国や流域といったものが想定され，これらマルチ・スケールのデータがさまざまなデータベース・サーバから多様な解像度で引き出されて，比較解析され多国籍・多主体で共有されることになる．そのマルチ・スケールのデータ統合の共通座標軸は時空間となり，この受け皿を時空間情報プラットフォームが担うことができる．

これがマルチ・スケールという時空間に関わる量の課題とすれば，多分野で異なる単位・属性や形式のデータ・情報を統合するにあたってはマルチ・メジャー（多尺度）の課題が出てくる．人間の文明の発達は，さまざまな分野への細分化を促し，結果として多様な指標・単位を生みだしてきたが，それはデータの非互換性をもたらしてきた．人間は価値の互換性を貨幣によって確保してきたが，それもあくまで相対的なもので為替も変動する．この指標の非互換性や変動があいまいさをもたらし，認識の共有を困難にし，対立すら生み出してきた．このような多様な多分野情報を時空間の座標軸でどのようにして統合していくかという質の課題はあるものの，逆にいえば最低限人間の認識の基本である時空間属性で統合していかないと，多くの人々に統合データ群として共有されないという結果になる．

また，人間はまず時空間一体で瞬間ごとに，周辺環境を認識し解釈して行動を選択している．したがって，時空間情報がペアで提供されることが望ましい．そのような立体的な情報伝達が可能な時空間情報プラットフォームが理想である．そして，このような情報を国籍・地域を異にする人々で共有できることが，地球環境時代には必須である．

以上のような情報プラットフォームを構築することがこれまではほぼ不可能であったが，情報通信技術（ICT）の発展はそれを可能にしつつある．本研究はこのような時空間情報プラットフォームのプロトタイプを構築しようとする試みである．

3.1.5 モンスーン・アジアにこそ必要な時空間情報プラットフォーム

モンスーン・アジアは降雨が多く生物種が多様で，豊かな自然環境に恵まれている．その自然環境は時には大きく様相が変化し，災害を引き起こす．今日，人口増加にともなう都市開発，工業社会の進展をはじめとした人為活動により，自然環境の荒廃がますます進んでいる．豊かで変化の激しい自然環境，貴重なモンスーン・アジアの自然環境とどのようにつき合っていくかが，これからの地球環境の行方を大きく左右する．

このような状況の中で，最新の情報技術できめ細かい自然環境への対応，総合的な取り組みを支援するのが時空間情報プラットフォームである．アジアの気候風土に対応した詳細にわたる水循環，大気循環，生物圏・人間圏の時空間情報の

基盤を構築して，これからのモンスーン・アジア型のマネジメントを支援するプラットフォームをめざしている．

3.2 時空間情報プラットフォームの構成・内容

　時空間情報プラットフォームの場のイメージは図3.1のように複数の大型画面に，検討テーマに関連した地理情報システム（GIS）データなど多様な画像・データを映し出し，多人数で情報共有を図りながらディスカッションし検討を重ねていくという一見特別なこともない情景である．肝心なことはそれらスクリーンがコンピュータのGISサーバにつながっており，そこには時空間のデータ座標軸で関係づけられた対象フィールドの多様なデータ・情報が整理・格納されていて，クリアリング・システムで管理・検索され，ディスカッションの必要に応じて位置情報を持った地図・レポート・グラフ・画像などさまざまなフォーマットの情報が組み合わされて可視的に表示されることである（図3.2）．その機能はWebGISによりインターネットでのアクセスも可能である．時空間情報プラットフォームはGISの入力・格納・検索・解析・表示・出力の機能をフルに活用し，それを中核として時空間情報の属性を持つ社会経済モデルや立体モデル・シミュレーションなどがデータ互換性を持ちながら連携し，対象フィールドの多面的な大量情報が時空間データ座標軸で統合され，可視化できるシステムである．そこでは複雑で大量の情報を可視化してわかりやすく相互交換し，また持ち寄った個々のデータ・用法，関係性を，時空間座標軸も合わせて統合的に検討できることが特徴である．

　コンピュータ・サーバのデータの全体構成は図3.2のようになっている．GISを時空間情報プラットフォームのプラットフォームとし，通常の地表面のGISデータ，これらはおもに第2章の口絵図1に示す「人間圏」，および「生物圏」に関わるもの，そして基盤変化要因に関わる3次元の大気，水，すなわち「気圏」，「水圏」の挙動を把握するシミュレーション，水の挙動をシミュレーションする上で必要な地下の地質構造の立体モデルである「地圏」のデータにより構成されている．

　特に「気圏」「水圏」「地圏」の3圏からなる環境基盤情報が重要で，これが現実を模倣した仮想空間を作り出し，その上に「人間圏」「生物圏」の情報を載せ，

32　第3章　時空間情報プラットフォームとは

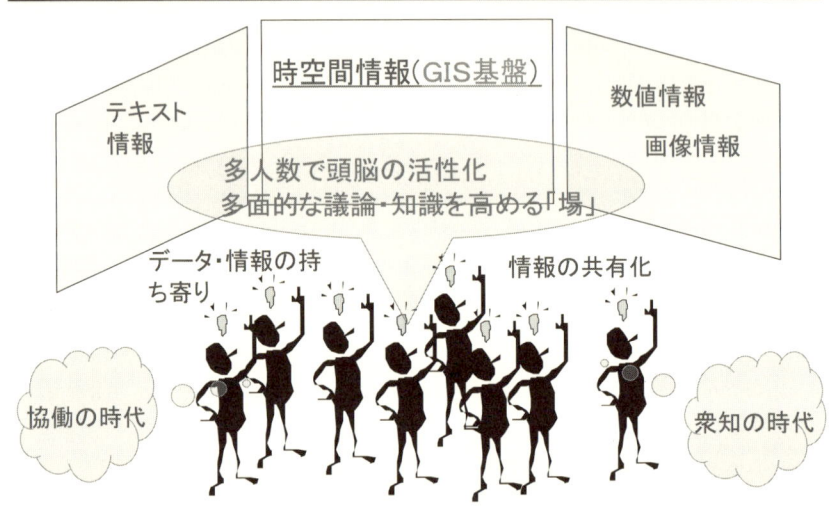

図 3.1　時空間情報プラットフォームの場のイメージ

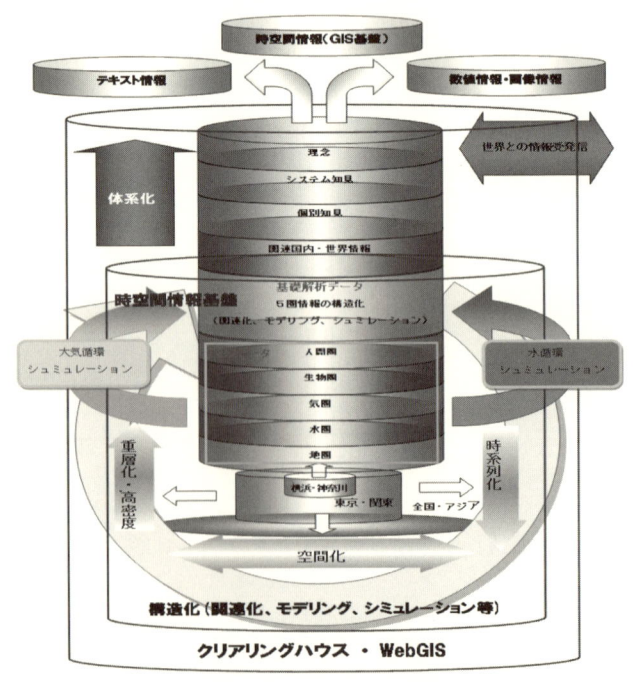

図 3.2　コンピュータ・サーバの構造のイメージ

相互検証しながら時空間情報プラットフォームの精度を高めていく．人間や生物が現実の場で行動するように，できるだけリアルな環境情報基盤の上で人間圏，生物圏の情報を扱えることが望ましい．ただ残念ながら，環境基盤3圏の情報はまだまだ貧弱であるのが現状で，その断片的なデータを収集し，全体を組み立てていかなければならない．おそらく，これが地図情報を超えた真の国土基盤情報で，将来的には充実してくると期待したい．

なお，時空間情報プラットフォームの具体的な作り方については，13章，19章を参照されたい．13章では概念的構造化による概念モデル構築について，19章では時空間情報化の手法について紹介している．

3.3 時空間情報プラットフォームの機能とウェブでの展開

以上によって，時空間情報プラットフォームは，複雑な地域環境の状態を構造化されたバーチャルな情報の集積として格納・管理し，人々の要求に応じて時間・空間的に検索・抽出して情報を可視化（画像も可），分析し，結果を提示する機能を持つ．対象地域のステークホルダーにその地域の状況に関して，短時間で密度の高い情報を提供し情報共有を促進するとともに，参加している人々の間のコミュニケーションを活性化し，各自の持てる力を十分に発揮させ，新しい知見を創出し合意形成をはかる場を提供する．

プラットフォームは先に述べたGIS化されないテキスト・統計数値・図表・グラフ・画像・シミュレーションデータ・概念モデルなどのデータベースとGISシステムの二重構造になっており，前者だけでも知識の構造化のためのコア・データベースとして十分機能する．そして膨大な情報・知識の中で時空間属性が付与できるものを，GISで管理，解析して結果を可視化する．GISの画面をインデックスとして，地図上のポイント・エリアをクリックすることで，そのポイント・エリアに関するさまざまなデータを検索し引き出すことができる．また，ポータル機能を活用することで，ネットワークで他のデータベースのデータにプラットフォームのデータを重ね合わせて検討することも可能で，たとえばGoogle Earthに時空間情報プラットフォームのデータを重ねてみるようなことは簡便に行える．

このようなことは，同様な機能を備えたサーバやパソコンをウェブで結びサテ

ライト・ネットワークを形成することで，より大規模に展開することができる．現在われわれが検討しているものに，別途開発された双方向マルチメディア・コミュニケーション・システムとのドッキングがある．ウェブを経由してハイビジョンで双方向画像通信が可能な，フェイス・トウ・フェイスでデータ画像を双方向に提示できるシステムで，このデータ画面と時空間情報プラットフォームを結びつけることにより，データを共有し並行して解析し，共通の問題を遠隔地間で検討することが可能であり，サテライト・ネットワーク全体が大きな時空間情報プラットフォームのステージとなりうる．このサテライトを地球規模で多数設置して同時に活用することが可能であり，それぞれのサテライトの持っている詳細でローカルなコンテンツを比較しながら，グローバルスケールのコンテンツを重ね合わせて，多解像度で同時に比較検討できるシステムとなりうる．このことでデジタルアースが一段と近づいてくる．

文献

大石衡聴（2008）言語と生成文法理論，甘利俊一監修・入來篤史編『言語と思考を生む脳』シリーズ脳科学 3，東京大学出版会，pp. 193-212.

日本学術会議「学術の在り方常置委員会」（2005）：報告 新しい学術の在り方―真の Science for society を求めて．

第4章
協働ツールとしての活用と行動の構造化

佐土原聡・佐藤裕一

4.1 地域・地球環境問題解決に向けた有力な協働支援ツール

　研究者間の協働による最新の研究成果に基づく科学的な知見が，さまざまなステークホルダーの協働のプラットフォームの基盤である．研究者間では，まず時空間情報プラットフォームにさまざまなアプローチによる分野別の研究の対象を時空間情報化して，われわれの環境総体をヴァーチャルに表現した仮想世界を構築する．それによって分野が自ずと連携し，分野を超えた協働の検討を促し，統合的な対策・対応まで見出すことができ，それら知見の集合体である時空間情報群がステークホルダーの協働作業の基盤として提供される．

　プラットフォームは活用することで協働を促進するだけでなく，構築する段階からステークホルダーが関与することでまさに協働のプラットフォームとなり，その構築プロセス自体が協働を促進する．また最初は格納する情報が足りないために現実世界の反映が不充分でも，さまざまな知見の創出と情報の蓄積が進むことで，より現実に近づいていく成長型のプラットフォームでもある．

　協働を促進するためには，第2章で述べた問題の構造化のための概念フレームが重要な役割を果たす．複雑な問題に関わるさまざまな情報が大きなカテゴリーに分けられて，理解しやすいフレームに基づいて提供され，個々の情報の位置づけが明確になることで，視点や考え方の共通点をふまえた相互理解が促進される．また，よく知っている土地勘のある具体的な対象地域について，足下から周辺に広がり，さらに広い地域とのつながりが科学的にわかりやすく「見える化」された情報を提供することによって，分野の異なる研究者間，あるいは立場の異なる市民や行政の間の協働が自ずと促進されると考えられる．

　この時空間情報プラットフォームは，現時点でわれわれが見ている目の前の現

実世界を，マクロからミクロまで Google Earth で見るように，スケールを超えて把握を可能にする機能を持つとともに，たとえば地下の見えない地盤や地質構造を可視化し，この地質構造と降雨情報，人間の水利用等の情報をふまえた水循環シミュレータにより，見えない水の動きを解明，可視化できる．また，大気循環シミュレータにより，大気汚染物質の移動など，空気中の見えない動きを解明，可視化できる．さらには，過去のデータベースを構築することによって，過去から現在までの変遷の可視化が可能で，過去の変化に基づく要因間の影響分析が解明されてそれを活かすことができれば，シナリオ設定に基づく将来予測が可能となる．このように時空間情報プラットフォームはデジタルによるヴァーチャル現実世界をコンピュータ上に持つことによって，今後の環境マネジメントを可能にするものであり，究極的にはわれわれは現実の地球とデジタル化されたヴァーチャル地球を持ち，人体を MRI などで撮影して病巣をさがして治療するように，ヴァーチャル地球を自由自在に観察することで対応策を検討し，適切なマネジメントができるようになる．これが時空間情報プラットフォームの究極の姿である．ただし時空間情報プラットフォームはあくまでも人間によって概念的にとらえられたヴァーチャルな現実であるので，現実世界の情報・データとの突き合わせによって，常により現実に近づける作業を怠ってはならない．

4.2 協働ツールとしての活用の実践におけるポイント

　われわれはここ数年，流域問題の解決のために役立つツールとして時空間情報プラットフォームの構築作業を行ってきた．対象エリアは神奈川拡大流域圏や神奈川県の金目川流域であったが，いくつか痛感させられたポイントがある．

　1つめは情報の正確さや信頼性を得るためと欠落情報の補完のための研究者・専門家協働の重要性である．作業を進めていくうちに流域情報についてわれわれはいかに無知かを思い知らされることになり，既存の紙ベースデータを丹念にひもといて GIS データ化するという地道な作業を重ねていった．当初は 1971 年以来の公共用水域の水質データを，流域環境の評価指標とするという手法をとった．河川水質の良し悪しについては下水道整備の有無の影響が大きく，その正確な時空間データ化を試みている．しかし，それだけではますます謎が大きくなる一方で，地下水や大気によって運ばれる物質の挙動を把握する必要性を痛感し，現在

のプラットフォームの構成に至り，流域構造の骨格がようやく把握できるようになった．これらのプロセスには多くの専門家の協働があり，ようやく時空間情報プラットフォームの基盤ができつつある．今後，社会経済や生態系といった人間圏・生物圏データの時空間情報化と自然3圏のデータベースの充実を図らなければならないが，とにかく信頼に足る既存情報がきわめて貧弱で，まずは研究者・専門家協働で積み上げていくことが，時空間情報プラットフォームの機能を高め信頼を得るためには不可欠なことである．

2つめには自治体活動支援ツールとしての時空間情報プラットフォームの可能性が大きいことである．自治体は最終的に地域の社会経済や環境の管理を住民より付託されている．現在，低炭素社会対応や生物多様性保全など地球環境問題につながる問題解決が地域の政策課題となりつつある．しかし，地域の環境について正確に把握できている自治体は皆無といってよい．したがって，政策のよって立つ基盤がない中，手探りで暗中模索しているのが現状である．現場自治体がこのような状態であるから，政府が地球環境対応を掲げて政策をリードしようとしても限界がある．特に組織の縦割りの弊害もあり，部局横断の対応が苦手で，それを解決支援するツールの出現が待たれている．時空間情報プラットフォームがその役割を果たせる可能性は大きい．

3つめに，住民協働の重要性とそのための時空間情報プラットフォームの活用がある．研究の当初，頻繁に住民を対象にワークショップを開催した．その時点で痛感したのは，住民が地域情報に飢えていて自分の生活環境の実態を貪欲なまでに知りたがっていることと，行政に対する強い不信感である．それは地域情報について自治体が提供に積極的でなく，隠蔽しているのではないかとさえいわれるある種の不信感である．じつは行政すら住民が知りたがっている地域環境について知りえていないので答えようがないというのが実態であるが，住民はそのような当たり前の情報は自治体が把握しているはずという認識であるから，そこにすれ違いが起きて不信感が生まれる．しかし，これは当然で研究者や専門家がコストを投入して初めて明らかになってくるものも多く，したがって問題が生じない限りコストが投入されることがなく未知のままであるのが現状である．おそらく，情報化と環境問題の進展はこのような情報の欠落を補う方向へ向かい，地理空間情報社会の深まりとともに，時空間情報プラットフォームの充実が図られてくるであろう．

ところで住民とのワークショップで求められたのは，わかりやすさであった．研究的な難しい話は敬遠されがちで，とにかく理解しやすい内容を求められた．これは当然のことで環境問題のような複雑なものを言葉だけで説明されても，頭に入っていかない．理解されなければ，住民は地域や環境問題の積極的な主体者にはなっていかない．そうであればそのような知見を可視化し，できれば動く立体画像で示して，直観的かつ正確に問題の本質を理解できるようにする必要がある．理解されないことで起きてくるマイナス・コストを，住民自身が情報を獲得・理解し的確に行動選択できるための情報獲得のプラス・コストに転ずる必要がある．

研究者同士であっても分野を異にすると相互理解は困難である．したがって，直截的な理解を喚起し，直観的に，また包括して構造的に把握できる状態に人々を導くことは，住民・自治体・研究者協働の上で欠かせない．この点でも時空間情報プラットフォームは大きな役割を果たすものと思われる．

4.3　協働の時代の訪れとその課題：人口減少社会と国土管理

人口減少社会は縮退を前提とした社会である．いま，全国の農山漁村の過疎・高齢化が社会問題となっているが，次は都市，特に大都市の都心一極集中と郊外部の人口減少，そして急速かつ大規模な超高齢化の進行が顕在化してくる．人的活力の低下が免れない中で，高度経済成長期の「拡大志向」から，その延長にある1990年代以降の低成長期の縮小を前提とした「質志向」へと転換していかなければならない．しかし，市街地の空洞化が進み都市内に空き店舗・空家・空地が出現する一方で，後継担い手を失った農山村では過疎化が一層深刻で耕作放棄地，放棄林が増えていく．耕作放棄地，放棄林の増加は生態系保全の面からも悪影響を及ぼし，生態系サービスの低下をもたらしている．このように，日本の人口減少時代は国土管理が困難で，その荒廃の危機が訪れてくる時代でもあり，食料自給率の向上，農山漁村の再生などが課題となっている．

こうした中，いま国土管理の担い手のあり方が問われている．地域課題の多くを行政等の公的機関に任せられる時代は終わったといえる．特に財政縮小へ向かう中，福祉予算が急膨張していく一方で，地域のさまざまな社会基盤への財政投入が困難となってくる．住民が国土・社会の管理負担を分かち合わなければなら

なくなってくるが，そこではこれまでのような行政主導のトップダウンが不可能である．少なくとも，住民と行政とがパートナーシップのもとに，これまでとは違ったやり方で社会的役割を分担していく「協働」の手法が求められる．そこでは多分野のステークホルダーの多様なニーズを組み入れつつも，社会的合意を形成していかなければならない．

またたとえば，環境面，防災面，景観面などの整備でできるだけ財政投入のコストパフォーマンスの高い，多面的に効果を発揮する政策を選択することが求められる．であるとすれば，そのようなコミュニティとそれを支える国土・地域の実態を正確に把握し，その情報をコミュニティの構成員である地域住民，自治体などの立場や分野が異なるステークホルダーが深く共有理解することが前提となってくる．したがって正確な地域情報の共有を支援する情報ツールが必要であり，高度な情報通信技術の活用によりそれが提供されることが望まれる．正確な地域情報が可視化されるなどしてわかりやすく提供されなければ，老若男女，社会を構成する多くの人々の理解を得られず，協働の前提となる幅広い社会層の情報共有に基づく合意が困難となる．

これは特に人類の協働課題ともいえる地球環境問題において顕著であり，地球スケールから国・地域スケールまでのマルチ・スケールの課題が，より多くの人々に理解され共有され，そして対応の合意が形成されることが重要となってくる．そして，その行動結果が正しくモニタリングされていくことが望ましい．

第II部
情報の収集と構造化

　第II部は第I部で提示した概念フレームを活用して，対象地域である神奈川拡大流域圏の概念的構造化のプロセスを報告するもので，大きく3つの部分からなる．なお，「拡大流域圏」とは，自然の地形により形成される流域のみならず，農工業用水や上下水道等にともなう人工的な水の移動も含めた圏域のことを意味している．

　第5章で神奈川拡大流域圏の概要を述べたあと，第6章から第8章は数十万年から数百万年という時間スケールの地球科学と，森林生態学や土壌生態学といった自然科学から見た水源地丹沢の現況と問題点，リスクについて述べている．近代工業文明社会の水利用システムが形成され，丹沢山系と富士山などの山岳地帯に神奈川拡大流域圏在住の960万人のほとんどが水資源を依存している．その一方で丹沢山地の森林生態系が近代工業社会との関わりの中で変貌し，流域の人間の社会経済活動に大きく影響され変質して崩壊の危機に陥り，流域住民に水という生存基盤の面の大きなリスクを生じさせている．特に森林生態系の林床植生の喪失と土壌の流亡が深刻で，土壌再生が鍵となる．

　次の第9章と第10章では，その水源環境の課題解決のために取り組まれている神奈川県の水源環境税関連施策等の試みを紹介する．また急速なグローバル経済進展の中で，地域の水環境問題と地球規模の環境問題とが強い相互関係を持っている．それを流域内外の水資源収支，流域内が流域外に与える水資源負荷（ウォーター・フットプリント）で定量的に評価する．さらには地球規模の生物多様性とつながる重要な意味を報告する．

　さらに第11章と第12章は，大都市が農林水産物需要の供給元を大幅に海外に依存していることが，国内の地方における農林水産業衰退による里山生態系の崩壊と，世界各地の森林伐採や農地開発による地球規模での生物多様性喪失の2つの危機を招いていることを報告する．一方で日本は人口減少局面に入り，これまでのような国土管理が不可能になってきており，生態系の持つ環境保全機能を引き出す国土管理手法を見出していかなければならない．その例として大都市横浜での都市内生態系を活かした大都市環境づくりの試みを紹介する．また日本では，水田稲作を中心に多様な生物生息域がモザイク状に確保され，豊かな生態系を育んできた里山が社会変質により崩壊しつつあり，これまでの里山管理に変わる新

しい生態系共生の社会システムを作り上げていかなければならない．その新たな社会経済の仕組みを支える担い手として自然産業を提唱する．

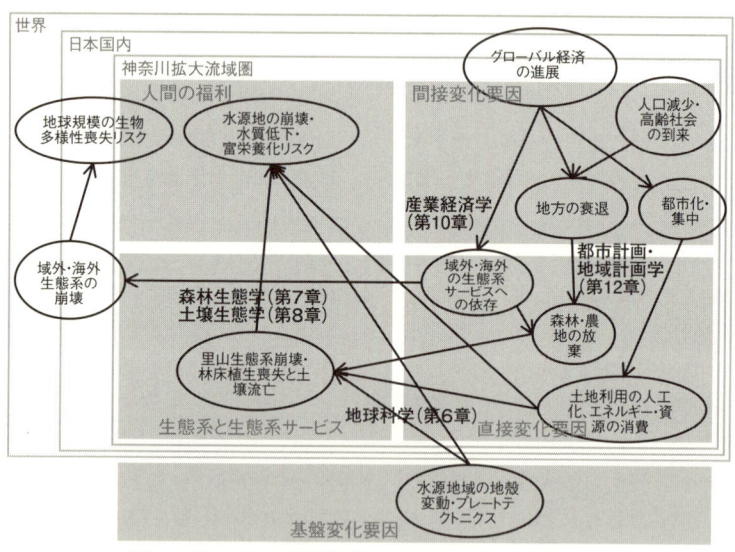

図1 第Ⅱ部の問題構造説明図と各章の位置づけ

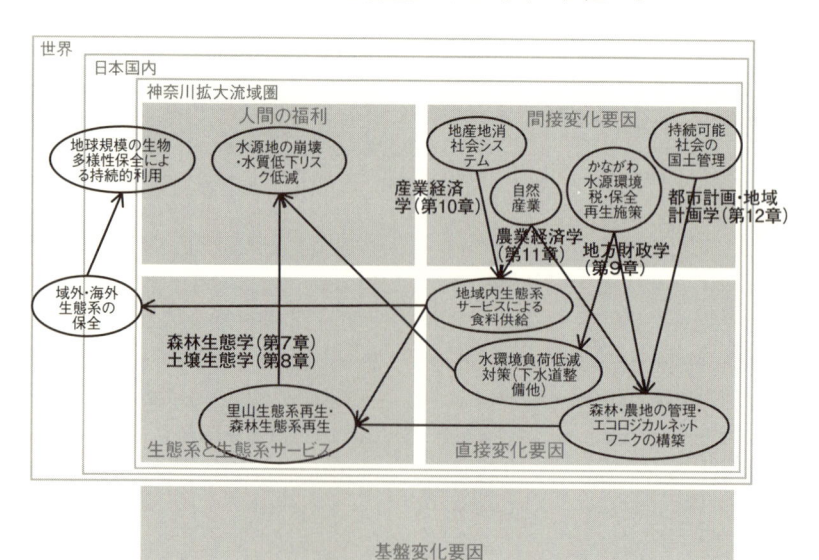

図2 第Ⅱ部の対策構造説明図と各章の位置づけ

冷戦が終結し，1990年代の世界は地球環境情報の時代に入り，人類は新たな文明システムを創り出さなければならなくなっている．第Ⅱ部はそのような文明転換期におけるアジアの大都市流域圏のドキュメントでもある．

第Ⅱ部は文理にまたがる研究者によって書かれており，それぞれ都市環境工学（第5・13章），地球科学（第6章），森林生態学（第7章），土壌生態学（第8章），地方財政学（第9章），産業経済学（第10章），農業経済学（第11章），都市計画・地域計画学（第12章）がバックグラウンドである．拡大流域圏という水循環で結ばれた地域を対象にして，各章でそれぞれの視点と手法からのアプローチを報告し，それが全体としてどのようなつながりを持ち，概念的構造化を行うことでどのようなストーリーが見えてくるかを，第13章でまとめている．この概念的構造化は時空間情報プラットフォーム構築に不可欠な前段の作業であり，第Ⅲ部の時空間情報化と対をなすものである．

第Ⅱ部で提示した概念フレーム上に，各研究者の執筆内容のポイントやキーワードを位置づけ，相互関係をネットワーク図で表現することで全体像をわかりやすく表現したものが図1，2である．各分野の視点からの現状の問題の相互関係を示したものが図1，対策の相互関係を示したものが図2である．これによって全体のストーリーを俯瞰的にとらえ，自分の分野の位置づけや他分野との相互関係を理解することが容易になる．

なお，第Ⅱ部各章扉の文章は佐土原によるものである．

第5章
富士山から東京湾まで―神奈川拡大流域圏のあらまし

佐藤裕一・佐土原聡

　水循環でつながる流域圏を単位として，地球環境問題の2大テーマである気候変動と生物多様性保全に適応できる地域社会を生活コミュニティ・スケールから具体的にデザインして実践実現していくことが，これからの地域社会には必須である．このようなデザインと実践にはコミュニティを構成する人々の情報共有を基とした意思決定と地域管理が不可欠で，そのためのツール・手法として時空間情報プラットフォーム（基盤）とその活用法を開発してきた．またその実践フィールドとして水の共同利用圏域である神奈川拡大流域圏を対象としているが，本章では各分野からのアプローチを解説する前に，神奈川拡大流域圏のあらましを紹介する．

5.1 なぜ拡大流域圏なのか－生物多様性社会・低炭素社会をデザインするために

　地殻運動と侵食作用によって形成される流域は，地形・水循環と気象条件によって，生物と人間の活動が規定される環境単位となっている．ユーラシアプレート・北米プレートの大陸プレートと，太平洋プレート・フィリピン海プレートの海洋プレートとが会合し，モンスーン・アジアの東北端に位置する日本列島では，激しい地殻・火山活動と豊富な降水量により，急峻な地形と急流河川によって小流域が形成され，それが多様な生態系と多彩な人間の歴史と文化とを育んできた．特に弥生期以来の水田稲作は水共同管理のコミュニティである里を形成し，それが流域単位のクニとなっていった．徳川幕府期の藩は里の集合体のクニで，近世まで流域圏が基本的な政治・社会の単位であったといえる．それは里山に見られる多様な生態系の恵みに依存する自給自足の暮らしであったが，開国による世界経済社会への参入と，工業化による近代中央集権国家への変貌は，次第に里とクニを解体していった．とくに戦後1955年以降の高度経済成長は，工業立国・貿易立国の旗印のもとに国土を急速に改変した．そして1990年の冷戦終結と日本の経済バブル崩壊を機に，産業経済構造が一変し，低経済成長の「失われた20年」へと転じていく．それは第 I 部でも触れたように，近代工業文明から地球環境情報文明への文明転換期における東アジアの先進国日本の変貌のもがきともいうべきものである．そして今，政権交代した内閣は「環境」と「アジア」を国家戦略の重点に掲げている．

　一方で2006年より日本は人口減少に転じ，すでに製造業の立地が海外へ大きくシフトし，産業の空洞化を招いており，産業構造を変え知識集約産業主体の科学技術立国の道を否応なしに選択せざるを得ない．この人口減少と産業空洞化は，農林水産業の衰退による放棄耕作地・施業放棄林地と都市の縮退による空き家・空地など未利用地とを生み，この国土管理のすきまを埋める新しい手法を導き出さなければならなくなっている．厳しい貿易自由化による国際競争と人口減少の下，これまでのような集約的な里山管理は不可能なばかりでなく，むしろ近代工業化の過程で破壊・汚染された都市環境や自然環境を修復していかなければならないという責務が重なってくる（第11章参照）．そこで注目されてきているのが自然再生を図りつつ，その国土管理のすきまを新たなコモンズとして協働管理し

ていくことであり，その受け皿となる単位が水循環を基本とする流域圏である．これまでのような自然を強引に破壊改変し組み伏せていくのではなく，地形地質や水・大気循環，生態系といった自然の摂理を生かし，それに寄り添った新たな国土管理手法の創出が求められてくる．そしてそれが国土の安全・安心と美しさへとつながっていかなければならない（第12章参照）．

また，日本は脱工業化の環境立国を選択し，世界最高水準の低炭素社会の実現を国際公約としている．それだけでなく低炭素社会と生物多様性社会を両立させた，新しい社会モデルを設計していくことこそが，生物多様性のホットスポット・エリアであるモンスーン・アジアに位置する先進国日本の役割ではないだろうか．一例として都市の過剰なエネルギー利用と地表面の改変により生じているヒートアイランドを緩和するための，都市内緑化対策とそれによるエネルギー低減は，都市内生態系再生と都市低炭素化とが連動したものと考えられる．また自動車のゼロ・エミッション化は，単に低炭素に寄与するだけでなく，大気汚染を大きく低減し，河川・湖沼水質の改善にもつながり，人間だけでなく生物の生息環境を再生していく．このように生物多様性と低炭素の複眼的視点で，地形地質や水・大気循環を踏まえ，流域単位でそれらを実現する社会をデザインしていくことが求められてくる．地域コミュニティのスケールから地球環境問題の2大テーマである生物多様性と気候変動に対する対策を積み上げていかなければならず，それ以外に方策はないといえる．

第I部で述べてきたように，大切なのは日常的なスケールの行動と地球環境問題とのつながりを認識できるようにしていくことである．食料の輸出入の自由化で，農林生産増にともなう耕作地開発・森林伐採面積の拡張や漁獲量増加と消費拡大などが起こっている．それらが食料貿易ネットワークを通じて，世界各地の生態系を関係づけ，世界の生物多様性問題がより強く複雑に関連してきている．それは，石油の国際的取引で化石エネルギーの大量消費が世界中で起こり，大量のCO_2が発生するのと同様なことである．生物多様性劣化が人間による生物の収奪や生息域破壊という直接的な行為の結果であり，それが種の絶滅にまでおよび，やがて人間を支える生態系サービス（恵み）の低下につながり，人間の持続的生存を脅かす危険性があるということである．気候変動という大気を介した間接的な問題だけでなく，生物多様性という身近で直接的な問題にもっと真剣に取り組む必要があるといえる．

5.1 なぜ拡大流域圏なのか—生物多様性社会・低炭素社会をデザインするために

ところで，大都市はそれが位置する自然の流域をはるかに超えた広い流域と人工流路で結ばれて大量の水を利用することで成立しており，人工流路で結ばれた複数の自然流域を拡大流域圏として捉えないと，その水循環の本質は見えてこない．東京は多摩川・荒川・利根川の全流域の水循環に支えられており，一方横浜・川崎は離れた相模川・酒匂川流域を抜きには語れない．特に横浜市は1859年（安政6年）の開港当初から良質の水の確保に悩まされ，数十km西の相模川に水源を求めて1887年（明治20年）に日本初の近代水道が神奈川県の手で建設された．1889年（明治22年）に市制施行された横浜市に移管された後，相模川の水が一貫して横浜市の水需要を支え，1974年（昭和49年）からは酒匂川が水源河川に加わった（横浜市水道局，1987）．図5.1は横浜市の人口と1日平均給水量の推移を示したもので，移管翌年の1890年（明治23年）人口12万7987人（うち給水人口8万6028人）給水量6875 m³/日であったものが，2008年（平成20年）には人口365万8421人（うち給水人口365万1365人）給水量119万2187 m³/日と，人口で29倍，給水量で173倍となる．近代工業化とともに1人あたりの水消費が急増し，近代文明がいかに水多消費型で大量の水供給確保なし

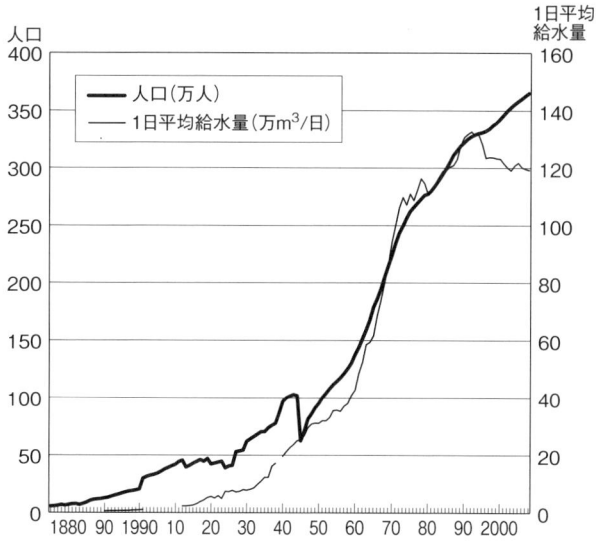

図5.1 横浜市の年度別人口と1日平均給水量（横浜市水道百年の歩み，平成21年度横浜市水道事業概要）

に成立しえないかがわかる．

　世界中で近代土木技術によりダムや水路が建設され，遠隔地の都市や農地に水が運ばれている．現代では，このような人工的な水循環も加味して流域を管理していかなければならないし，人工流路で水を享受している地域や都市は，水という生存基盤を供給元の流域環境に大きく依存するがゆえにその水源域に関与していかざるを得ない．神奈川でもそうである．

5.2　神奈川拡大流域圏の水循環構造

　神奈川拡大流域圏は富士山から東京湾までの東西約90 km，南北約60 km，神奈川県と山梨県・静岡県の一部と町田市の面積約3800 km^2 である．東の平坦部と西の山岳部に大別され，山岳部は富士山東北麓と御坂山地・関東山地の一部，丹沢山地・足柄山地，箱根火山からなっている．

5.2.1　神奈川拡大流域圏の淡水大循環

　地球上の液状淡水はおよそ1080万 km^3 と推計され，95％が地下水，5％が湖沼水で河川水は微々たるものである．神奈川拡大流域圏でわれわれが目にすることができる水循環は，液状淡水全体の0.1％にも満たない（登坂，2006）．口絵図2は水循環シミュレーションによるもので，地下水の流動を追った流線図である（詳細は第15章参照）．東部の平坦部では地下水は浅い層でしか動かないが，西部山岳域では地下水がかなり深い深層部までゆっくりであるが移動しているのが見て取れる．この大きな地下水の塊のダイナミックな移動が，最終的に相模川や酒匂川の河川水となっている．過去の渇水期にダムがほとんど干上がっているにもかかわらず，下流の取水堰では取水可能であったのも，この地下水流動のメカニズムがあったからである．地上3776 m の富士山の山体から地下数千 m の地下の水が神奈川拡大流域圏の水源であるともいえる．さらに，この山岳部では太平洋からの雨雲が大量の降水をもたらしてくれる（口絵図3）．たとえば神奈川拡大流域圏中央に位置する秦野市の1997年の調査によると，丹沢山麓の秦野盆地中央の秦野市消防本部での年間降水量が1291 mm であったのに対して，わずか8 km 北の標高1491 m の丹沢山系塔ノ岳では2108 mm である（秦野市，1998）．このように西部山岳地帯の大量の降水と豊富な地下水が神奈川拡大流域

表5.1 神奈川拡大流域圏の主要な取水堰・集水域・給配水域

	取水ダム・堰名	河川名	取水開始年	集水面積（km²）
1	鮑子取水堰（旧青山取水口）	道志川	1898 年（明治 31 年）	140.9
2	沼本ダム	相模川	1943 年（昭和 18 年）	1039.4
3	寒川取水堰	相模川	1965 年（昭和 40 年）	1605.6
4	城山ダム	相模川	1965 年（昭和 40 年）	1201.3
5	飯泉取水堰	酒匂川	1974 年（昭和 49 年）	577.0
6	相模大堰	相模川	1998 年（平成 10 年）	1537.9

	給配水エリア	給水人口（人）	給水量（m³/日）	給水区域面積（km²）
1	横浜市水道	3,651,365	1,192,187	426.47
2	川崎市水道	1,399,312	481,339	144.35
3	横須賀市水道	418,856	181,111	100.91
4	神奈川県営水道	2,763,075	997,515	808.57

(2008 年度)

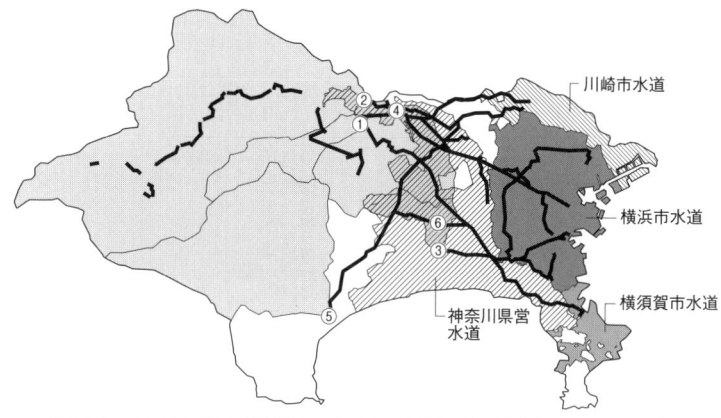

図5.2 神奈川拡大流域圏の上水道水源・給水域ネットワーク図
取水堰の番号は表5.1に対応している．

圏の水需要を支えているといえる．

5.2.2 河川上水道ネットワーク

　神奈川拡大流域圏における広域水利用は，この淡水大循環の上に構築されてきた．口絵図4は主要な取水堰とその集水域と主な給配水エリアの位置を示し，表5.1，図5.2はそれらの詳細である．

5.3 神奈川拡大流域圏の社会経済と水利用・水資源開発の歴史

5.3.1 近代水道創設と神奈川の近代（1859-1945）

神奈川拡大流域圏の総人口は2009年時点で963万3205人となり，93.5%が神奈川県民である（表5.2，口絵図5）．流域圏のほとんどが神奈川県民といってよいので，以下の統計データは神奈川県のものであるが，神奈川拡大流域圏を代替するものとする．

1859年（安政6年），横浜は日米修好通商条約のもと開港し，東京遷都とともにその国際港として本格整備が進められ，1872年（明治5年）には新橋・横浜間に日本最初の鉄道が開通した．しかし，開港当初から良質の水源がなく，水売りが停泊する船舶に売り込んでいた．1877年にはコレラが発生し1882年にはその流行にいたったため，かねてより提案のあった近代水道が検討されることとなった．多摩川からの木樋水道が試みられたのち，神奈川県の依頼で英国技師H.

表5.2 神奈川拡大流域圏の人口（2009年10月1日現在）

	人口（人）	構成比
神奈川県	9,005,176	93.5
東京都町田市	416,664	4.3
山梨県（4市2町3村）	190,567	2.0
静岡県（小山村）	20,798	0.2
総計	9,633,205	100.0

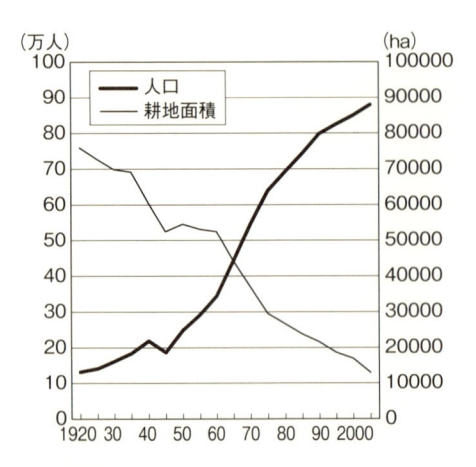

図5.3 神奈川県内人口と耕地面積（神奈川県：県勢要覧，農林水産省：農林業センサス累年統計書）

S.パーマーが調査し，40 km 先の相模川を水源とする日本初の近代水道が敷設され，1887年（明治20年）通水した．これが神奈川拡大流域圏の始まりといえる．その後，水需要の増大にポンプ揚水が追い付かず，1895年（明治28年）上流の支流道志川に水源を付け替え，相模川を鉄橋で跨ぎ，自然流下による取水とした．さらに1915年（大正4年）には横浜市は山梨県より水源道志村の3分の1の面積にのぼる道志水源涵養林を取得した．しかし8年後の1923年の大正関東地震で水道施設も壊滅的な被害を受け横浜市の人口も減少した．

震災復興後，1929年（昭和4年）の世界恐慌を経て1931年満州事変が起こり，日本が軍事色を強めていくとともに，軍需産業が神奈川に立地して人口も急増してきた．この時期以降，図5.3のように人口や産業の伸びとともに鉄道沿線を中心に開発が進められ，耕地が工業用地や住宅地へと一貫して転用されていった．水需要も急増し，相模川の治水・灌漑・上水道用水・工業用水のための大規模多目的ダムを中心とする相模川河水統制事業が計画され，1940年（昭和15年）導水工事から着手された（横浜市水道局，1987）．

5.3.2　現代（1945-1989）神奈川の戦後高度成長と水需要急増

第2次世界大戦後の復興のため，相模川河水統制事業は最優先で進められ，まず1947年（昭和22年）に相模ダムと発電所が完成し，関連する津久井・下九沢分水池，相模原沈殿池，導水路，西谷浄水場増設などが進められ，1954年（昭和29年）第4回拡張工事を終了した．この後，日本は1955年の保守合同が行われ自由主義経済陣営に組み込まれ，高度経済成長が準備されていった．所得倍増計画のもと，技術革新と貿易立国が進められ，東京オリンピックから大阪万国博へと高度経済成長が加速されて，流通革命とともに大量消費時代を迎えることとなった．そしてニクソン・ショックにより変動為替制度に移行し，世界経済は金融と貿易を大幅に伸ばし，日本は経済大国への道を突き進んで，神奈川県の工場立地が進行し，県内総生産額が急上昇していった．一方で公害が深刻化し大気や河川の汚染が問題となった．大規模ニュータウンが次々と建設され，都心に近い地域から開発が進み，里山の風景が消えていった．

この高度経済成長と人口の急増は水需要の急増を意味し，矢継ぎ早の水資源開発が実施された．おもなものは，東京湾南部工業開発・住宅開発への上水供給を目的とした城山ダム（1965年完成）建設，下流寒川取水堰での取水と小雀浄水

場建設である．さらには水源河川を酒匂川に求め，神奈川県広域水道企業団が設立された．三保ダム（1978年完成）が建設され，下流河口近くの飯泉取水堰で取水し，数十kmの導水隧道で相模原・西長沢浄水場へ運ぶものであった．そして最後の大規模開発は宮ヶ瀬ダムと相模川中流の相模大堰での取水がペアになったもので，長い補償交渉の末に着手され，首都圏最大規模のダムは計画発表から30年後の2001年（平成13年）に完成した．

5.3.3　文明の転機（1990年～）と水行政の量から質への転換

　1990年の冷戦終了と経済バブル崩壊を契機とした，経済停滞と産業構造の転換による脱工業化により（図5.1と図5.4，図5.5参照），水需要は停滞，さらに減少し，一転して水あまり状態となった．これは，神奈川拡大流域圏の水需要増大が単に経済成長停滞で止まっただけでなく，第2次産業が流域外，特に海外に移転し，拡大流域圏が水消費量の小さい第3次産業主体の水需要構造に転換したことが大きい．それは食料自給率3％の神奈川県が第1次産業生産過程だけでなく第2次産業製品製造過程での水負荷も流域外に依存してきているという実態の反映である（第10章参照）．

　一方で，時代転換の動きは地方分権を促し，2000年に地方分権一括法が施行された．神奈川県はこの動きに対応し，1998年に神奈川県地方税制等研究会を立ち上げて，「生活環境税制」のあり方を提起しており，2001年には研究会に生活環境税制専門部会が立ち上げられた．折から水源域丹沢大山の自然荒廃が危ぶまれ，2004-2005年の2年にわたり丹沢大山総合調査が行われた．また，水源環境の保全・再生を目的として「水源環境税」が2007年より導入，実施された（第7章，第9章参照）．本書で述べる時空間情報プラットフォームもそのような活動を支援することを目的として，構築を始めたものである．

　高度成長期には急増する水需要を賄うために水資源開発が行われて多くの投資もされ，「量」を追求した施策が重ねられてきた．それが一転して水源環境の保全・再生を主眼とし，生態系の保全再生のための「丹沢大山自然再生計画」に基づく，水の「質」を求める環境・生態系保全施策になっていった．その背景には大きな時代転換の潮流があるといえる．

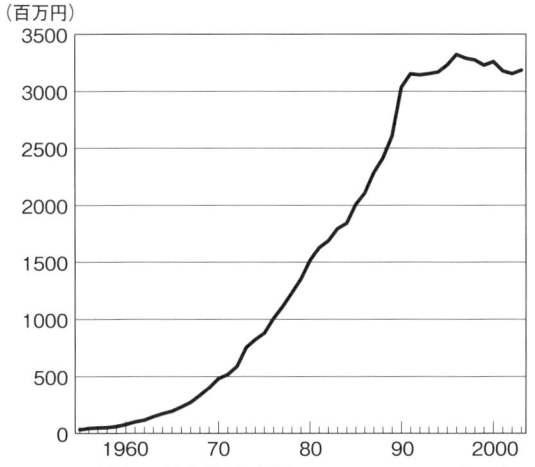

図 5.4 神奈川県内総生産額（内閣府：県民経済計算）

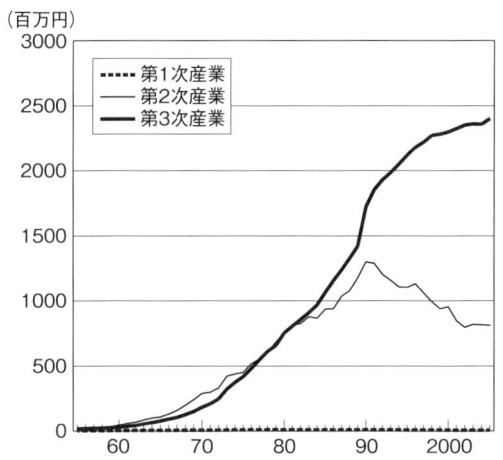

図 5.5 神奈川県内産業別総生産額（内閣府：県民経済計算，経済活動別県内総生産）

5.4 拡大流域圏の水質と下水道事業の普及

　近代下水道は横浜市の外人居留地が始まりで 1871 年（明治 4 年）に完成したが，居留地人口が増加し，コレラの大流行もあって改修工事が行われ，1887 年（明治 20 年）に完了した．しかしこれは居留地でのことであって，近代下水道の

市街地への導入はようやく1950年に横浜市鶴見区で着手されたものが最初である．終末処分場を含む下水道建設は1957年になってからである．また，当初は雨水と汚水が共に排除処理される合流式で，降雨時は未処理のまま放流されていた．それが別に排除され汚水のみが処理される分流式は，管渠の敷設が1969年より始まり，分流式処理場が稼動しての排除・処理の一貫システムは1977年より導入された（横浜市，2010）．

一方で相模川下流の馬入での上水道源取水が検討，計画されるのに先行して，神奈川県により相模川流域下水道事業が計画され，1969年（昭和44年）に着手された．これは相模川流域9市2町を対象とするもので，順次区域を拡張し2000年（平成12年）にすべての市町で処理を開始し，2009年現在の普及率は92.7％となっている．同様に酒匂川での水道水取水が計画準備されるにあたって，酒匂川流域下水道事業が1973年に流域3市4町を対象に着手され，1982年（昭和57年）より処理を開始し，その後3市6町に区域拡大し，2009年現在の普及率は72.4％である．上水道取水事業に並行するこのような広域下水道事業があり，取水堰下流の左右岸の終末処理場で流域一括の下水処理がなされるからこそ，飲料水取水水質が保たれている（神奈川県，2009）．

ただ，下水道事業についてはいくつかの問題点を抱えている．それは，いまだに残る合流式下水処理であり，東京湾富栄養化防止のための窒素・リンなどの高度処理の課題である．また，下水道普及率がほぼ100％近くにまで達しているのに，都市域河川水質が良くならず，窒素・リン，特に窒素の濃度がなかなか下がらないという問題がある．これは大気由来の窒素酸化物が原因と考えられ，発生源のほとんどは工場と自動車である（口絵図6）．拡大流域圏の都市域の河川や東京湾の一層の水質改善には，工場排気からの脱窒と電気自動車の導入が根本的な解決策である．これについては第19章で詳しく報告する．

5.5 相模湖・津久井湖のアオコ発生と土砂堆積問題

神奈川の水源ダム湖である相模湖（1947年完成）と津久井湖（1965年完成）は，1970年前後から植物プランクトンのミクロキスティスの異常発生によるアオコ発生現象が見られるようになった．1980年代には大発生が見られるようになり，1988年からはエアレーションが設置され始めて，アオコ大発生は沈静化

の傾向が見られたが，2004年以降は再び大発生を続けている．エアレーションは湖底の低温水を湖面に巻き上げて表面水温を下げ，アオコ発生の引き金である水温上昇を抑制するという対策であるが，その対策にも限界が見えてきている．この富栄養化の原因についてはこれまで，流域下水道の未整備による家庭排水が原因と考えられてきたが，GISとシミュレーションを使った解析の結果，流入河川桂川沿いの中央自動車道や国道等の自動車排気ガスNO_xが第1の原因であることが明らかになってきた．詳細な内容については第19章で述べる．

　また，日本で初の大型ダム湖である相模湖は完成して半世紀以上を経過し，上流からの堆積土砂に苦しめられ，1993年（平成5年）からは浚渫を開始しているが，湖水体積のおよそ30％が土砂で埋まっており，現在はそのレベルを保つために年間平均17.5億円（神奈川県試算）の費用が投じられている．

　このように，神奈川拡大流域圏は水問題だけでもいくつかの課題を抱えており，対策も積極的になされている．第Ⅱ部ではこの後，7分野の視点からの流域圏に関する解説を紹介し，それを第13章で概念的な構造化，モデル化する試みを報告する．

参考文献

神奈川県ホームページ (2009)：http://www.pref.kanagawa.jp/osirase/gesuido/ryuiki.html
登坂博行 (2006)：『地圏の水環境科学』，東京大学出版会．
秦野市 (1998)：平成9年度秦野市地下水利用適正量等の調査．
横浜市水道局 (1987)：横浜水道百年の歩み，横浜市．
横浜市ホームページ (2010)：http://www.city.yokohama.jp/me/kankyou/gesui/

第6章
地質・水循環と水源地の地球科学的リスク－地球科学

有馬眞・石川正弘

　活発なプレートの会合部に位置する神奈川拡大流域圏は，地殻変動の影響により，地震の発生が頻繁な上，斜面が不安定で崩壊しやすい．地球システムによるこれら短期的な変動と，地球温暖化などの長期的な変動，人為的な影響により森林が荒廃し，水源域では土壌が流亡しやすい脆弱な生態系となっている．このことが，今後も起こるであろう大地震時の水源地の崩壊リスクと日常の渓流水質の悪化・富栄養化のリスクの双方を高めている．

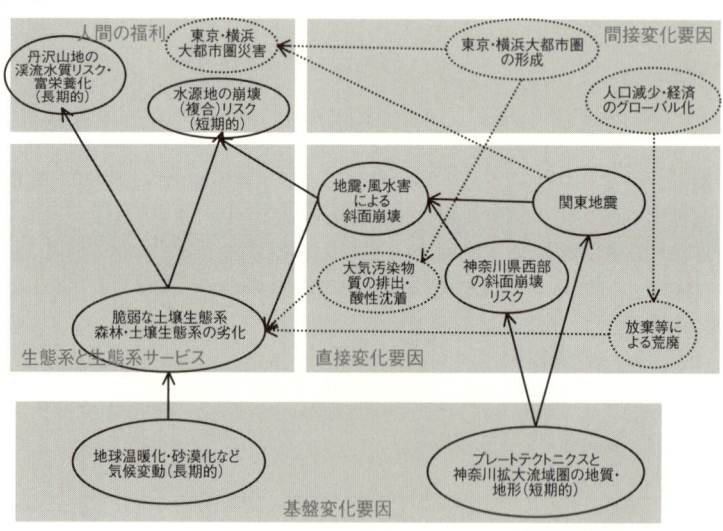

図6.1　神奈川拡大流域圏の地球科学的リスクの要因構造図

6.1 はじめに

本章では，地球システム変動が，神奈川拡大流域圏の生態系，および生態系サービスである水にどのように影響をおよぼし，人間の福利が脅かされているのか，人間の福利を持続可能にするためにはどのような視点での対策が重要であるのかについて，丹沢山地を例に解説する．

神奈川拡大流域圏は活発なプレートテクトニクス変動のため，高い「地球科学的リスク」を負っている（図6.1）．この地域は，フィリピン海プレート，太平洋プレート，ユーラシアプレート，および北米プレートの会合部付近に位置し，各プレートが接して複雑な運動をしている地球科学的に特異な地点である（図6.2）．本州弧と伊豆-小笠原弧の衝突により形成された大規模な断層が分布し，1923年大正関東地震のようなプレート型大規模地震が頻発してきた．また，丹沢山地は活発な削剥作用により急峻な谷が発達しており，斜面が不安定なため森林劣化に伴う土壌流出が進行している．さらに，隆起と崩壊のサイクルで形成された丹沢山系は，地震に起因する斜面崩壊等の高い地球科学的リスクを負っている．たとえば丹沢山地において，大正関東地震により神奈川県面積の2.4%にあたる約2万ヶ所 58.5 km^2 の斜面が一気に崩壊した．さらに，明治以降の近代化の中で乱伐され森林生態系が荒廃した丹沢山系では，大正関東地震により山津波が発生し多くの被害者を出してしまった．このように地震災害は「自然現象」と「人間活動の結果」の複合リスクが顕在化したものといえる．特に，その意味で丹沢山地において現在進行している森林荒廃と土壌流亡は，土壌の持つ酸緩衝能低下や，水源ダム湖の土砂埋没危険度など，人間起因の水源地複合リスク要因を増大させている．根が露出した浅根性の人工林はいかにも危うい．将来，起こるであろうマグニチュード8級の地震や，その前に発生が予想されるマグニチュード7級の地震に備えた，水源の森林づくりが目指されなければならない．

6.2 地球システムと人間圏

地球システムは，磁気圏，大気圏，水圏，生物圏，土壌圏，岩石圏，そして人間圏などのサブシステムから構成される．これらサブシステム内部では複雑な運動と変化が起こっているが，同時にサブシステム間で物質とエネルギーのやり取

りが行われており，地球全体の挙動を規定している．46億年前に誕生した地球システムは，絶えずその実像を分化プロセスにより変化させ，多様なサブシステムからなる現在の地球が形づくられてきた．約4万年前に誕生した現世人類（ホモ・サピエンス）は，地球を構成するサブシステムの中で人間圏を形成した．人間圏は，岩石圏から大量のエネルギーと鉱物資源を採取し文明を発展させたが，その結果，二酸化炭素や窒素酸化物，自然界に存在しないさまざまな化学物質を廃棄物として放出し，地球システムが本来持っていた大気圏，水圏，生物圏などの内部プロセスと，これらサブシステム間の相互作用（物質循環）に大きな影響を与えている．地球システムが持つ微妙で複雑な物質循環のバランスに人間圏が加わったことが地球環境問題の本質と考えられる（松井，1998）．

　人間圏の持続的発達可能性は，地球システム変動に大きく依存している．地球システム変動には，①長期的かつ人間圏からの物質フローによる影響が大きい穏やかな変動と，②短期的または地域的な急激な間歇的変動がある．前者による影響として，地球温暖化，砂漠化と土壌流出，酸性雨などの広域汚染，生態系の衰退と生物多様性の消失などがあげられる．他方，後者による影響として，地震，火山噴出などに起因する自然災害がある．人間圏の持続的発達可能性を保つためには，地球システム変動からの負の影響を取り除く活動が必要であり，そのためには，これらフローによる影響が大きい穏やかな変動メカニズムをグローバルな視点から理解することが重要である．また同時に，地形・地質・気候・植生など地域の自然環境の特性を理解する必要がある．特に，地球システムの急激な変動により引き起こされる地震災害や火山災害などは多くの場合局所的であるため，地域の地球科学的特性を理解し，それに起因する社会科学的損失についての評価が重要である．

　神奈川県から房総半島の直下には関東地震の震源断層が横たわり，1923年の関東地震の震源は神奈川拡大流域圏内に位置している．このようにこの地域には，地球システムの急激で間歇的な変動要因が直接作用しており，過密な人口やダムなどの近代インフラが災害リスクを高めている．一方，神奈川拡大流域圏西部の水源地には，近接する大都市圏から大気により汚染物質が搬送されており，その生態系サービス機能が劣化している．本章では，神奈川拡大流域圏の地球科学的特性を概観し，①人間圏が与える環境負荷の研究事例として，丹沢山地における酸性沈着と土壌・渓流水質リスク評価の研究結果を報告し，②地球システムの短

期的で急激な変動の例として，関東地震による丹沢山地における斜面崩壊と地震による水源地の複合リスクについて説明する．

6.3 神奈川拡大流域圏の地球科学的特性

6.3.1 プレートテクトニクスと伊豆-小笠原弧の衝突

　神奈川拡大流域圏は，フィリピン海プレート，太平洋プレート，ユーラシアプレートおよび北米プレートの会合部に位置している（図6.2）．現在の太平洋プレートとフィリピン海プレートのプレート境界は伊豆-小笠原海溝に，フィリピン海プレートと北米プレート・ユーラシアプレートのプレート境界は，相模トラフから相模湾，足柄平野，酒匂川流域，駿河湾を結び駿河トラフにいたる位置にある．ここでは，ユーラシアプレート，フィリピン海プレート，北米プレート，太平洋プレートが接して複雑な運動をしている．太平洋プレートが東から西にフィリピン海プレートの下に沈み込み，フィリピン海プレートが北に動いて北米プレート・ユーラシアプレートの下に沈み込んでいる．

　フィリピン海プレートが本州弧の下に沈み込み，相模トラフと駿河トラフを形成しているが，伊豆-小笠原弧の中心を形成する島弧の高まりは本州弧に沈み込むことができず衝突・隆起し（これを島弧と島弧の衝突と呼ぶ），巨摩山地，御坂山地，丹沢山地，伊豆半島などの地塊が形成された．相模トラフでは，フィリピン海プレートが本州弧の下に沈み込み，フィリピン海プレート上部を構成した海底堆積物が相模トラフで陸側に付け加わり（これを付加作用という），三浦半島南部と房総半島南部の地質が形成された．

　神奈川拡大流域圏には，伊豆-小笠原弧と本州弧の衝突により形成された多くの大規模な断層が分布している．相模湾の海底にある相模湾断層，大磯丘陵の西縁にある国府津・松田断層や，丹沢山地の南縁を通る神縄断層はその代表例である．三浦半島にも，北武断層，武山断層，南下浦断層などの活断層が存在している．このような島弧衝突は約1400万年前に始まり，現在も続いている．このため，この地域は地殻変動が活発で，1633年の寛永小田原地震，1703年の元禄地震，1782年の天明小田原地震，1853年の嘉永小田原地震，1923年の大正関東地震など大規模な地震が起きており，これら一連の地震は神奈川県西部地震と呼ばれている．

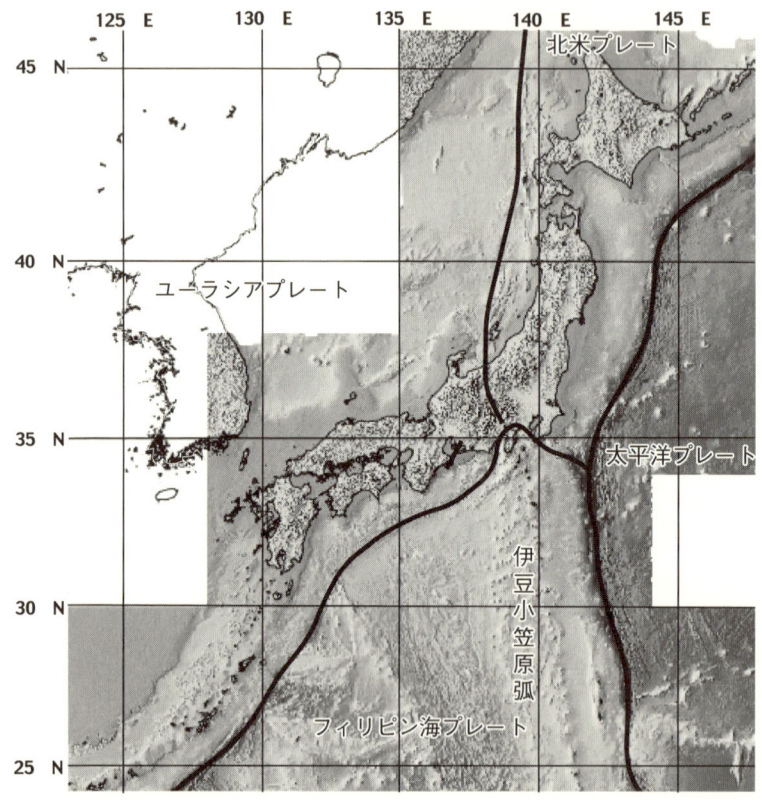

図 6.2 日本周辺のプレート配置
　神奈川拡大流域圏は，フィリピン海プレート，太平洋プレート，ユーラシアプレートおよび北米プレートの会合部に位置している．

6.3.2 地形と地質概要

　神奈川拡大流域圏は，富士火山，箱根火山，丹沢山地，足柄山地など西部に分布する山岳地域と，東部に分布する多摩丘陵や相模原台地のような起伏が緩やかで平坦な地域に大別される．

　丹沢山地は，南部を秦野盆地，東部から北部を相模川，北西部を御坂山地，西部から南西部を箱根火山と富士山に囲まれる．丹沢山地の山頂付近は傾斜の緩いものが多いが，山塊全体は侵食が進んでおり，崩壊が激しく深い急峻な谷を形成している．この地域は活動的な地殻変動地帯として知られており，最近100万年間の平均隆起率は 3.6 mm/年と推定されている（Soh *et al.*, 1998）．丹沢山地

に見られる隆起と激しい侵食・崩壊地形は，このような活発な地殻変動に起因する．

　丹沢山地には，火山岩・火山砕屑岩類・珊瑚礁起源の石灰岩などからなる丹沢層群が広く分布し，南部には神縄断層をはさんで陸源砕屑岩類からなる足柄層群が分布している．さらに，丹沢山地の中心部には丹沢深成岩体が丹沢層群に貫入し，丹沢深成岩体を中央に取り巻くようにドーム状の地質構造を形成している（有馬ほか，1999）．丹沢深成岩体は，約700-500万年前に地下5-7 kmに貫入した主にカコウ岩からなる岩体で，日本に分布する他のカコウ岩と比較すると，カリウム含有量がきわめて低い特徴を持っている．最近の研究から，丹沢深成岩体がプレート変動により地表に隆起・露出した伊豆-小笠原弧の中部地殻層であることが明らかになり，世界の地球科学研究者から大きな注目をあびている（有馬ほか，1999）．

　およそ200万年前，フィリピン海プレートとユーラシアプレートの境界は現在の丹沢山地と伊豆半島の間に位置し，プレート境界には東西に伸びる深い海（トラフ）が形成された．足柄層群はトラフの北側に位置する本州弧の陸地から供給された砂礫がトラフに堆積して形成された地層で，現在はプレート変動により隆起し足柄山地をつくっている．足柄山地は山北町の城山付近を中心に，南東側が開いたドーム状の褶曲構造をなし，北西－南東方向の背斜軸を持っている．足柄地域には神縄断層，平山断層，内川断層など多くの断層が発達している．

　神奈川拡大流域圏の東部には，多摩丘陵や相模原台地のような起伏が緩やかで平坦な地形が広がっている．プレート運動による地盤の隆起が起こり，台地や丘陵が形成された．これらの地形の形成には，相模川などの河川による侵食・堆積作用と，箱根火山や富士火山の火山活動も重要な役割を果たした．約100万年前から始まった氷期と間氷期の繰り返しは，海水面の上下変動をもたらし，海退と海進が繰り返し起こった．海退期には河川の砂礫が堆積し，海進期には海が内陸まで入り込み，泥や砂からなる相模層群が堆積した．65万年前頃から箱根火山が活動を始め，約10万年前には富士火山の激しい活動が開始し，これら火山の噴火により神奈川拡大流域圏には火山灰が厚く堆積した．大磯丘陵から相模原台地，多摩丘陵，下末吉台地，三浦半島の丘陵地を覆う赤茶色の関東ローム層は，箱根火山や富士火山の噴火活動による火山灰が堆積・風化して形成された地層である（平田，2004）．

6.4 丹沢山地における酸性沈着と土壌・渓流水質リスク評価

6.4.1 土壌と渓流水質

　地球表層における水は，大気圏，水圏，生物圏，土壌圏・岩石圏の間のエネルギーと物質フローにおいて重要な役割を果たしている．水と岩石の相互作用と生物活動により長時間かけて形成される土壌は，人類にとって最も重要な資源の1つである．土壌流出や酸性沈着の負荷による土壌劣化は河川水質へ大きな影響を与え，またそれらは森林環境の劣化と密接に関係している．地表では，岩石が物理的・化学的風化作用により分解され，そこでは水が重要な役割を果たしている．岩石の風化作用は陸上の生物の生存に不可欠な土壌の母材を提供し，さらに生物の活動が風化作用を促進し土壌を生成する．生物圏の中で地表下数mまでの範囲は土壌圏と呼ばれ，ここは物理的・化学的風化作用と生物の相互作用が最も顕著に認められる場所である．土壌の主要構成要素である粘土鉱物は岩石と水との相互作用（化学的風化作用）により形成され，陸上生物の生育に必要な多くの栄養塩類が岩石の風化作用により土壌に供給される．栄養塩類の一部は土壌に保持され（土壌プールという），残りは河川水中の溶存成分として流出し海洋へ運搬される（図6.3）．このような物質循環は不可逆的プロセスであるため，長期間にわたり陸上の豊かな生態系を保持していくためには，物理的風化（削剥作用）により絶えまなく地表に新鮮な岩石が供給される必要がある．削剥作用により地表は更新され，露出した新鮮な岩石から栄養塩類が土壌に供給される．また，広域風成塵（火山噴出物や黄砂など）による固体圏から生態系への物質フローも生態系の物質循環において重要な役割を果たしている．

　水は大気中で種々のエアロゾル（液体や固体粒子）と反応し，あるいはそれらを取り込み降水となり，地球表層における物質循環において大きな役割を果たしている．人類起源の主要な酸性物質にSO_xとNO_xがあり，主に自動車あるいは工場からの排気起源と考えられている．降水には，これら酸性物質が溶け込み酸性雨（湿式降下物あるいは湿式沈着とも呼ばれる）となり，地表環境に大きな影響を与えている．他に，乾式降下物（乾式沈着）があり，樹冠に乾式沈着した酸性物質が降雨に洗い流され，森林生態系に影響を与えることが知られている．

　丹沢山地の降水のpHは4-5.5で推移しており，酸性雨による森林生態系への環境影響，特に森林土壌の酸性化が懸念される．森林生態に及ぼす酸性沈着影響

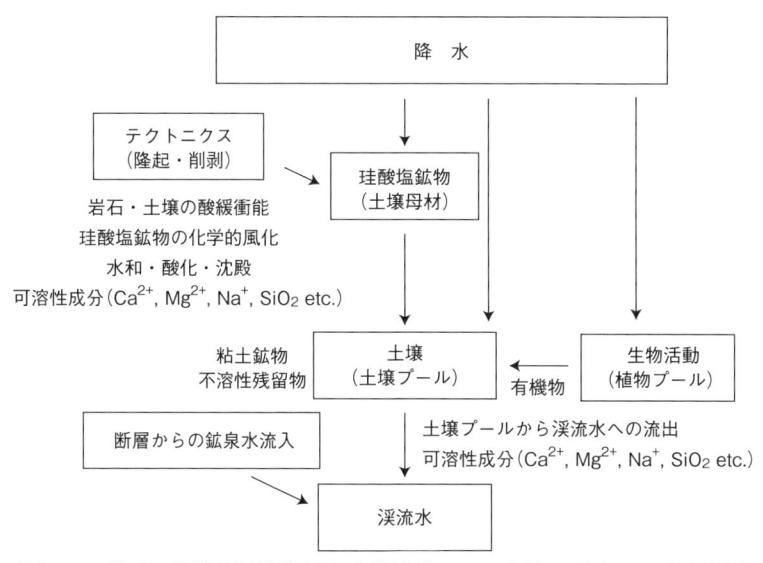

図 6.3 岩石の化学的風化作用と生物活動による土壌の形成と，地表表層における物質循環

で重要なものに窒素酸化物の問題がある．NO_x は森林生態系への重要な窒素供給源でもあるが，森林生態系において植物が要求する以上の窒素が供給された場合，余剰分は根域土壌層から下層土壌層へ，さらに河川水へと流出し（窒素飽和現象），河川，湖沼，沿岸域での富栄養化の原因となることが指摘されている．さらに，過剰な窒素酸化物負荷により土壌酸性化が進行し，植物の成長阻害と生態系の劣化をもたらすことが懸念されている（第8章参照）．

われわれは，酸性沈着が土壌と渓流水に与える負荷を評価するため，土壌の構造・化学組成とその分布を評価し，土壌プールから河川に流出する溶存成分の長期モニタリングを行った．本節では，丹沢森林土壌の土壌特性と渓流水質についてのモニタリング結果を報告する．

6.4.2 丹沢森林土壌の分布と構造

われわれは，西丹沢大室山南部に調査地（25 km²）を設定し，丹沢森林土壌の分布，構造と地球化学的特徴を明らかにし，森林土壌が持つ酸性沈着に対する酸緩衝能を評価した．ここでは，丹沢森林土壌の分布，構造と地球化学的特徴を

紹介する．その一部は，金子ほか（2007）で報告されているので参照されたい．

丹沢山地の尾根や山頂部は丸みを帯びた緩斜面をなし，そこには富士火山起源の火山灰が基盤岩の上に堆積し（層厚 2-3 m 程度），ローム母材土壌が形成されている．かつて谷筋を形成していた地域には（現在は緩斜面地），降雨などにより削剥され 2 次的に移動・堆積した火山灰が，谷筋を埋めるように厚く（5-10 m）堆積している．大室山南部調査地におけるローム母材土壌の表層占有面積は約 5% に限られ，崩壊地を除く地表の約 95% にはカコウ岩母材土壌が分布している（金子ほか，2007）．

調査地域において，A_0 層から基盤岩（C 層または R 層）まで土壌コア試料をライナー採土器により採取し（土壌コア最大深度：約 3 m），土壌コアを A_0 層，A 層，AB 層，B 層，BC 層，C 層，R 層に区分した．調査地のカコウ岩母材土壌およびローム母材土壌の A 層はともに褐色森林土に分類される．カコウ岩母材土壌層厚と地形傾斜角度には有意な負の相関が認められた．すなわち，急斜面では土壌の発達が悪く，緩傾斜になるにしたがって土壌層厚が増大する傾向が見られる（金子ほか，2007）．地形傾斜角度と土壌層厚の相関は土壌流出の程度を反映しており，急斜面では土壌の流出が進行している．一方，ローム母材土壌のコア深度 130-160 cm に黒色の粘土層が認められ，富士黒土層と認定した．富士黒土層は 1 万年前から 5000 年前まで続く富士火山の活動静穏期に形成された土壌層で，その下位には古期富士火山噴出物から生成したローム母材土壌が発達し，その上位を新期富士火山噴出物から生成したローム母材土壌が覆っている．土壌平均層厚（A_0 層から R 層）は，カコウ岩母材土壌が 90 cm，ローム母材土壌が 200 cm であった．

6.4.3 土壌の地球化学的特徴

岩石の風化作用によるカコウ岩母材岩石からの元素溶脱量の見積もりを行った．有機物を省くと，カコウ岩母材土壌は 1 次鉱物である石英，磁鉄鉱，斜長石，角閃石と，風化作用により生成した 2 次鉱物であるハロイサイト，緑泥石などの粘土鉱物からなり，ローム母材土壌には 1 次鉱物である石英，磁鉄鉱，斜長石と 2 次鉱物であるアロフェンが認められた．Ti（チタン）と Zr（ジルコニウム）は岩石の風化過程における難溶脱性残留元素であることが知られている．すべてのカコウ岩母材土壌コア試料で，A_0 層から C 層までの Ti/Zr 比は一定の値を示し，

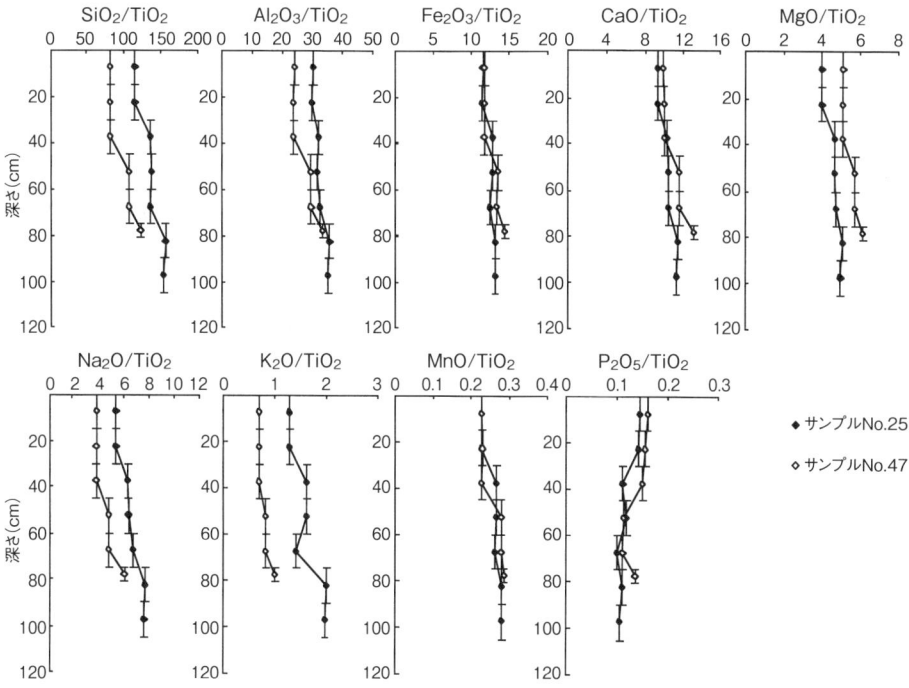

図6.4 丹沢森林土壌の鉛直化学組成プロファイル（元素溶脱量の見積もり）（金子ほか，2007）

これらの元素が難溶脱性残留元素であることが確認された．TiとZrを用いて規格化を行い，Si（ケイ素），Al（アルミニウム），アルカリ元素などの溶脱量を見積もった．カコウ岩母材土壌の上層部（$A_0 + A$層）において，Siと酸中和物質である塩基類，酸性化の指標となるAlの溶出量が最大値を示し，これらの元素とは対照的に，P（リン）は上層部で増加する傾向が認められた（図6.4）．このことから，丹沢山地西部に分布するカコウ岩母材土壌の風化による元素溶脱は比較的進行した状態にあると思われる．地表に露出したカコウ岩上層部のSiの約40％，Alの31％，Naの38％，Caの25％，Mgの16％が溶脱し，渓流水へ流出したと考えられる．一方，ローム母材土壌のSi, Alおよびアルカリ元素・アルカリ土類元素には有意な溶脱が認められなかった（金子ほか，2007）．

土壌の酸緩衝能は，溶液中の水素イオンが土壌と反応して土壌に吸着される量として評価される．土壌の水素イオン消費は，土壌粒子の電荷特性に基づく水素

イオン吸着，土壌粒子との陽イオン交換，土壌粘土鉱物との反応に基づいている．鉱物の風化作用による酸緩衝は不可逆過程であることから，酸緩衝能は有限であり臨界量がある．丹沢のカコウ岩母材土壌水溶液 pH は A_0 層と A 層では弱酸性を示し，下層に進むに従って高い値が認められた．土壌水溶液の pH はカコウ岩母材土壌 A 層で平均 5.9，ローム母材土壌 A 層で平均 5.0 と，ややローム母材土壌のほうが低い値を示した．しかしローム母材土壌 B 層では下層に向かって土壌水溶液 pH は 5.6 から 7.3 と大きく上昇し，その平均値は pH6.5 で，カコウ岩母材土壌 B 層の平均値 pH6.2 よりも高いことが認められた．このことから，丹沢山地のカコウ岩母材およびローム母材土壌は比較的高い酸緩衝能を持ち，酸性沈着の土壌への影響は顕在化していないと言える．しかし，丹沢山地では土壌の流出が進行しており，地域全体の土壌の酸緩衝能が劣化することが危惧される．

6.4.4 丹沢山地の渓流水質

河川渓流水の化学的モニタリングは，酸性雨などによる酸性沈着が生態系に及ぼす影響評価の重要な手段である．われわれは，2001 年から 2009 年にかけて相模川水系と酒匂川水系に観測点を設定し，毎月 1 回の渓流水質調査を行ってきた．河川水 pH は 6.5-8.1 の範囲の変動を示した．渓流水中の Ca^{2+} と Mg^{2+} の当量合計値と HCO_3^- 当量はほぼ 1：1 の相関を示し，岩石に含まれる炭酸塩鉱物の溶解が渓流水中の溶存 Mg^{2+}，Ca^{2+}，HCO_3^- に大きく寄与していることが認められた．（有馬ほか，2007）

丹沢山地の沢渓流水 SO_4^{2-} 濃度（約 2-13 mg/ℓ）は，西丹沢（自然教室），東丹沢（札掛），足柄山地（洒水の滝）で大きく異なっている（図 6.5）．これは，大気からのフローに加えて，集水域の地質と断層に沿って渓流水に流入する鉱水の影響に起因している．

岩石の窒素含有量は無視できるほど低レベルであり，渓流水中の溶存 NO_3^- は，大部分が大気からのフローによるものである．丹沢山地の沢渓流水 NO_3^- 濃度（約 2-7 mg/ℓ）（図 6.5）は，関東・中部地方における渓流水 NO_3^- 濃度の中央値 1.06 mg/ℓ（伊藤ほか，2004）より高い値であった．このような高い NO_3^- 濃度は，関東平野周辺部の渓流河川水からも報告されており，大都市圏からの窒素酸化物を含む汚染物質の移流によるものと考えられる．中津川の測定結果から 1300 kg/km^2/年を上回る高い窒素が渓流に流出していることが認められた．こ

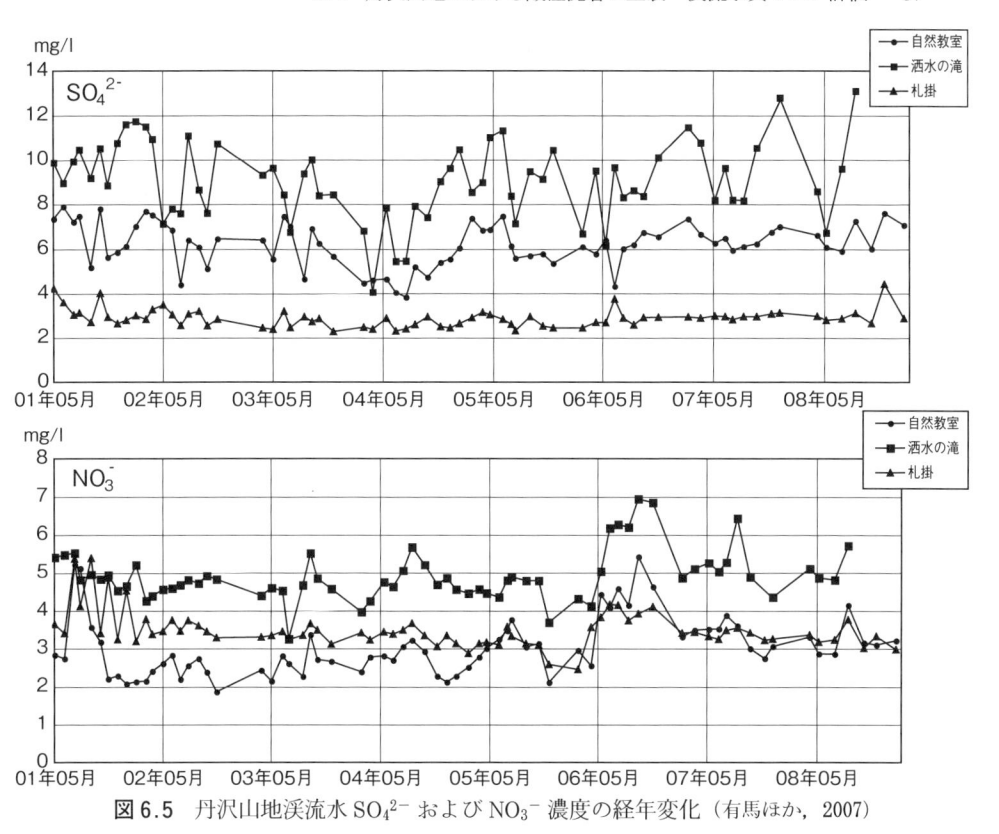

図 6.5　丹沢山地渓流水 SO_4^{2-} および NO_3^- 濃度の経年変化（有馬ほか，2007）

の値は，窒素飽和にあると考えられている群馬県で観測された窒素流出量 1320 kg/km²/年（伊藤ほか，2004）に匹敵する値で，丹沢森林生態系も窒素飽和にあることが懸念される．

　丹沢山地のような地殻変動が活発な地域では，削剥作用により岩石の風化面が活発に更新されている．長期間にわたり削剥作用が活発に行われてきた丹沢山地では，削剥され地表に露出した新鮮な岩石の風化により土壌が絶えまなく生成されてきたと考えることができる．丹沢山地渓流水の溶存 SiO_2 は，その大部分が岩石の風化により溶脱した岩石起源である．調査集水域（25 km²）にはカコウ岩が分布しており，ここでの渓流水年間流出水量と渓流水中の溶存 SiO_2 濃度から，カコウ岩の風化により年間 124×10^7 g の SiO_2 が岩石から渓流水に流出したと推定された（有馬ほか，2007）．一方，カコウ岩母材土壌元素プロファイルか

ら，地表から20 cmの深さまでのカコウ岩からSiO$_2$の最大約40％が溶脱し渓流水に流出したと推定された．過去数千年間，渓流水の年間流出水量と，カコウ岩からのSiO$_2$溶脱量が定常状態にあると仮定し，厚さ20 cmのカコウ岩母材土壌（A$_0$＋A層）の年齢が1500-2000年，風化速度は0.16-0.13 mm/年と見積もられている（有馬ほか，2007）．カコウ岩母材土壌の年齢は，人為的負荷による土壌流出の回復には数千年単位の時間が必要であることを教えている．

6.5 水源地の地震災害リスクと時空間情報プラットフォーム・システム

6.5.1 関東地震震源域と東京・横浜大都市圏

最近の研究によれば，大正関東地震震源断層は神奈川県直下約20 km以浅に東西に横たわっており，神奈川県西部の松田付近と三浦半島の地下にプレート間の強い固着域（アスペリティと呼ばれる）が分布していることが明らかになっている．ここでは，プレートの沈み込みによる応力が集中し，歪みが蓄積しており，岩石の破壊強度に達すると急激に破壊（地震）が生じる．1923年大正関東地震（関東大震災）は神奈川西部，丹沢山地の南方を震源とする大地震であり，東京ー横浜大都市圏に甚大な被害を与えた．その地震規模を表すマグニチュードは7.9という大規模なもので，それにより放出されたエネルギーは，1995年兵庫県南部地震（マグニチュード7.2，震源の深さ約18 km）の約10倍に相当する．さらにマグニチュード7級の余震が多く発生したことも他の地震とは大きく異なる特徴であり，島弧衝突帯における複雑な地殻構造に起因した地震テクトニクスが石川（2007）により提案されている．大正関東地震直後から発生した大火災などにより10万人以上の尊い人命が失われた（武村，2003）．一方，都市部から離れた丹沢山地や箱根付近では大規模な山津波や斜面崩壊が多数発生し，800人近くが命を落とした．大正関東地震は土砂災害に関しても過去最大級の規模であったといえる．

石川（2008）は，神奈川県西部の斜面崩壊・地質・地形などの時空間情報データを地理情報システム（GIS）により統合し，大正関東地震による斜面崩壊の分布特性を解析し，豪雨による斜面崩壊との比較検討と，東京ー横浜大都市圏の地震災害リスクについて考察を行った．本節では，水源地の地震災害リスクと時空

6.5.2 大正関東地震による斜面崩壊

石川（2008）によれば，大正関東地震により神奈川県西部で発生した斜面崩壊は，約1万9980カ所，総面積約58.5 km^{2}である．この総面積は神奈川県の面積の2.4％に相当する（図6.6）．一方，1968-1986年の18年間に豪雨により神奈川県西部で発生した斜面崩壊は3404カ所，総面積約8.8 km^{2}と見積もられた．すなわち，18年間に豪雨で発生した斜面崩壊の約5.9倍の地点および6.6倍の面積が，大正関東地震によって引き起こされたことになり，大正関東地震による斜面崩壊が桁外れの規模であったといえる．丹沢山系（182 km^2）の斜面崩壊を1985年と1996年の航空写真から見積もると，この間に発生した斜面崩壊は，182 km^{2}の解析領域で総面積は0.5 km^{2}であった．一方，大正関東地震によって同範囲で発生した斜面崩壊の総面積は20.9 km^{2}である．仮にマグニチュード8

関東地震時による斜面崩壊
1万9980カ所,総面積約58.5km^2

豪雨などによる斜面崩壊（18年間）
3404カ所,総面積約8.8km^2

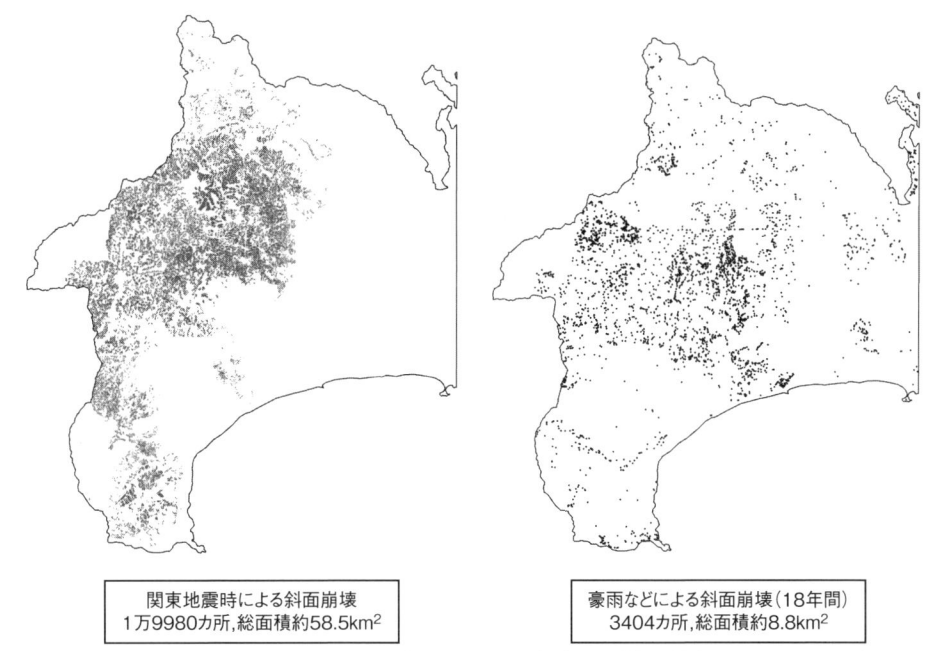

図6.6 神奈川県西部で，1923年関東地震により発生した斜面崩壊と，1968-1986年の18年間に豪雨により発生した斜面崩壊の分布（石川, 2008）

級の関東地震発生周期を，元禄関東地震（1703年）と大正関東地震の発生間隔と同様に220年とすると，年平均に換算した地震による斜面崩壊面積は0.095 km^{2}となる．これは1985年から1996年の間の豪雨による年平均斜面崩壊面積（0.045 km^2）の約2倍である．丹沢山地の急峻な地形の形成には，大正関東地震による斜面崩壊が大きな役割を果たしていると考えられる．

6.5.3 地震による水源地の複合リスク

石川（2008）は，丹沢山地の斜面崩壊リスクを，「地震による自然現象」と「人間が間接的に関与した林床植生の劣化」からなる複合リスクと捉え，生物生態系リスク管理を提案している．丹沢山地の生態系では，シカの食害等を要因とする土壌流出により表層土壌が脆弱な状態にある．石川（2008）は，地震による大規模な斜面崩壊により神奈川県民が水源を失う可能性と，斜面崩壊による環境リスクを想定した政策の緊急性を指摘している．1923年大正関東地震と同様のマグニチュード8級の巨大地震が発生すれば，丹沢山地表層の約10%で斜面崩壊が発生すると予想される．大規模かつ広範囲の斜面崩壊は土壌の流出を促進し，丹沢山地が持つ水源地としての保水能力に深刻な影響を与えるであろう．地震により不安定化した斜面の保水能力が大きく低下し，その後に豪雨が降れば，雨水は岩盤が露出した地表を流れ広範囲の土石流が発生するであろう．ダムには膨大な土砂が流入すると思われ，その量は豪雨に起因する土砂量約400年間分に匹敵すると予想される．水道網などのライフラインが直接的・深刻なダメージを受け給水能力が低下すれば，地震発生後の2次被害への対処は深刻なものとなる（図6.7）．

丹沢山地の斜面崩壊リスクは，「地震による自然現象」と「人間圏の活動が関与した酸性沈着」からなる複合リスクとも捉えられる．丹沢山地のカコウ岩母材およびローム母材土壌は比較的高い酸緩衝能を持っており，酸性沈着の土壌への影響は顕在化していない（6.4を参照）．しかし，丹沢山地では林床植生の悪化による土壌流出が進行しており，地域全体の土壌の酸緩衝能が劣化することが危惧される．さらに，大地震により土壌の急激な削剥が発生した場合，丹沢山地表層の酸緩衝能が著しく低下すると予想されることから，酸性沈着が河川生態系へ及ぼす影響を想定し，生物生態系リスク管理を行う必要がある．

神奈川県では関東地震に加えてマグニチュード7級の地震のリスクを想定する

6.6 時空間情報プラットフォーム・システムの活用可能性と今後の取り組み　71

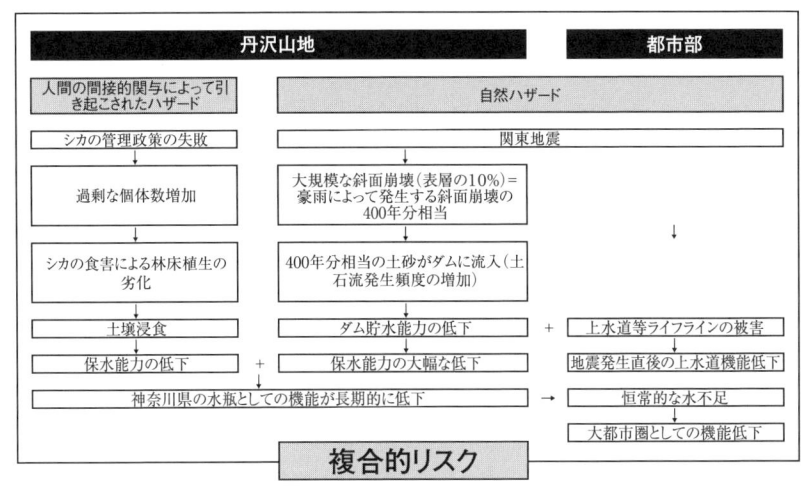

図6.7　地震による水源地の複合リスク構造図

必要がある．神奈川県西部では，1633年の寛永小田原地震（マグニチュード7.0）がマグニチュード8.2の元禄関東地震（1703年）発生の70年前に，元禄関東地震の79年後の1782年に天明小田原地震（マグニチュード7.0）が大正関東地震震源近くで起きている．その71年後，1853年の嘉永小田原地震（マグニチュード6.7）が神奈川県西部を震源としたマグニチュード7級の地震として発生している．2010年現在，1923年大正関東地震発生からすでに87年が経過している．マグニチュード6.9の新潟県中越地震（2004年）により斜面崩壊が広域的に多数発生したこと，マグニチュード7.2の岩手・宮城内陸地震（2008年）では大規模な山体崩壊が発生したことを考慮すれば，マグニチュード7級の地震による斜面崩壊リスクは無視できない．現状では，地震が何年先に発生するのかを予想することは困難であるが，関東地震やマグニチュード7級の地震が近い将来起こる可能性を考慮し，想定されるリスク，被災可能性，社会システムの脆弱性，災害対応を検討することが東京−横浜大都市圏では必要である．

6.6　時空間情報プラットフォーム・システムの活用可能性と今後の取り組み

　神奈川拡大流域圏には，人口960万を超える人々が生活しており，そのほとん

どが東部平坦地に集中し,横浜,川崎などの巨大都市を形成している.これら大都市圏はプレート境界に近接しており,地球システムの急激な変動要因が直接作用している世界でも稀な地域である.神奈川拡大流域圏では,1887年に相模川から取水する近代水道が敷設されて以来,相模ダム,津久井ダム,三保ダム,宮ヶ瀬ダムなどが造られ,960万を超える人々の水源は,拡大圏西部の山岳地域に依存する仕組みが構築されている.このため,地震など急激な間歇的変動要因が,大都市圏とダムなどの近代インフラの災害リスクを高めている.

また,神奈川拡大流域圏西部の水源地には,近接する大都市圏から大気により汚染物質が搬送されており,土壌生態系の機能が劣化している.大都市圏が神奈川拡大流域圏へ与える環境負荷を把握し,そのリスクを評価し,水源地の生態系サービスを適切に管理することは,960万を超える人々の生活の生命線の確保といえるであろう.

このように,丹沢山地の生態系は,長期的な人間圏からのフローによる環境負荷要因と,地震など短期的な変動要因が複雑に作用しており,その実態を理解するためには長期的なモニタリングによる個別の現象の理解と,それらを統合し解析するシステム科学的アプローチが必要である.たとえば,水源地の生態系サービスの適切な管理のためには,渓流水質の長期モニタリングデータ,大気汚染物質の移送経路の時空間データ,水源地の植生変化の時空間分布,地質・地形と土壌分布の時空間データ,地形利用・土地改変の時空間分布データ等を,GIS時空間情報プラットフォーム・システムにより定量的に解析し,多くの環境要因の相互作用を理解するシステム科学的アプローチが今後行われなければならない.また,地震や豪雨に起因する斜面崩壊,土石流の時空間情報データ,地質,地形,土地利用データ等を時空間情報プラットフォーム・システムにより解析し,水源地における将来の災害リスクを評価し,それに備える政策立案を行うことは最重要課題であると思われる.

引用文献

有馬眞・青池寛・川手新一(1999):丹沢山地の構造発達史,神奈川県博調査報告(自然),9,57-78.

有馬眞・金子慶之・中村栄子(2007):丹沢山地における生態系管理・保全を目指した地質・土壌の地球化学的特性と流域圏の物質動態評価,21世紀COE研究成果報告書,

35-46, (http://bio-eco.eis.ynu.ac.jp/jpn/index.htm)

石川正弘 (2007)：伊豆衝突帯の岩石学的地殻構造モデルと地震テクトニクス，月刊地球，**57**，166-172.

石川正弘 (2008)：複合化する自然環境問題と変貌する首都圏の地震災害リスク―丹沢山地の斜面崩壊の事例，地震と調査，**3**，20-25.

伊藤優子・三浦覚・加藤正樹・吉永秀一郎 (2004)：関東・中部地方の森林流域における渓流水中のNO_3^-濃度の分布，日林誌，**86**，275-278.

金子慶之・有馬眞・佐藤理恵子・小野紘斗・岩垣拓也・川崎昭如 (2007)：西丹沢中川上流域に分布するトーナル岩母材土壌の構造と地球化学的特性：長期モニタリングに向けた基盤データの構築，地質学雑誌，**113**，611-627.

武村雅之 (2003)：『関東大震災―大東京圏の揺れを知る』，鹿島出版会，139P.

平田大二 (2004)：伊豆・小笠原弧の過去・現在・未来．藤岡換太郎・有馬眞・平田大二編者『伊豆・小笠原弧の衝突―海から生まれた神奈川』，有隣堂，229-237.

松井孝典 (1998)：人間圏とは何か，『岩波講座地球惑星科学14・社会地球科学』，岩波書店，1-12.

Soh, W., Nakayama, K. and Kimura, T. (1998): Arc-arc collision in the Izu collision zone, central Japan, deduced from the Ashigara Basin and adjacent Tanzawa Mountains, *Island Arc*, **7**, 330-341.

第7章
水源森林生態系とその保全再生－森林生態

木平勇吉

　神奈川拡大流域圏の水源域では，戦後の薪炭から化石燃料への燃料革命，拡大造林政策による人工植林の増加，その後の経済活動のグローバル化の進展による安価な外国産材の輸入がもたらした林業の衰退，農山村人口の減少・高齢化にともなう放棄林の増大，大都市近郊に位置しているためのレクリエーション需要の増大など，多くの間接変化要因，直接変化要因が影響して森林生態系が撹乱している．一方，地殻変動が激しい地域であることから，地震・大雨によって斜面崩壊しやすいこと，さらにシカの個体数増加による林床植生の喪失も加わって土壌流出による森林生態系の撹乱が深刻で，これが水源涵養能力という生態系サービスを低下させている．

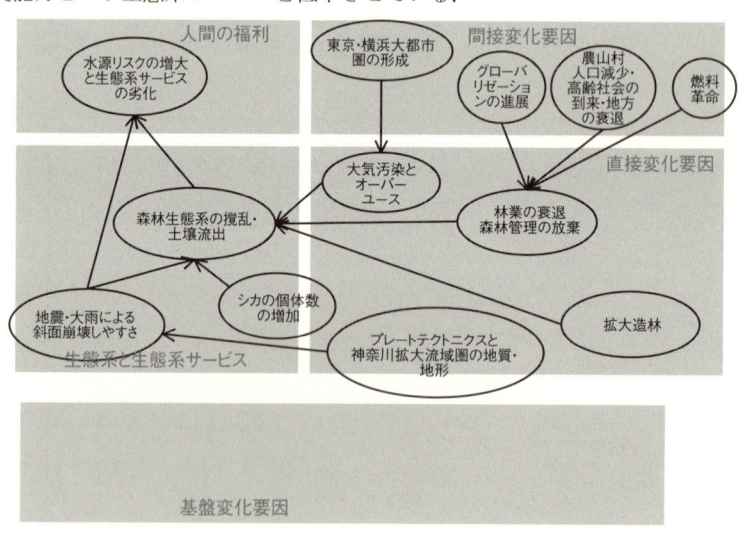

図7.1　神奈川拡大流域圏の水源森林生態系がかかえる課題の要因構造図

7.1 はじめに

　神奈川拡大流域圏の主要な水源森林である丹沢山地（以下，丹沢と略す）を対象として，森林生態系と生態系サービスとの関係を明らかにすることが本章の目的である．そのために森林生態系の現状を調べ，その撹乱の原因を明らかにして保全と再生の対策を示す．

　本章の課題を整理すると，森林生態系が水源涵養，国土保全，生活環境，生物多様性などに果たしている役割を明らかにするために，科学的なデータにより，①丹沢の水源森林の生態系の現状が地域の自然的，社会的な要因とどのように結びついているか，②それが地域社会の福利にどのように貢献し，あるいは，脅かしているかを分析し，③生態系の撹乱を防ぎ，再生させるにはどのような対策が必要かをまとめることである．時空間情報プラットフォームとして森林分野での1つのモデルである．

　本章の構成を図7.1に示す．まず，①森林とは，森林生態系とは何かについて要点を述べる．そこから生まれる機能とその機能の階層構造を概観する．次に，②対象地である丹沢の自然立地と社会的立地の特徴を述べて，水源森林として地域住民から期待されている役割を明らかにする．次に，③現在，そこで生じている森林生態系の撹乱によるサービスの低下を述べる．基本的な問題は自然災害と土壌流出と生物多様性の喪失であるが，これに関連して顕在化している8つの現象を述べる．そして，④生態系撹乱とサービス低下の間接，直接の原因を分析する．森林は歴史の所産であり，過去の取り扱いの結果が現在の森林の姿である．丹沢の過去100年間の森林管理の歴史を振り返ることにより間接原因を分析すると同時に，現在の直接の原因を説明する．最後に，⑤水源涵養機能の低下や生物多様性の喪失を防ぎ，丹沢を再生させる対策を述べる．

7.2 森林生態系と森林機能の階層構造

　森林にはさまざまなタイプがあり，それらが発揮する機能も多様である．基本的には気象条件，特に温度と水分とにより森林の構造は決まり，それに応じた生態系が存在する．森林生態系とは周囲の環境と樹木との物質・エネルギーのやり取り，森林に生きる動植物の生命活動，相互の競争や共生などの関係に見られる

体系的現象である．樹木は大気中の二酸化炭素と水を原料として太陽エネルギーによって光合成を行い有機物を生産する．それを動物が食べて生きる食物連鎖と，動植物が死ぬと菌類による分解とがある．これらの生産と分解のバランスがとれていることが森林の特徴である．森林は，寿命が長く，背の高い大きな樹木が中心でバイオマスの蓄積量が大きく，立体構造は複雑で生物多様性に富む．

森林が存在することにより周囲の環境に影響する．それは生態系サービスと呼ばれ，人間の暮らしや社会に役立つ．森林にはそれぞれの構造に応じた機能がある．一般に水源涵養，洪水・土砂流出など災害の防止，景観・レクリエーションによる保健休養，野生動物の生息地，二酸化炭素の吸収・貯蔵などの環境機能と，木材生産・林業という経済的な機能とがある．機能の種類と大きさは自然条件に応じて決まるが，伐採を繰り返す木材生産機能に管理の重点が置かれると，環境機能が低下することがある．歴史的には森林生態系を乱すことなく木材生産機能を高める森林管理の方法が追求されてきたが，丹沢では現在は破綻している．

森林には多くの機能があると述べたが，それぞれが並列的に発揮されるのではなく階層構造がある（図7.2）．最も根底に地表面の土壌を安定させる土壌保全，侵食防止の機能があり，その上で生物多様性，バイオマス生産と水を保持・浄化させる水源涵養の機能が成り立つ．また，その上で動物の生息が可能になる．樹

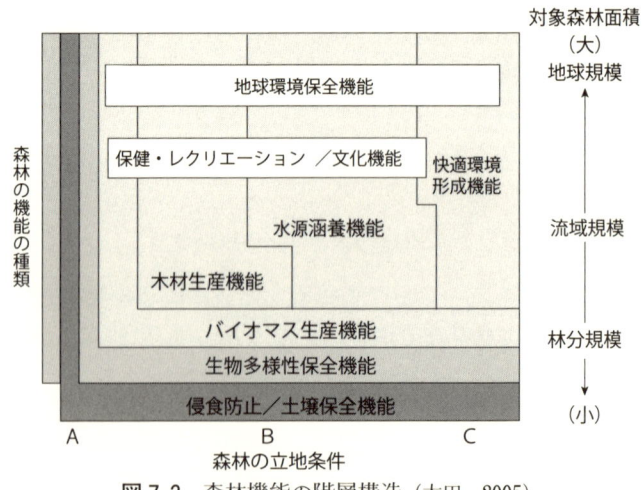

図7.2　森林機能の階層構造（太田，2005）
A，B，Cの場所により発揮できる機能が異なる．

木の生育が可能になって初めて木材生産が成り立つ．そしてレクリエーションや二酸化炭素吸収源として温暖化防止の機能が発揮される．これが森林機能の階層構造であり，森林の生態系サービス向上を計画するのに有効な考え方である．

7.3 丹沢の立地と生態系サービス

　丹沢は都心から50 kmの近距離にありながら，ブナやモミの原生林，シカやカモシカやツキノワグマなどの大型野生動物，多くの滝と深い渓谷などの豊かで多様な自然が残っている大きな山塊である．しかし，過去には1923年に発生した関東地震によって全域で山腹斜面の表層土が崩れ落ち，多数の崩壊地が生じたように地質的に脆い．その後の治山事業と90年間の時間の経過により現在は当時の様子を想像することが難しいほど森林が回復している．このように，地質的にはきわめて脆弱で災害の危険性の高い場所である．

　一方，隣接する大都会の存在と戦後の周辺地域の都市化，人口増加，経済発展は，丹沢の置かれている社会的な状況に大きな影響を与えた．

　現在の森林には原生林は少なく，伐採された天然林の跡に再生した広葉樹2次林と，1960-70年代の拡大造林政策で植えられたスギ・ヒノキの同齢単層の人工林が広がっている．1970年代にはダム湖，送電線，道路，ゴルフ場の建設などの大規模な土木工事が相次いだ．山麓ではタバコなどの畑作農業が営まれていたが，宅地化が進んだ．森林は国有と県有などの公有林が3割あまりで，残りのほとんどが個人の私有林となっている．標高300 mから800 m前後の範囲に分布する人工林は木材生産を目指した経済林であったが，1980年代以降は労働力の流出と木材価格の下落のために林業は採算が取れなくなり，手入れ作業が放棄されている．

　丹沢では，現在は木材生産ではなく，水源涵養機能，土砂流出防止，土壌保全による災害防止機能，景観・レクリエーションの保健休養機能などのサービスが期待されている．特に水の供給が最大の関心事である．現在，神奈川県の上水道の約9割は相模川と酒匂川の2つの水系から供給されている．相模川水系の宮ヶ瀬ダム（宮ヶ瀬湖）と酒匂川水系の三保ダム（丹沢湖）は丹沢山地をおもな集水域としており，周辺の市町村は湧水や地下水を水道水源として利用している．神奈川県では丹沢の大部分を「水源の森林エリア」とし，荒廃している私有林を公

的管理によって水源涵養や土壌保全の機能を高め，良質な水を安定的に確保する「水源の森林づくり事業」を推進している．

また，丹沢には豊かな自然と独特の景観があり，登山，沢登り，キャンプ，自然観察などで現在は年間30万の人が訪れている．1960年に県立自然公園に，1965年にその中心部の約2万7000 ha が国定公園に指定された．さらに，国定公園のうち稜線部などの約1800 ha は，特別保護地区として動植物の捕獲・採取が厳しく規制されている．稜線部を中心に約2万ha は鳥獣保護区に指定され，鳥獣の保護が行われている．

1965年には約440万人だった神奈川県の人口は，2010年3月現在900万人を超えたと推定され，急激に増加している．丹沢周辺の8市町村のうち秦野市，厚木市，伊勢原市，愛川町などは地理条件が良いので人口の増加率が高いが，山間部にある山北町，松田町，清川村の人口は減少もしくは横ばいの傾向にある．都市部の発展と山間部の停滞との地域差がはっきりしている．

7.4　森林生態系の撹乱と生態系サービスの低下

丹沢大山総合調査（2004-2006年）で得られた結果から，森林生態系の撹乱と生態系サービスの低下の状況をまとめる．自然災害と森林土壌の流出と生物多様性の喪失が生態系撹乱の要因であるが（図7.3），それに関連して顕在化した環境問題は次の8つに集約される．

7.4.1　ブナの枯死

1970年代に大山のモミの立枯れが目立ちはじめ，1980年代にはブナやウラジロモミにも枯死が多く見られるようになった．丹沢山，蛭ヶ岳，檜洞丸の山頂付近に多く，標高の高い鞍部や急傾斜地，風衝地では風上側，南向きの斜面に特に衰退が著しい．檜洞丸から塔ノ岳の一帯にかけての稜線部では，1980年以降に少なくとも17 ha のブナ林が消失し草地化した．丹沢を代表するブナの原生的な森林が著しく破壊されている．

7.4.2　人工林の荒廃と土壌流出

1980年代以降は輸入木材に押されて林業では山の暮らしが成り立たなくなり，

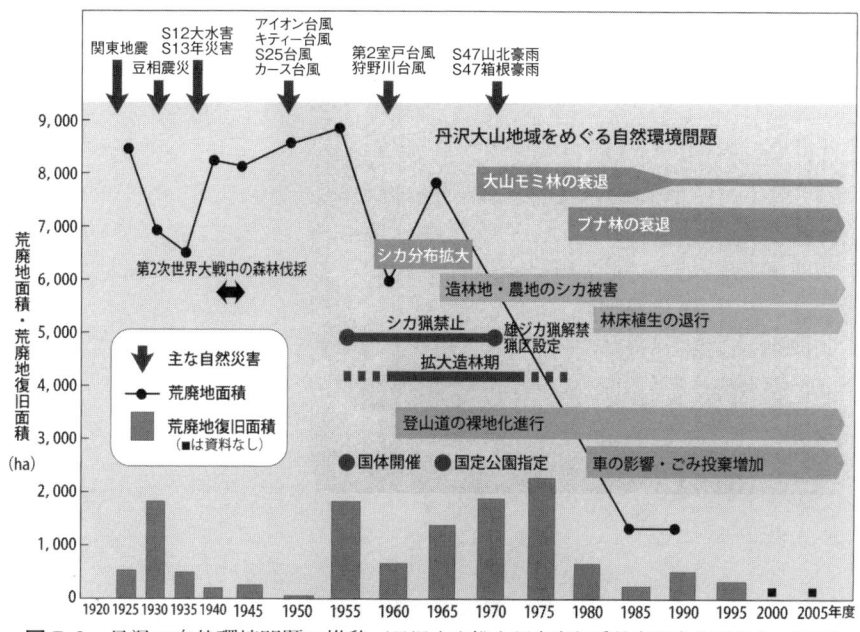

図7.3 丹沢の自然環境問題の推移（丹沢大山総合調査実行委員会調査企画部会, 2006）

手入れされない荒廃した人工林が増加した．さらに私有林の多くは相続や所有者の離村により所有権や境界が不確かになっている．国有林，県有林，会社有林も手入れが進まず，木材の収穫ができない状況になった．神奈川県全体の年間木材収穫量は40年前には16万 m^3 であったが現在では2万 m^3 を下回っている．樹木の成長量と木材の収穫量とは同じであることが原則であるが，現在の収穫量は成長量の10%程度にすぎない．

手入れ作業が遅れて枝葉が込み合うと林内は暗くなり，地表面には植生が少なくなって土壌流出が起こっている．手入れの遅れに加えてシカ採食の影響が重なり，天然林でも下層植生の衰退が進んでいる．そして森林土壌の雨水浸透力が失われ地表流が生じ表土流出が激しくなっている．このような林床環境の劣化に伴い水源涵養機能が低下し，生物多様性が失われている（図7.4）．

7.4.3 渓流生態系の荒廃

渓流とは，常時流水のある最上部から渓床勾配が緩くなる山麓部に出るまでの

図7.4 人工林での土壌流出（大野晶子氏提供）

区間である．渓流域に生育する渓畔林は独特の渓流生態系を形成していた．しかし，1923年の関東地震により8600 haの林地が崩壊し渓流は埋まり荒れた．さらに復旧のための治山・砂防工事により魚や水生生物の移動が分断された．また，渓畔林の一部は植林により単純化して，防災機能，美しい景観，生物多様性が失われた．

7.4.4　ニホンジカの過密化と植生衰退・土壌流出

　2001年の調査では丹沢山地のシカの数は2400-4200頭と推定されており過密である．長期間にわたるシカの採食により林床植生，特にスズタケの衰退が進行した．シカ密度が高い東丹沢では，1995年頃スズタケの被度が25％であった場所で，10年間のうちにすべて消失した例が多く見られた．現在，スズタケの被度が50％を越える場所は西丹沢の主稜線部に限られている．
　東丹沢堂平の天然林において，林床植生が地表をほとんど覆っていない箇所では年間4-9 mmの地表面の土壌侵食が測定された．人工林においても，特に東丹沢の緩斜面において，林内の陽光不足に加えてシカ採食により土壌侵食が顕著に見られる．このようにシカの密度の高い地域では林床植生の消失や土壌の流出が見られ，生態系に与える影響は大きい．

7.4.5 希少動植物の消滅と孤立

丹沢の希少動物としてツキノワグマ,カモシカ,クマタカ,コウモリ類があげられる.ツキノワグマは数十頭程度しか生息していないと推定される.さらに,遺伝子レベルの多様性が失われ孤立していることが確認されている.また,シカの採食による植生の衰退はクマの食物の減少につながっている.カモシカはなわばり性が強いため高密度になることはなく,全域に広く生息していることが明らかになったが,小規模な孤立個体群の可能性がある.クマタカは丹沢全域で約20つがいが生息していると推定されたが,その繁殖状況は不安定であり,営巣木周辺での間伐作業により巣が放棄された例もある.

シカの採食により草本植物が著しく減少した.しかし,植生保護柵内ではクルマユリやクガイソウなどの希少植物,地表性昆虫,土壌動物の回復が見られる.

鳥類では里山に依存するサシバやフクロウ,サンショウクイなどが減少している.里山の明るい林床を好むキンラン,カタクリや,ギフチョウ,オオムラサキのために雑木林や耕作放棄地の管理が必要になっている.渓流にはカジカ,ヒダサンショウウオ,ナガレタゴガエル,ミネトワダカワゲラなどの希少種が生息しているが,堰堤などの工事で生息地や産卵場所が消失している.

7.4.6 外来生物の侵入

丹沢で最も危険な外来哺乳類はアライグマである.繁殖力が高く捕食能力が強いので,小型哺乳類,鳥類,爬虫類,両生類,魚類,昆虫類,淡水甲殻類などにとって脅威となっている.ハクビシンはすでに全域に生息している可能性があり,分布を拡大しているタイワンリスについても注意が必要である.特定外来生物に指定されているソウシチョウとガビチョウは広範囲に定着している.カナダガンの繁殖も丹沢湖で確認されている.ニジマス,イワナ,アマゴは放流されているが他地域が原産の国内外来生物である.特定外来生物に指定されているオオクチバスやブルーギルは丹沢湖で確認されている.

7.4.7 地域社会の停滞と鳥獣被害

丹沢の自然再生のためには,そこに暮らしている人々の社会の活性化が重要である.しかし,林業は衰退し高齢化が進み,地域の社会機能の低下,公共交通機関の撤退,コミュニティ意識の低下が起こり,林業や農業への関心が希薄化して

いる.

さらにシカ，イノシシ，カラス，サルによる農作物の被害が広がり，トウモロコシ，サツマイモ，落花生，ジャガイモ，柿，栗だけでなく，丹沢名産の茶やミカンも被害を受けている.

7.4.8 自然公園の施設破壊

大山下社，表尾根，大倉尾根など主要な登山道は荒れており，大腸菌群が検出される水場がある．山小屋や登山道周辺には堆積ゴミがあり，その位置や量，撤去状況を示したマップが作成された．

以上のように多くの生態系サービスの低下が明らかになった．しかし，主要なサービスである水源涵養機能について水質・水量と生態系撹乱との関係は定量的には解析されていない．水源林保全再生事業の実行と継続的なモニタリングが続けられている.

7.5 森林生態系撹乱の間接要因－森林管理の歴史的経緯

「森林は歴史の所産である」とすでに述べた．すなわち，森林の現在の状況は過去の取り扱いの結果である．そして現在の取り扱いの結果として将来の森林の姿がある．ここでは丹沢の過去100年の歴史的経緯を述べて現在の生態系撹乱の間接要因を明らかにする．

7.5.1 木材伐採による里山の荒廃（明治時代以前）

潜在植生は高標高域ではブナなどの広葉樹であり，低標高域ではモミ，ツガ，広葉樹の混交林である．江戸幕府直轄林であった東丹沢ではモミ，ツガ，ケヤキ，カヤ，スギ，クリが「丹沢六木」として伐採が禁止され保護されていた．また，古くから山岳信仰の対象であり，「大山参り」で参拝する講が多く，自然がよく残されていた．しかし，1853年のペリー来航以降は造船用材などの需要が増大し伐採が進んだ．さらに横浜開港により用材・薪炭材需要が激増し，森林が乱伐され植栽もされず山地が荒廃したと記録されている．

7.5.2 関東地震と戦時伐採による山地荒廃（明治時代から第2次大戦まで）

明治に入ると丹沢は「官林」，さらに「御料林」に編入されたが奥地では手つかずの天然林が多く残され，ブナ，ケヤキ，モミなどの原生林が広がっていた．貿易港として横浜が発達すると，周辺では桑畑やタバコなどの換金作物栽培が進み，里地の森林は伐採されていった．平地や山麓に生息していたニホンジカは次第に山地に移った．また，ニホンオオカミの絶滅もこの時期とされ，生態系の重要な種が失われた．

1923年に関東地震が起こり丹沢山地には多くの崩壊が生じたので，国と神奈川県は治山・砂防事業を開始した．1931年に御料林約7600 haが震災復興の資金源として神奈川県に移管されて県営林となった．これは第2次大戦中の木材需要をまかなうための伐採に当てられ，森林蓄積は著しく減少した．

山腹崩壊や渓流崩壊の復旧のために多くの治山施設が設置されたが，これにより河川生態系の分断が進んだ．

7.5.3 燃料革命と人工林造成（1950年代）

関東地震による荒廃地（図7.5）や第2次大戦中の伐採跡地の修復植林は1955年までに概ね終了した．また，薪炭から化石燃料に切り換わる燃料革命が1950年代後半に起こり，不要となった雑木林は伐採されて人工林に置き換わった．現在見られるスギ・ヒノキ人工林の多くはこの時代に植えられたものである．この「拡大造林政策」は現在の丹沢の森林生態系に大きな影響を与えている．

図7.5 昭和20年代の丹沢の風景（神奈川県農政部林務課編，1984）

7.5.4　高度経済成長と奥地開発と都市化（1960年代）

　1960年代の高度経済成長期には木材需要が急増したが外材輸入量は少なかったので，奥地天然林の開発が進められた．奥地に林道が開かれ大規模な皆伐が進み，その跡にスギ・ヒノキの植林が進められた．天然林から人工林へ置き替えられたことによって森林環境は大きく変化した．陽光のあたる若い植林地は豊富な草をシカに供給したので，シカは個体数を増加させた．

　また，国民体育大会の登山会場となったことにより登山道が整備され山小屋が建てられたので，丹沢は一般の登山者が近づきやすい山になった．1960年に県立自然公園，1965年には国定公園に指定されて首都圏から多くの登山客が訪れるようになった．

7.5.5　林業衰退と自然環境異変の兆候（1970年代）

　経済が急速に成長し先進国型社会へと変化した時代である．都市開発による農地や林地の転用が増加した．都市部への労働力流出と，安価で大量の輸入木材の影響により木材価格が下落して林業の衰退が始まり，私有林の手入れが滞りがちとなった．

　苗木や林床植生のシカ食害が広範囲で起こりはじめた．そこで植生保護柵が設けられ猟区が設定されて，シカの個体数の抑制策がとられた．大山のモミの立ち枯れが進行したが，原因として首都圏からの大気汚染が指摘された．1979年には三保ダム（丹沢湖）が完成し，付近の自然環境は大きく変化した．

7.5.6　生態系撹乱の深刻化と地域社会の衰退（1980年代）

　1980年代に入ると大山のモミと丹沢主稜線のウラジロモミが枯れ，さらにブナの立ち枯れが目立ちはじめた．塔ノ岳から蛭ヶ岳の稜線と檜洞丸山頂の両斜面ではブナの大径木が枯れはじめた．林道開設や送電線の設置などの大規模な土木工事が活発になり，土砂の流出，切り取り斜面の植生破壊，野生動物の移動の阻害，森林の乾燥化，土砂流入による渓流の動植物の減少，緑化工事による外来植物の侵入と植物相の撹乱などが著しくなった．

　登山客のゴミ投棄，密猟，山野草の盗掘，あるいは排気ガスによる汚染も生じた．砂防・治山堰堤の建設がさかんになるに伴って渓流水生動物と魚への悪影響が大きくなった．登山道は踏みつけにより裸地化が拡大し，利用が集中する山頂

部の荒廃が著しくなり，山小屋の燃料に使われたため塔ノ岳の山頂は一面裸地になった．

一方，林業が低迷し後継者が減少するにつれて人工林の保育や間伐は行われず林内は暗くなり，下草が生えず降雨による侵食が進んだ．雪害などが大きくなり，また，キャンプによるゴミやし尿による水源汚染が生じた．

7.5.7 自然環境の保全再生への取り組み（1990年代）

シカの増加は深刻な問題を引き起こした．採食によって希少な植物種が姿を消しスズタケが枯れ消失していった．一方，周辺の農産物への野生動物被害が恒常化して里山集落の生活と景観の悪化が進んだ．人工林の林床植生の消失は土壌流出を著しく進行させ植林木の根は露出し浮き上がった．土壌の流出は水源涵養機能の低下をもたらすので水源森林にとって深刻な問題となった．これら生態系撹乱に対して保全再生の調査（1994-1997年）が実施されて保全計画がたてられ，その実行機関として神奈川県自然環境保全センターが設立された．

7.5.8 丹沢大山総合調査と再生事業の実施（2000年代）

地域の総合的な調査（2004-2006年）が県民参加で行われ，「丹沢自然環境情報ステーションe-Tanzawa」が開発された．再生計画の立案と県民協働のための自然再生委員会が発足した．また，水源環境税による保全再生事業が進んでいる．

以上のような丹沢の水源森林について過去100年間の歴史は現在の環境問題の間接的な原因となっており，今日の生態系撹乱の経緯を読み取ることができる．

7.6 水源森林の生態系撹乱の直接要因

7.6.1 大気汚染とブナの枯死

丹沢の森林生態系の撹乱を象徴するのは，ブナの枯死である．それには大気汚染，土壌乾燥化，病害虫発生の要因が複合的に関わっているが，関東平野で発生するオゾンがおもな原因であることが観測記録からわかってきた．ブナはオゾンに対する感受性が高く，それにより葉の生理活性が低下して成長が止まり落葉時期も早まる．現在のオゾン濃度では直接的には枯死に至らないが，ストレスを受

けている．大気中のオゾン濃度が高いのは標高 1400 m 以上の主稜線上であり，ブナの衰退が進んでいる地域と重なる．さらに，気象観測によると，周辺の都市と同じように温暖化・小雪化の傾向が 1990 年以降に進み，土壌水分や空中湿度の低下がブナに水分ストレスを引き起こし，最後には，ブナハバチによる食害を受け，連年被害が繰り返されて枯死にいたる．丹沢が首都圏に隣接するという地理条件から，都市の大気汚染の長期的な影響に曝されてブナの枯死は起こっているといえる．

7.6.2　林業不振と人工林の荒廃

周辺の都市化が進み，丹沢の住民は山を離れた．山村の人口流出と山麓の住宅地化が同時に進み，丹沢では生業としての林業は成り立たなくなった．山林所有者は林業経営意欲を失い，人工林の保育作業を放棄した．木材生産を目指す人工林では 10 年ごとに間伐を行う必要があるが，管理が放棄されると林冠（枝葉）が込み合い，林内は暗くなり地表面の植生は消滅する．その結果，土壌流出が起こり，生物多様性が低下して人工林の荒廃の原因となった．丹沢での林業不振は極端で，林業の就労条件は隣接する都市部のそれに比べて悪いので，労働力の減少は急速に起こり，新規参入はなくなった．農家の兼業としての林業家も農業の衰退により消滅した．大都市に隣接する丹沢の地理条件が林業不振となり，人工林の荒廃を加速させ，土壌流出と植生劣化により現在の生態系撹乱を引き起こしたといえる．

7.6.3　野生動物管理とシカ問題

シカの過密化により丹沢の環境問題は深刻な影響を受けたことはすでに述べた．シカの過密化は丹沢の植生を特徴づけるスズタケを消滅させ，下層植生を劣化させ，林木の樹皮剥ぎの被害と土壌流出を引き起こした．このシカ問題は水源森林の生態系の撹乱の最大で，直接の原因である．それらが生じた要因は次の 3 つである．1 つめは，かつては山林・農地であった周辺の平坦地域の都市化により生息域が消滅し，山地へ移動したことである．2 つめは，拡大造林により増加した人工林が豊富な草資源をシカに供給したことである．3 つめは，野生動物管理の思想と政策の欠如である．現在のシカ保護管理事業は 2003 年から始まり，個体数の抑制，分散，植生保護柵によるシカ排除が進められたが，累積的な採食圧の

影響は，いまも強く続いている．地域の社会的・自然的な変化に対応できる野生動物管理の知見や情報の欠如，管理体制の未整備，都市・農地・森林を包括する地域環境の総合管理計画の欠如が，シカ問題の直接要因といえる．

7.6.4 観光地化と公園施設荒廃

東京や横浜に隣接して，そして豊かな自然に恵まれた山岳公園として人気が高い丹沢の登山客は年間 30 万人に達するとすでに述べた．多くの人々が訪れる観光地となり，それに従って登山道，休憩宿泊施設，トイレの利用が増加した．歩道の拡大や裸地化，ゴミの散乱，トイレの未整備・管理不足が生じ始めたが，この観光地化に対する公園施設を管理する体制，経費，労力が整わず，自然環境を維持するシステムがきわめて弱いのが現状である．国定公園としての施設管理体制や山小屋運営の方法，登山者の利用ルールとマナー向上が「丹沢大山自然再生計画」により推進されているが，長らく累積された過去の負の遺産は大きく，現在それを修復・再生するには至っていない．伝統的には，原生的な自然に恵まれ，人手の入らない環境として特徴づけられていた丹沢が，人気の高い，都会に隣接する観光地に変質することに対して，必然的に必要となる維持，修復，予防を含む自然保護の理念と対応策の欠如が生態系撹乱の直接要因であるといえる．これは施設の荒廃や景観の破壊など目につく対象だけでなく，外来生物種の侵入，希少種の消滅など人為に起因する現象にも関わっている．

7.7 水源森林生態系の保全再生の対策

丹沢大山総合調査団がまとめた「丹沢大山自然再生基本構想」（丹沢大山総合調査実行委員会調査企画部会，2006）に基づき，神奈川県の丹沢大山自然再生計画は 2006 年に作られて実行されている．ここでは景観域区分，対策の原則，情報基盤としての「丹沢自然環境情報ステーション e-Tanzawa」について説明し，最後に筆者の意見を付け加える．

7.7.1 景観域区分と対策の原則

神奈川県の丹沢大山自然再生計画（2007 年からの 5 年間）では，まず丹沢を 4 つの景観域に分けている．①高標高のブナ林域（標高 800 m 以上），②中標高の

人工林，2次林域（300-800 m），③集落に近い里山域（300 m 以下），④上流から下流までをつなぐ渓流域として，それぞれの区域ごとの対策は次の5つの原則に従って立てられた．

1つめは「流域一貫の原則」である．生態系は互いにつながり影響しているから問題の解決には山から海までを循環系として捉え，上，中，下流域ごとの単位にとらわれず1つの流域として一貫した対策を進めていくことである．2つめは「総合的管理の原則」であり，個々の問題に対して縦割り的な解決策を行うのではなく横断的に検討していくことである．3つめは「順応的管理の原則」であり，事業の実行結果を常に調査して評価と計画変更を進めることである．4つめは「参加型管理の原則」である．水源森林として，あるいはレクリエーションの場として多くの都市住民がその恩恵を受けているので，広い意味での利害関係者が再生活動に関わる必要がある．そのために官民協働組織として「丹沢大山自然再生委員会」が作られた．5つめは「情報公開の原則」である．このためにe-Tanzawa が作られ運用されている．自然再生事業の内容，モニタリングの結果と評価のすべてが公開されて県民が理解を深めることに貢献している．

具体的な対策としてブナ林再生，人工林再生，渓流生態系再生，シカの保護管理，希少生物再生，地域社会の自立，自然公園の適正利用がこの原則により実行されている．

7.7.2　e-Tanzawa の開発

これまでの丹沢調査ではデータの多くは関わった機関や研究者が個別に保管しており共有化されていなかった．しかし，自然再生には「どこを」，「どれほど」，「いつ」，「どのように」取り扱うかを関係者が共通して理解することが大切である．そのためには時空間検索が可能なシステムが必要になる．既存情報と新しい調査成果を整理して総合的に解析することを目的として，フィールド情報の収集，データベースへの蓄積と解析，情報公開の一連の処理ができる情報プラットフォームの設計が進められた．丹沢大山総合調査団の情報整備調査チームは2004年から2006年の3年間に「丹沢自然環境情報ステーションe-Tanzawa」を開発した．

e-Tanzawa の利用者は研究者，行政官，利害関係者，一般県民などであり，目的も情報活用能力も異なる．そのために，内容が地図と関連づけて整理されて

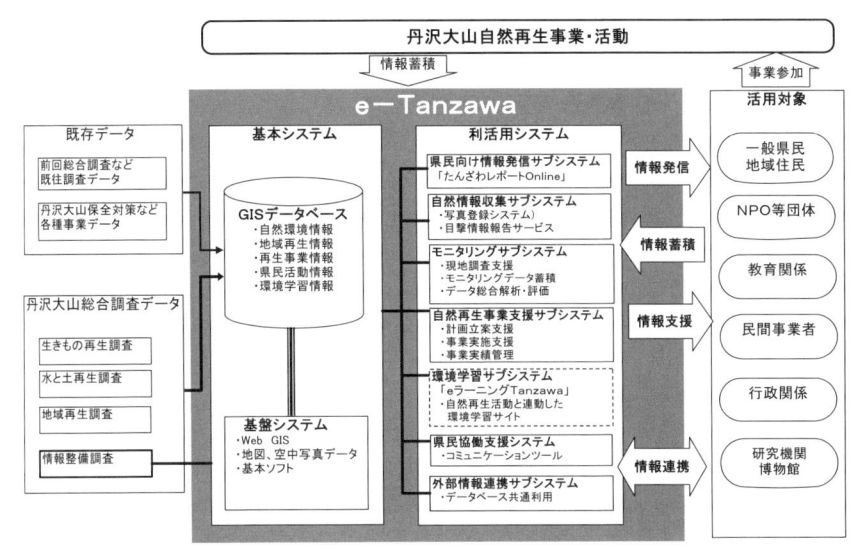

図 7.6 丹沢自然環境情報ステーション e-Tanzawa の構想（丹沢大山総合調査団, 2007）

調査, 計画立案, 合意形成, 事業実行, 成果評価の段階で利用できるように設計された. 内容の視覚化と空間解析に加えてコミュニケーションの機能が付加された. e-Tanzawa は情報入力のための入力系サブシステム, 情報を地図と一体的に蓄積する GIS データベースとその管理・解析を担うデータベース系サブシステム, 情報出力や外部データベースとの情報共有化を図る出力系サブシステムの3つで構成されている. 現在, 神奈川県の自然環境保全センターで管理され広く公開されている（図 7.6）.

7.7.3 水源森林生態系の保全再生対策についての筆者の意見

これまでに述べた対策は神奈川県と自然再生委員会がまとめた内容にそったものであるが, これに筆者個人の意見を加えてみたい. 森林の生態系サービスである水源涵養機能を向上させるためには土壌保全, 間伐による林内照度管理, 植生の維持更新, シカ管理など多くの方法が想定されるが, 天然林および人工林の扱いについて次の2点が重要だと筆者は考えている.

(1) 天然林には手を加えないこと

　天然林あるいは自然林と呼ばれている原生的な天然林，旧薪炭林の雑木林，渓畔林，風衝地，造林不成績地，原野には手入れ作業をしないで自然の遷移にまかす考え方である．「手を加えない」ことは保全再生の有効な1つの管理手法である．どこに手を加えるか，加えないかの判断は森林計画の要である．この考え方を支援する2つの論文があるので借用する．いずれの文章も筆者が一部を変更したものである．「樹種転換，間伐による密度管理，下層植生管理などの施業技術を使うことによって，自然状態の森林よりさらに機能が向上すると誤解されている．技術的に対応できることは，資源収奪に伴うマイナス影響の最小化であろう」(中村，2007)，「人手が加わらない場合，土地の地質，地形，土壌，生物，気候などの環境条件に適した森林が成立する．これが天然林であり最も安定した森林と考えられている．伐採とか他植生の導入は安定性を損なうことになる．人手が加わった程度に応じて機能が低下する」(桜井，2007)．現在行われている「天然林の整備」の内容については注意深いモニタリングが欠かせない．

(2) 人工林での木材生産意識の払拭

　燃料革命で不要になった薪炭林や天然林から拡大造林政策で植林されたスギ・ヒノキ人工林は木材生産による収穫・収益を目的としていた．土地所有者の経済活動としての林業であり，木材の育成と伐採とが管理の目的であった．しかし，1980年代以降は林業ができる条件を備えた森林は丹沢ではほとんどなくなり，水源涵養や国土保全や保健休養などの環境機能が重要視されている．当初に目的とした木材生産ができなくなり水源機能を目的とする現在，土地所有者の意識と環境機能の受益者である県民意識との乖離は大きくなっている．したがって，神奈川県は政策として水源森林の公的管理を進めるにあたって，その目的が生産機能か環境機能かについて理論的にも制度的にも技術的にも大きな矛盾をかかえている．この2つの目的は両立しないと考えるのが筆者の立場である．この矛盾を解決するには過去の目的であった木材生産を放棄することが必要であり，木材生産と環境とは両立できると期待する不確かで情緒的な潜在意識を払拭することである．その上で，現存する人工林の管理方法を見直すことである．県民が負担する水源環境税による事業では特に重要な課題である．

引用文献

太田猛彦 (2005)：森林の原理,木平勇吉編著『森林の機能と評価』,日本林業調査会,pp. 17-41.

神奈川県農政部林務課編 (1984)：「神奈川県の林政史」,神奈川県農政部林務課,963p.

桜井尚武 (2007)：森林の造成と保護,佐々木恵彦・木平勇吉・鈴木和夫編『森林科学』,文永堂出版,pp. 142-168.

丹沢大山総合調査実行委員会調査企画部会編 (2006)：「丹沢大山自然再生基本構想」,丹沢大山総合調査実行委員会.

丹沢大山総合調査団編 (2007)：「丹沢大山総合調査学術報告書」,(財) 平岡環境科学研究所.

中村太士 (2007)：流域社会と森林,佐々木恵彦・木平勇吉・鈴木和夫編『森林科学』,文永堂出版,pp. 185-199.

第8章
生態系サービス維持のための土壌生態系保全−土壌生態

金子信博

　荒廃する森林生態系では特に土壌流出が深刻な問題である．土壌流出により土壌生物の多様性が失われるだけでなく，土壌中に蓄えられている炭素量が低下するので地球温暖化の要因となる．さらに，土中の生物の栄養塩の吸収が，一定の炭素・窒素（CN）バランスで行われることから，炭素量の減少により窒素吸収力も低下し，水源域の渓流水の水質悪化・富栄養化を引き起こす要因になる．

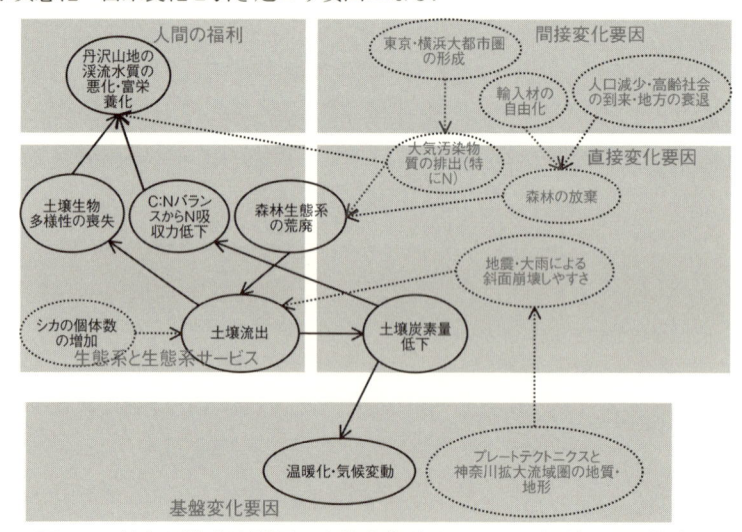

図8.1　神奈川拡大流域圏の土壌生態系がかかえる課題の要因構造図

8.1 はじめに

　土壌は生きている地球の，まさに象徴的な存在である．土壌は地圏の表層を薄く覆っていて，大気圏との境界に位置しており，陸上で植生のある場所には例外なく存在し，根を通して植物の生育を文字通り支えている．土壌には陸域で最も多様な生物が生息しており，植物の地上部と密接な関係を持っている．土壌の状態は植物の生産力を大きく左右するが，土壌の生成には長い時間がかかり，一度失われると再生が難しい．この章では，土壌生態系の保全が生態系サービスの維持にとっていかに重要であるかについて論じる．

8.2 土壌を生態系として捉える

　森林を含む陸上生態系では，植物の生育に必要な栄養塩類のほとんどは土壌にあり，植物は根からそれらを吸収し，光合成で得た炭水化物とともに体を作っている．落葉のように枯死した植物体は土壌に移動し，微生物の働きによって分解

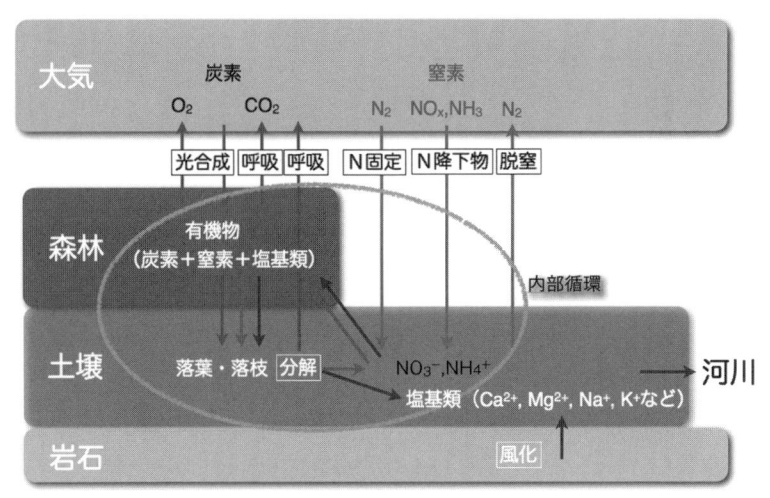

図 8.2　森林の物質循環の模式図
　炭素は，大気，森林，土壌の間で光合成と呼吸でやりとりがある．窒素は森林と土壌の間の内部循環が主だが，大気からの加入がある．塩基類は岩石の風化で土壌に供給される．

される．有機物分解は，光合成とは逆の反応で，有機物を微生物などが利用し，炭素は主に呼吸によって二酸化炭素として大気に戻り，栄養塩類は無機態（イオン態）の形で土壌水中に放出され，根から水とともに再吸収される（図8.2）．窒素や多くの塩基類は，植物と土壌との間を循環しており，これを内部循環と呼んでいる．一方，土壌中で無機化された栄養塩類のうち植物に利用されなかった部分は，水とともに渓流に流れ出す．一般に渓流水中の栄養塩濃度はきわめて低く，雨水よりも低くなることが多い．このことが，森林土壌が物質の浄化能を持つと言われるゆえんである．

生態系の中の栄養塩や水などの動きを物質循環と呼ぶ．物質循環の速度や経路には，土壌生物が大きく関与している（金子，2007）．土壌には多様な生物が生息しているが，大きな分類群や機能群にまとめると図8.3のようになる．土壌には，細菌，アーキア（古細菌），糸状菌などの微生物が大量に生息している．さまざまな推定があるが，たとえば，表層土1gには，10^{10}-10^{11}個体のバクテリアが6000-5万種もいて，カビ菌糸の長さが200 mにものぼると推定されている（van der Heijden, 2008）．

一方，土壌にはさまざまな大きさの土壌動物が多数生息している．微生物を直接食べるアメーバやワムシなどの原生生物，さらに線虫もたくさんいる．これら

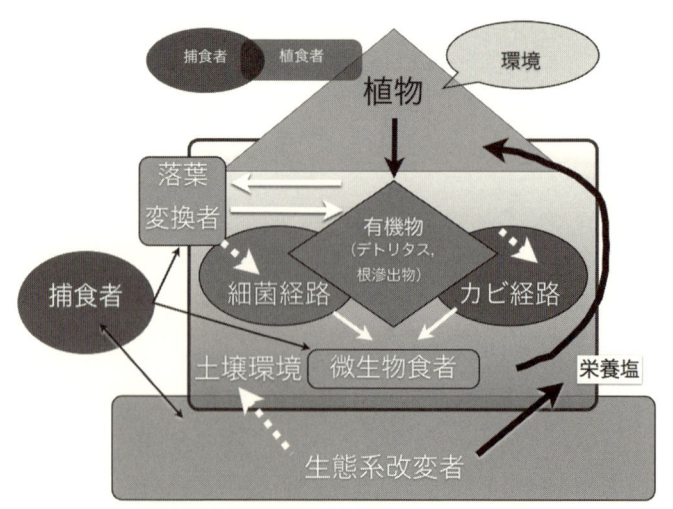

図8.3 土壌生態系の機能群（金子，2007）

は，微生物食者と呼ばれており，動物の中では体が小さく，主に土壌間隙に形成される水膜に生息している．ダニ類（ササラダニ，トゲダニなど）やトビムシといった節足動物は，原生生物より体が大きいが，土壌の間隙を移動できる程度の大きさ（体幅0.1-2 mm程度）で，小型節足動物と呼ばれている．小型節足動物は微生物を直接食べたり，分解途中の有機物を食べたり，他の動物の捕食者となっていたりする．体幅が2 mmを越すような動物は，土壌中に自ら坑道を掘るミミズのような生活をしたり，地表の落葉と土壌の間を利用している．ミミズ

表8.1 主要な世界のバイオームにおける重要な土壌動物群の現存量の推定（Petersen & Luxton, 1982を改変）

括弧のつかない数値は5以上の個別の推定値の中央値を示す．括弧内の数値は5未満の値に基づく仮の値である．単位は平方メートルあたりの mg 乾燥重．

大きさによる分類	分類群	主な陸上生態系					
		ツンドラ	温帯草原	温帯針葉樹林	温帯落葉樹林（モル土壌）	温帯落葉樹林（ムル／モーダー土壌）	熱帯林
小型土壌動物	原生生物	（全体をとおして200程度）					
	線虫	160	440	120	330		(50)
中型土壌動物	ヒメミミズ	1800	330	480	430		(20)*
	トビムシ	150	90	80	(130)	110	(20)
	ダニ類（全体）	90	(120)	500	(900)	(300)	(100)
	ハエ綱幼虫	470	60	260	330		(−0)
	シロアリ目	0	(−0)	0	0		(1000)
	アリ類	(−0)*	100	(10)	(10)		(30)
大型土壌動物	大型ミミズ（消化管内物抜き）	330	3100**	450	200	5300	340
	ヤスデ綱	(−0)*	1000	50	420		20
	ムカデ綱	(20)	140	70	130		5
	甲虫類	(50)	(80)	120	90		(10)*
	クモ類	10	(30)	50	40		20
	腹足類	(−0)*	(100)*	(20)	270		(10)
	合計	3300	5800	2400	3500	8000	1800

注：*はデータがないうえでの推定．**は北米のプレーリーサイトのデータを除く．

やダンゴムシの仲間は盛んに落葉を食べ，糞として細片化したりしている．これらを落葉変換者と呼ぶ．細片化された有機物は表面積が増え，微生物による分解が容易になる．また，シロアリやミミズで知られているように，土壌の構造を改変すると，土壌における水分やガスの移動が変化し，他の土壌生物の生活に大きく影響する．したがって，これらの動物はその機能から生態系改変者と呼ぶ．土壌の微細構造は植物も含めて，これら土壌生物の活動によって動的に維持されている．

世界の主要なバイオームごとの土壌動物の現存量をまとめたものが表8.1である．冷涼な土壌ではミミズやシロアリが生息しておらず，小型の節足動物やヒメミミズなどが多い．温帯林や草原でミミズが多くなり，熱帯ではシロアリが多いことがわかる．

土壌における土壌生物の垂直分布を見ると，多くの生物が地表面に近いところに集中して生活していることがわかる．山梨県道志村の道志川源頭に近い山伏峠の水源林にある天然林で調査した例を見てみよう．ここは，ブナを主とする落葉広葉樹林で，富士山の噴火の影響をうけてスコリア（火山礫）を多く含む土壌が見られた（図8.4）．土壌は表層から，落葉・腐葉層，A層，B層からなり，さ

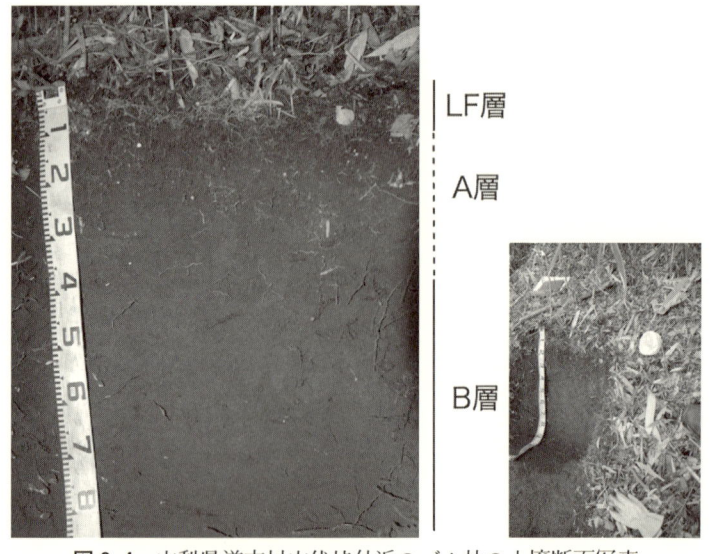

図8.4 山梨県道志村山伏峠付近のブナ林の土壌断面写真

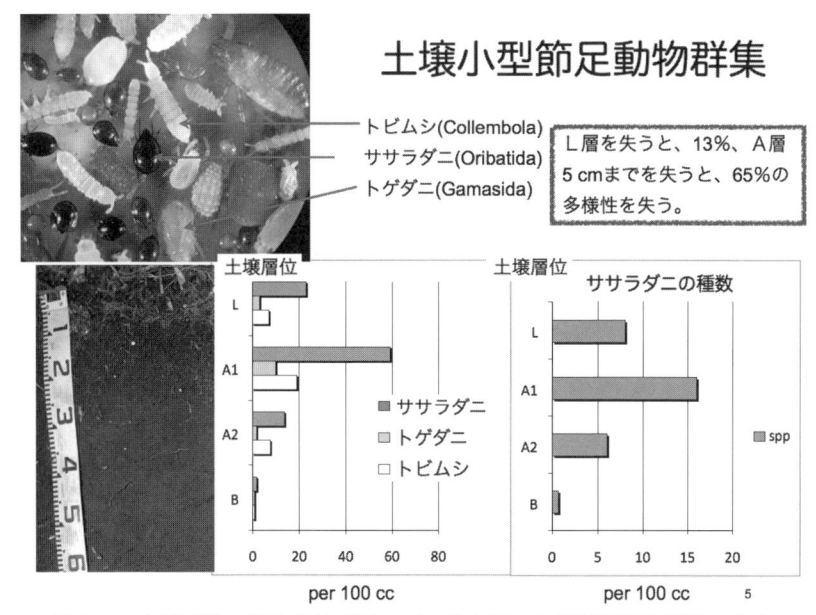

図 8.5 山梨県道志村山伏峠付近のブナ林土壌の小型節足動物群集の分布

らに掘り進むと岩石の風化層であるC層が現れる．この土壌ではA層が約15 cm，B層は90 cm以上あると見られる．土壌の小型節足動物群集を調べるために，100 ccの円筒を用いて丁寧に土壌を採取し，実験室でMacFadyen装置と呼ばれる装置を用いて土壌から動物を追い出して，採取した．円筒あたりの個体数とササラダニの種数を示したデータが，図8.5である（金子ほか，2009）．落葉・腐葉層からB層の30 cm深までを足し合わせると，この森林では25 cm^{2}の範囲に，ササラダニが97.2個体，トゲダニが14.7個体，トビムシが33.8個体も生息していた．大人の片足の面積を仮に250 cm^{2}とすると，この森で片足の下に生息する小型節足動物は，この10倍になるので，およそ1460個体である．さらに，ササラダニは種のレベルまで同定して調べたので，全体の種数は，50種が得られた．ちなみに京都北部のブナ林で詳細にササラダニ群集を調べると，およそ10 m×20 mの範囲に100種前後の種が生息していた（Kaneko, 1995）．

ここで述べた生物は，土壌生態系を構成し，総体として土壌の物質循環に関与している．

8.3 土壌生態系と炭素

　有機物の分解速度は有機物の種類によって異なり，分解されやすい成分は二酸化炭素と水，栄養塩に分解される．一方，分解されにくい成分はさまざまな変成を受けながら土壌に集積していく．この難分解性有機物と，枯死したばかりの「新鮮な」有機物を合わせて土壌有機物と呼んでいる．土壌有機物として土壌に集積している炭素量は，世界の陸上生態系全体で 1550 Pg（ペタグラム＝10^{15} g）(Lal, 2004)，あるいは 2000 Pg 以上あると推定されている．したがって，土壌に保持されている炭素は，大気中に二酸化炭素の形で存在する炭素の 2-3 倍にもなる．

　人間活動は，化石燃料の消費以外にも多くの有機物を二酸化炭素として大気に放出してきた．一般に，森林を伐採して農地にすると，森林の樹木が保持していた炭素が失われるとともに，土壌に蓄えられた炭素が分解され，炭素の吸収源であった土壌が放出源になる．また，農地における耕起や施肥により，土壌有機物の分解が促進される．Lal (2004) の推定によると，化石燃料を大量に消費する産業革命による工業化（1850 年）以前の土地利用の変化（森林の伐採，農地としての開墾，利用など）による炭素放出量は 320 Gt C（ギガトン＝10^9 トンの炭素）であり，工業化以降の化石燃料からの炭素放出量は 270±30 Gt C，土地利用の変換による放出量は 136±5 Gt C にのぼると推定されている．したがって，人類による化石燃料からの放出よりも，これまでの土地利用の変化による放出量が多いことになる．一般に，森林を農地に転換すると土壌侵食の速度も大きくなる．Lal (2004) の推計には農地からの分解による放出だけでなく，土壌侵食による減少も含まれている．われわれの現在の生活は，土壌の炭素を減少させることによって成り立っている．

8.4 生態系における活性窒素の増加問題

　雨水から森林に負荷される栄養塩負荷量が多くなると，渓流水の水質はどうなるのであろうか．かつてヨーロッパや北米で森林衰退の原因として挙げられた酸性雨は，大気汚染の影響で雨水として生態系に降下する酸の量が異常に多くなり，水生生物の生息に影響が出たり，一部の樹木が枯死したりして，生態系のさまざ

8.4 生態系における活性窒素の増加問題

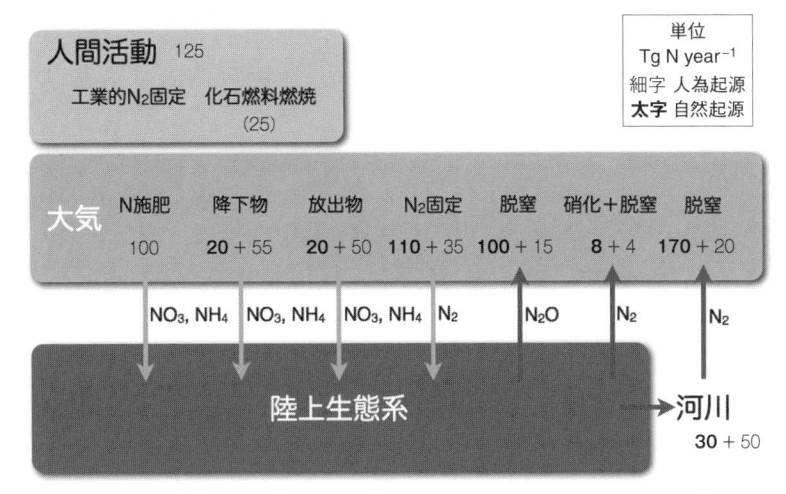

図 8.6 活性窒素の陸域の負荷（Gruber & Galloway, 2008 を改変）

（図中の情報）
単位 Tg N year^{-1}
細字 人為起源
太字 自然起源

人間活動 125
工業的N_2固定　化石燃料燃焼
(25)

大気
N施肥　降下物　放出物　N_2固定　脱窒　硝化＋脱窒　脱窒
100　20 + 55　20 + 50　**110** + 35　**100** + 15　**8** + 4　**170** + 20

NO_3, NH_4　NO_3, NH_4　NO_3, NH_4　N_2　N_2O　N_2　N_2

陸上生態系 → 河川
30 + 50

まな物質循環が乱される現象であった．大気の酸性化は，燃焼によって酸を作り出す硫黄分の多い石炭や石油の利用が原因であり，特に硫黄の負荷量は工場に脱硫装置を整備することで工業先進国では減少した．

一方，同じく燃焼によって発生する窒素酸化物の削減は難しく，燃焼以外に農地における施肥が原因で大気中にアンモニアが放出されることもあり，窒素が生態系に大量に降下することが問題となってきた．生物にとって窒素は必須元素である．大気には大量の窒素ガスがあるが，これは化学的には不活性で生物はほとんど利用できない状態にある．一方，窒素酸化物やアンモニアは大気や土壌でさまざまな形態に変化し，多くは生物が利用する．これらを活性窒素と呼ぶ．生態系では一定の期間で見ると，系を出入りする物質の量のバランスがとれている．活性窒素の増加は，生態系の物質循環を乱し，生物に大きな影響を与える．

活性窒素の地球全体での動きは，Gruber and Galloway（2008）によると図 8.6 のようになる．自然起源の活性窒素は，主に大気から窒素固定ができる細菌や植物共生微生物によるもので，陸域には大気からの降下物と合わせて約 110 Tg N（テラグラム＝10^{12} g の窒素）が毎年供給されている．一方，工業的窒素固定と化石燃料の燃焼，さらに大豆などのマメ科植物の栽培により，1990 年には人為的に約 160 Tg N が固定されたと推定され，自然による供給を上まわっていると考えられている．

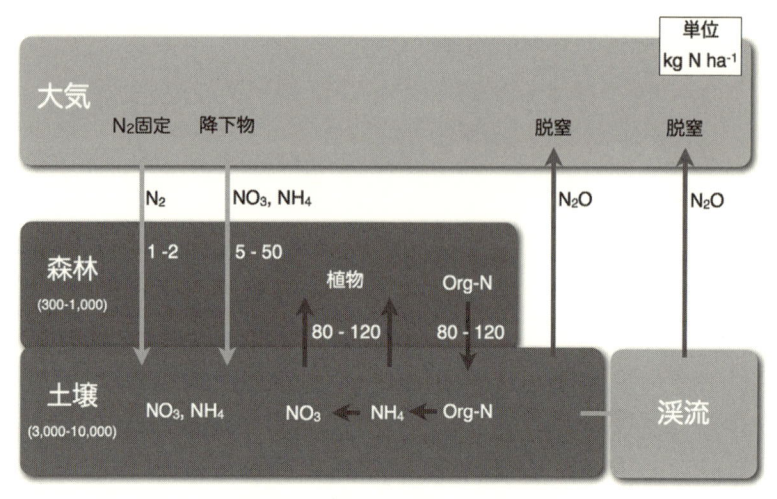

図8.7 森林の主要な窒素循環

　森林への窒素負荷の影響は寿命の長い樹冠を構成するような大きな木よりも，寿命の短い下層植生に早く現れるだろう．Gilliam（2006）は，ヨーロッパにおける森林の下層植生に対する窒素降下物量増加の影響を次のようにまとめている．窒素増加は，窒素の多い条件で成長がよくなる植物を増やし，それらを食べる植食性の動物の餌の質をよくする．さらに，土壌中の窒素濃度の上昇は根の菌根菌の感染率を低下させ，逆に植物病原菌の感染を増加させる．植物の外来種のうち窒素の多い条件を好む種にとって侵入を容易にする．また，興味深いことに外来種ミミズの侵入は，しばしば窒素降下量の多い場所に見られ，ミミズの侵入により下層植生が大きく影響を受けることが知られている．このように，窒素降下物という大気の変化が，森林の特に下層植生に与える影響が懸念されている．

　森林生態系内での窒素の動きは，以下のとおりである（図8.7）．すなわち，窒素は微生物による窒素固定，大気降下物に含まれる窒素化合物として，森林生態系に加入し，土壌水に溶けた窒素の渓流への流出や脱窒などで森林生態系から出ていく（外部循環）．生態系内部では，窒素は無機態（アンモニア態（NH_4-N），硝酸態窒素（NO_3-N））の形で土壌から植物に吸収され，植物の体を作り，一部は動物により利用される．やがて，植物の体のほとんどは落葉・落枝などの有機物として土壌に戻る（内部循環）．樹木や土壌微生物は窒素を効率よく再利用する必要があるため，森林生態系の窒素循環は通常，外部循環よりも内部循環

の方が卓越している．土壌の中で有機態窒素は微生物による無機化作用を受け，アンモニア態窒素が生成される．アンモニア態窒素はさらに硝化作用を受け，硝酸態窒素が生成される．植物は主にこの2つの無機態窒素を吸収している．アンモニア態窒素は正（＋）に帯電した陽イオンであり，通常負に帯電した土壌粒子に吸着されるのに対し，陰イオンである硝酸態窒素は土壌に吸着されず，土壌中での移動性は硝酸態窒素のほうが高くなる．この性質により，土壌から渓流水や地下水への窒素流出は主に硝酸態窒素の形態で起こる．

欧米の多くの森林で，雨水による窒素の負荷量と，渓流水への流出との間に比例関係があることが認められている（Emmett et al., 1998）．日本でも関東山地で窒素の負荷量が多く，渓流水中の窒素濃度が高くなっていることが報告されている（Ohrui and Mitchell, 1997）．降水による負荷量がおよそ10 kg/ha/年以上になると渓流水の硝酸態窒素濃度が比例して増大する．一般に森林ではヘクタールあたり数十kgから100 kg程度の窒素が植物によって毎年吸収され，光合成によって有機物に合成されるので，10 kgという値は決して大きな値ではないが，比較的わずかな量の負荷が森林に変化をもたらす．森林の中の状態を把握するのは困難であるが，渓流水中の窒素濃度の季節変化を見ると，生物の活動との関係がわかるだろう．一般に欧米では秋から冬にかけて渓流水中の窒素濃度が高くなる．これは植物の生育期である春から夏には根による吸収が盛んであるが，休眠期には吸収量が減るので，渓流水中の濃度が高くなると説明されている．一方，日本ではかえって夏に高くなる傾向がある．

丹沢山地の渓流水における窒素濃度を明らかにするために，2007年7月に調

表8.2 丹沢の51の集水域から得られた渓流水と土壌の窒素濃度の例（Fujimaki et al., 2008を改変）

			平均	中央値	標準偏差	最高値	最低値
渓流水	全窒素	(mg-N/ℓ)	0.74	0.7	0.26	1.3	0.18
	硝酸態窒素	(mg-N/ℓ)	0.7	0.64	0.26	1.27	0.13
	アンモニア態窒素	(mg-N/ℓ)	0.02	0.01	0.02	0.14	微量
	溶存有機態窒素	(mg-N/ℓ)	0.05	0.04	0.05	0.29	微量
土壌	全窒素	(mg-N/g)	2.88	2.23	2.07	7.99	0.08
	C：N		14.57	14.44	1.61	18.4	11.33
	窒素無機化速度	(mg-N/kg/日)	0.85	0.44	0.98	4.38	微量
	硝化速度	(mg-N/kg/日)	0.87	0.54	0.97	4.45	微量

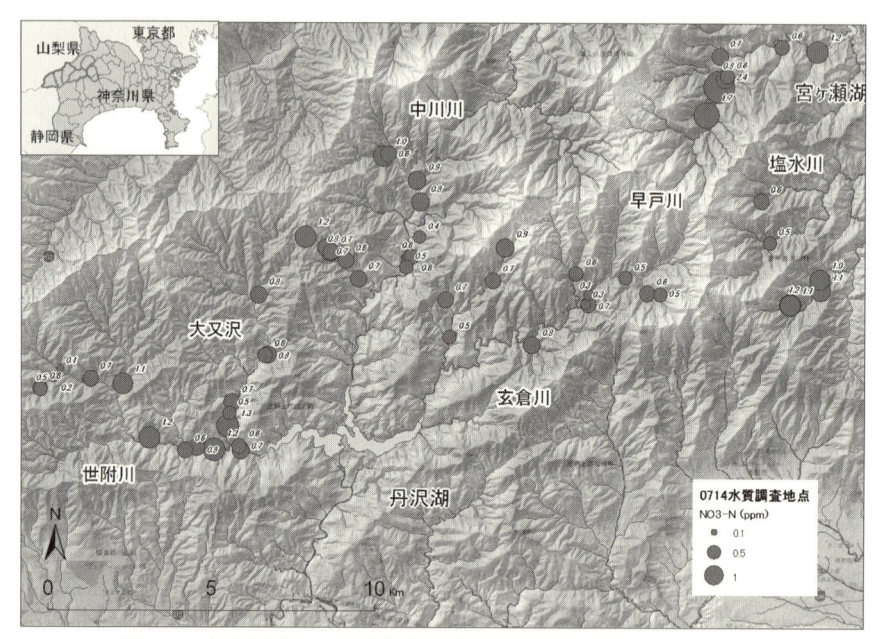

図8.8 丹沢渓流水の硝酸態窒素濃度（2007年7月14日に採取）

査を行った．全採水地点の渓流水中の全窒素濃度は平均 0.74 mg/ℓ で，その 90％以上が硝酸態窒素であった．この結果は，戸田ほか（2007）の結果を支持しており，人の飲用に不適となる上水道としての水質基準値（10 mg/ℓ）よりはかなり低いが，大都市近郊の森林流域で報告されている比較的高い渓流水の窒素濃度（伊藤ほか，2007）に匹敵する値であった．したがって，丹沢山地の森林も，都市圏の人為活動による影響を受け，森林生態系の持つ水質形成の機能が撹乱されていると考えられた．また，硝酸態窒素濃度の範囲は最小 0.13 mg/ℓ から最大 1.27 mg/ℓ と，大きな変動を示した（表 8.2）．

次に，どのような立地環境で渓流水の窒素濃度が高くなるのかを明らかにするために，GIS データベースを用いて丹沢山地全域の地理情報を整備し（Kawasaki et al., 2006），それぞれの採水地点の集水域の立地状況と渓流水質との関係について検討した（Fujimaki et al., 2008）．その結果，丹沢山地の中でも，東丹沢の渓流水で硝酸態窒素の濃度が高く，西丹沢では低くなる傾向があることがわかった（図8.8）．これは，東丹沢の地質が丹沢層群と呼ばれる凝灰岩からな

表 8.3 渓流水の全窒素, 硝酸態窒素, 溶存有機態窒素の濃度と集水域の特性, 土壌特性との相関関係

		渓流水質		
		全窒素	硝酸態窒素	溶存有機態窒素
集水域特性	面積	−0.108	−0.115	−0.115
	標高	0.025	−0.157	0.16
	標高幅	0.018	0.037	−0.075
	傾斜	0.255	**0.298**	0.013
	急傾斜地の割合	**0.317**	**0.358**	0.054
	斜面方位	**−0.308**	**−0.31**	−0.148
	横浜市からの距離	0.007	0.045	−0.037
土壌特性	全窒素	0.232	**0.32**	−0.266
	C : N	−0.088	−0.103	0.083
	窒素無機化速度	0.156	0.254	**−0.357**
	硝化速度	0.178	0.274	**−0.324**

太字は有意 ($P<0.05$).

り, 西丹沢の地質が主にカコウ岩質の深成岩からなるという, 地質の違いと対応していた.

集水域内の地形的特徴との関係をより詳しく検討すると, 集水域内の平均傾斜角度や急傾斜地 (傾斜角度 30 度以上) の面積の割合と, 渓流水中の硝酸態窒素濃度との間に正の相関関係が認められた (表 8.3). 丹沢山地は急峻な地形で, 急傾斜地が数多く認められる. 丹沢山地における森林から渓流水への窒素流出は, 急傾斜地の立地からの寄与が大きいことが推察される (Fujimaki et al., 2008).

8.5 森林の表土の機能

丹沢では, とくにシカの密度が高い場所や, ヒノキ造林地で下層植生が失われ, 深刻な土壌侵食が生じているとされている (富村, 2007). このように土壌が失われることは, 生態系にとってどんな意味を持つのだろうか.

図 8.5 で示したブナ林の土壌動物の垂直分布を改めて見てみよう. 土壌の小型節足動物の個体数の 22.7% が落葉・腐葉層に, 60.4% が 0-5 cm の層に生息していた. それより深い層には少なかった. また, ササラダニのうち落葉・腐葉層にしか見つからなかった種が 13%, 0-5 cm にしか見つからなかった種が 65%

もいた．したがって，土壌生物が地表面に集中して生活していることがよくわかる．土壌侵食はこの森林の場合，まず落葉・腐葉層が失われ，次にA層の上部から順に失われていく．すなわち，土壌小型節足動物の個体数や多様性の高い表層がまっさきに失われることになる．一度，広範囲に土壌表層が失われると，これら表層性の動物は土壌の回復にともなってまわりから移動してこないと，群集としては回復しない．シカ個体数増加による植生の激変が生じた大台ヶ原（日野ほか，2003）や，丹沢堂平の調査（伊藤ほか，2007；青木ほか，1997）では，ササラダニの種や個体数の減少が生じ，シカを排除するために設けた柵内のササラダニ群集の回復には長い時間がかかることが明らかとなっている．

一方，土壌中の栄養塩や炭素の分布も一般に表層ほど多い．炭素，窒素，いずれも土壌の表層に多く，深くなると少なくなっている．これは，森林では大量の落葉が地表に供給され，そこから分解が始まることと，樹木の根も土壌の表層に多く，深い層にはあまり多くないことから，植物が作り出し廃棄物として土壌に還元する有機物が基本的には地表面中心に供給されていることを示している．

8.6　土壌の生成速度

土壌が自然に生成される速度は，その場所の気候，母岩，そして生物に影響を受ける．日本では地形が急峻なことと，火山の噴火物の影響を受けることから，土壌生成速度の推定は難しい．

土壌の炭素集積速度は，気候や標高などが同じ場所で，土壌の撹乱からの時間が異なる場合，たとえば泥流や崩壊の発生年がわかっている山地や，噴火や崩壊を繰り返す火山の麓などでデータをとることができる．たとえば，浅間山の麓の土壌（噴火後849年）では，0.10 ton C/ha/年，八ヶ岳の麓の土壌（崩壊後1110年）では，0.11 ton C/ha/年の速度で土壌に炭素が集積したと推定されている（Morisada et al., 2002）．これらの値は，1 m^{-2}に換算すると10 gと11 gに相当する．

丹沢の場合，関東地震で多くの表層土が崩壊した（第6章）．表層土に含まれていた炭素は，河川や海洋に堆積するか，流下する途中で分解されて，大気にももどったものと考えられる．いずれにせよ，森林から移動した炭素は，森林における生態系サービスを担うことはない．現在，東丹沢の堂平では，ブナ林の表層土

が，シカの食害で下層植生が失われた場合，年間数 mm の速度で土壌侵食により失われていることが観測されている（石川ほか，2007）．シカ柵内で植生が保全されている場合には，年間 0.002-0.04 mm とわずかであった．これらの土壌侵食による炭素の流出量は推定されていないが，この森林では，土壌に供給されて一部は土壌炭素となるはずの落葉が，下層植生の喪失により，風や水で移動し，林床を覆っていない．このことは，土壌動物群集の大きな変化を引き起こしている（伊藤ほか，2007）．

土壌炭素は，単なる植物の遺体ではなく，さまざまな機能を持つ．土壌の水分や栄養塩類の保持，微生物の餌資源や生息場所として土壌の機能を高める働きを持っている．農地では，土壌炭素が土壌の肥沃度の指標の1つであり，肥沃度の向上のために有機物を多く含む堆肥の投入が奨励されている．森林においても有機物を多く含む表層土の消失は，土壌の肥沃度の低下を引き起こす．丹沢の主稜線で観察されたブナの枯損にともなう土壌変化の研究では（Higashi et al., 2003; Ohse et al., 2003a, b），土壌の酸性化は進行していないが，土壌有機物量が減少し，それにともなって土壌の物理性，化学性の劣化が報告されている．さらに，微生物活性も減少している．丹沢の窒素無機化の測定例に見られたような，崩壊地における窒素無機化の増加は，崩壊地では一般に土壌炭素が少ないことを考えると，土壌に窒素が保持されず，渓流水に流出する可能性が高いことを示唆している（戸田ほか，2007）．崩壊地に植生が回復すると，植生から供給される炭素が土壌炭素として集積し，窒素の保持能力が高まるだろう．一方，植生に乏しい崩壊地は，引き続き，地表面が不安定で崩壊が継続する可能性が高く，下流の水利用に支障をきたす恐れがある．したがって，生態系サービスの基盤サービスである土壌生成が進行しない崩壊地は，丹沢の場合，水質や水量に関わる生態系サービスの低下に繋がる場所であるといえる．

8.7 まとめ

第6章と第7章で明らかとなったことと，本章での土壌劣化の議論から丹沢の生態リスクをまとめると図 8.9 のようになる．すなわち，丹沢のように地質に規定された不安定な斜面の上に成立している森林は，大気経由の汚染物質の影響で尾根筋ではブナの衰退が見られ，窒素動態の変化は水質にまで影響している．シ

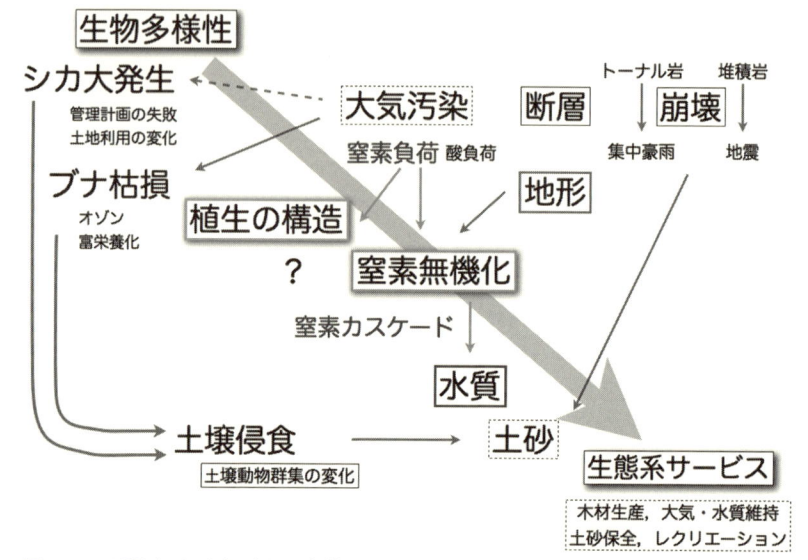

図8.9 丹沢山地が直面する生態リスク

地質条件は不安定な地形をもたらしている．都市圏からの大気汚染による窒素負荷は植生，土壌だけにとどまらず，下流に影響している．これは窒素カスケードと呼ばれている．土壌はシカの大発生やブナ林の枯死により侵食が進み，窒素を保持する能力が低下している．これら一連の変化は下流域にとっての生態系サービスである河川水の水質や水量の変化につながる．

　カの個体数増加はこれらの環境ストレスにさらに負荷をかけており，植生構造の変化のため土壌侵食が深刻となっている．これらの生態系の変化は水質の悪化と土壌の流出といった形で生態系サービスを低下させている．生態系サービスの確保の点から考えると，生態系に生じているこれらの変化が連関をもってすべて関係していることがわかる．

　人間は，このような変化に対してどう対処したらよいのだろうか．幸い，多くの生態学的要素についてたくさんの情報が得られている．地質のような人為的に変更ができないものと，汚染の低減や資源管理の変更などで対応が可能なものとに明瞭に分けることができる．この中で，物理的に土壌侵食を防ぐこととあわせて，窒素負荷への対応のような土壌の質を操作するアクションが同時に必要であることがわかる．大気汚染が軽減されるまでの間に負荷される窒素降下物の量を推定し，土壌を通した生態系の劣化が生じない程度に窒素を制御するための研究

が必要である．

引用文献

青木淳一・原田洋・高野光男・伊藤雅道・阿部渉（1997）：土壌動物から見た丹沢の森林，神奈川県公園協会・丹沢大山自然環境総合調査団企画委員会編「丹沢大山自然環境総合調査報告書」，神奈川県環境部，pp. 268-288.

石川芳治・白木克繁・戸田浩人・若原妙子・宮貴大・片岡史子・中田亘・鈴木雅一・内山佳美（2007）：堂平地区における林床植生衰退地での土壌侵食と浸透の実態，丹沢大山総合調査団編「丹沢大山総合調査学術報告書」，平岡環境科学研究所，pp. 445-458.

伊藤雅道・辰田秀幸・尾崎泰哉（2007）：丹沢山地に於けるシカによる環境変化が土壌動物群集へ及ぼす影響，丹沢大山総合調査団編「丹沢大山総合調査学術報告書」，平岡環境科学研究所，pp. 353-356.

金子信博（2007）：『土壌生態学入門―土壌動物の多様性と生態系機能』，東海大学出版会．

金子信博・廿楽法・和田徳之・村上正志・日浦勉・豊田鮎（2009）：表土はぎ取り実験による土壌の生物多様性と機能の評価，日本森林学会講演要旨．

戸田浩人・白木克繁・石川芳治・内山佳美・笹川裕史・鈴木雅一（2007）：丹沢山地の渓流水質，丹沢大山総合調査団編「丹沢大山総合調査学術報告書」，平岡環境科学研究所，pp. 410-415.

富村周平（2007）：森林劣化と林業，丹沢大山総合調査団編「丹沢大山総合調査学術報告書」，平岡環境科学研究所，pp. 533-536.

日野輝明・古澤仁美・伊東宏樹・上田明良・高畑義啓・伊藤雅道（2003）：大台ヶ原における生物間相互作用にもとづく森林生態系管理，保全生態学研究，**8**, 145-158.

Emmett, B. A., D. Boxman, M. Bredemeier, P. Gundersen, O. J. Kjonass, F. Moldan, P. Schleppi, A. Tietema and R. F. Wright (1998): Predicting the effects of atomospheric nitrogen deposition in conifer stands: Evidence from the NITREX ecosystem-scale experiments, *Ecosystems*, **1**, 352-360.

Fujimaki, R., A. Kawasaki, Y. Fujii and N. Kaneko (2008): The influence of topography on the stream N concentration in the Tanzawa Mountains, Southern Kanto District, Japan, *Journal of Forest Research*, **13**, 380-385.

Gilliam, F. S. (2006): Response of the herbaceous layer of forest ecosystems to excess nitrogen deposition, *Journal of Ecology*, **94**, 1176-1191.

Gruber, N. and J. N. Galloway (2008): An Earth-system perspective of the global nitrogen cycle, *Nature*, **451**, 293-296.

Higashi, T., R. Sohtome, H. Hayashi, K. Ohse, T. Sugimoto, Y. Ohkawa, K. Tamura and M. Miyazaki (2003): Influences of forest decline on various properties of soils on Mt. Hirugatake, Tanzawa Mountains, Kanto district, Japan I, Changes in vegetation, soil profile morphology, and some chemical properties of soils, *Soil Sci. Plant Nutr.*, **49**, 161-169.

Kaneko, N. (1995): Community organization of oribatid mites in various forest soils, *Structure and Function of Soil Communities*, Kyoto University Press, Kyoto, pp. 21-33.

Kawasaki, A., R. Fujimaki, N. Kaneko and S. Sadohara (2009): Using GIS for assessing stream water chemistry in a forested watershed. *Theory and Applications of GIS*, **1**, 53-62.

Lal, R. (2004): Soil Carbon Sequestration Impacts on Global Climate Change and Food Security, *Science*, **304**, 1623-1627.

Morisada, K., A. Imaya and K. Ono (2002): Temporal changes in organic carbon of soils developed on volcanic andesitic deposits in Japan, *Forest Ecology and Management*, **171**, 113-120.

Ohrui, K. and M. J. Mitchell (1997): Nitrogen saturation in Japanese forested watersheds, *Ecological Applications*, **7**, 391-401.

Ohse, K., K. Tamura and T. Higashi (2003a): Influences of forest decline on various properties of soils on Mt. Hirugatake, Tanzawa Mountains, Kanto district, Japan III, . Changes in microbial biomass and enzyme activities of surface soils, *Soil Sci. Plant Nutr.*, **49**, 179-184.

Ohse, K., Y. Ohkawa, K. Tamura and T. Higashi (2003b): Influences of forest decline on various properties of soils on Mt. Hirugatake, Tanzawa Mountains, Kanto district, Japan II, Changes in some physical and chemical properties of surface soils, *Soil Sci. Plant Nutr.*, **49**, 171-177.

Petersen, H. and Luxton, M. (1982): A comparative analysis of soil fauna populations and role in decomposition process, *Oikos*, **39**, 287-388.

van der Heijden, M. G. A., R. D. Bardgett and N. M. van Straalen (2008): The unseen majority: soil microbes as drivers of plant diversity and productivity in terrestrial ecosystems. *Ecology Letters*, **11**, 296-310.

第9章
水源環境施策と納税者コンプライアンス－地方財政

其田茂樹・清水雅貴

「かながわ水源環境保全・再生施策大綱」を概念フレームに整理した．水源環境税は流域の公共下水道や合併処理浄化槽の整備促進，森林・河川・地下水の保全・再生といった自然が持つ水循環機能の保全・再生による自然生態系の水源涵養力の向上，およびそれらを促進するベースとなる環境教育やモニタリングなどのソフトな取り組みに使われる．このような取り組みによって良質な水の安定的な確保を図るとしている．

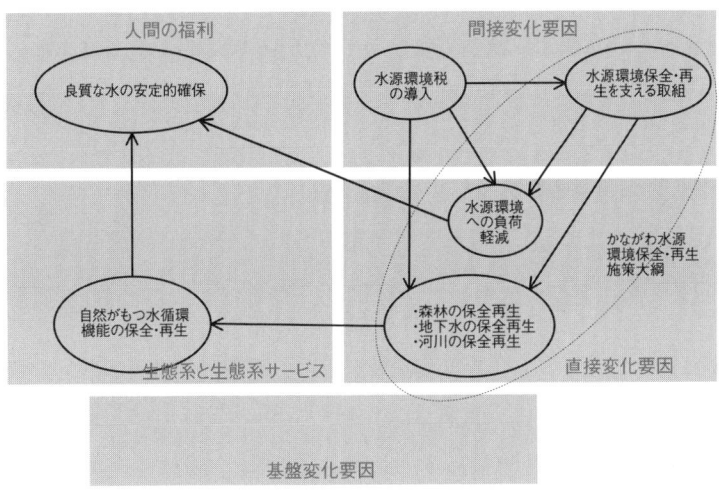

図 9.1 「かながわ水源環境保全・再生施策大綱」による人間の福利増大要因の構造的整理

9.1 はじめに

　地方財政とは，財政学が対象とする政府部門の経済活動のうち，主として地方政府が担うものについて分析する研究領域である．財政政策の主要な手段としては，財政支出政策，租税政策，公債政策等が挙げられるが，本章においては，水源環境をめぐる新しい租税政策の展開過程とともに，そこから得た財源をどのように財政支出していくかについてのあり方，さらには，税制の制度設計から財政支出に至る過程に納税者がどのように関与していくかが対象となっている．

　本章の課題は，まず，神奈川県が地方新税として水源環境税を導入した狙いと経緯，および新税に基づく施策体系の特徴を明らかにすること，次に，「参加型税制」の理念に基づく施策のモニタリングと納税者コンプライアンスのあり方についての意義と政策的なインプリケーションを提起すること，さらに，新税施策としての地方環境税の意義・先進性を評価することの 3 点である．

　これらを通して，時空間情報プラットフォームの地方財政における活用について検討していきたい．

9.2　水源環境税を導入した狙いと経緯

9.2.1　地方新税の背景

　地方分権一括法の施行によって，国と地方，都道府県と市町村の関係を上下・主従関係から対等・平等の関係へと移行するために大胆な制度改正がなされた．その一方で，いわゆる三位一体改革によって担われることとなっていた地方税財源の充実については，全体として見ると多くの課題を残したといえる．なぜならば，地方税財源の充実の柱であった地方に対する税源移譲が不十分なままとなっているからである．もう 1 つの柱とされたのが，地方新税であった．地方新税は，課税形態によって次の 4 つに分類できる．第 1 は法定外普通税，第 2 は法定外目的税，第 3 はいわゆる銀行税，第 4 は住民税の超過課税の方式を取るものである（金澤，2007a）．

　その中で，第 4 の類型である超過課税を用いた地方新税には，本章で取り上げる水源環境税が含まれる．名称はさまざまであるが，森林・水源の保全・再生施策のために用いられる住民税の超過課税の導入が全国的に進み，2009 年 4 月現

在で30県にのぼる．市町村単位でも，2009年4月から横浜市において「横浜みどり税」がこの方式を用いて導入されている．

他方で，このような超過課税は，地方自治体の税収全体に占める割合は決して大きくないことが指摘できる．しかし，地方自治体の基幹的な税の1つである個人住民税に対して全国の過半において超過課税という課税自主権が行使され，それが市町村単位にも広がりつつある点，また，後述するが，新しいタイプの環境税として定着しつつある点については評価できる．ただし，税源移譲が不十分であった上に標準的な行政に対する財源保障機能を担う地方交付税についても削減されている現状を考えると，この超過課税が本来の意味で標準的な行政サービスを超える部分に対して用いられているのか，あるいは，不足する一般財源や国庫補助金を自主財源で手当てする部分として用いられているのかについては，常にチェックされる必要がある．そのためにも，これらの地方環境税としての超過課税には「参加型税制」の理念が貫徹されなければならない必然性を有しているといってよい．

9.2.2 神奈川県の水源環境税導入の経緯―導入段階における「参加型税制」の実践

次に，神奈川県の水源環境税導入の経緯を概観しながら，そこでどのように「参加型税制」の理念が実践されてきたかを確認しておこう．「参加型税制」については，植田和弘が，「地方環境税が環境資産と地域経済の持続可能な関係を再生するための税であるとするならば，税制の設計から執行及び運用は，地域環境経済の再生プランと連動していなければならない．（中略）そのためには，この地方環境税は参加型税制を体現するものでなければならない」（植田，2003）と理念を提唱している．また，金澤史男は，参加型税制を「むしろ導入後において，現実の施策展開のなかで，所期の目的が十分に達成されているかどうか，住民の強い関心が注がれることになる」（金澤，2007a）とし，税制導入後に政策目的が十分に達成されているかどうかを検討するモニタリング作業への参画も参加型税制の役割であることを明らかにしている．

このように，参加型税制の理念に基づいて神奈川県において水源環境税の導入が検討される端緒となったのは，1998年12月に設置された神奈川県地方税制等研究会の「地方税財政のあり方に関する中間報告書」において提起された「生活

環境税制」の考え方であった．

　これをさらに専門的な見地から検討していくための下部機関として，同研究会のもとに生活環境税制専門部会が2001年6月に設置された．この専門部会からは，2002年6月と2003年10月の2度にわたり報告書が提出されている．第1期報告書において，考えられる税制措置として①個人及び法人の県民税の均等割の超過課税，②個人の県民税の所得割及び法人の県民税の法人税割の超過課税，③法定外普通税としての水源環境税（仮称），④法定外目的税としての水源環境税（仮称）が提起され，それぞれのメリット・デメリットが検討されている．第2期報告書においては，それぞれの税制措置についてさらに詳細な検討がなされ，上記①と④がよりふさわしいとしたものの，それぞれに大きな課題もあり，最終的に導入されることとなった課税方式（均等割と所得割それぞれへの超過課税を組み合わせる方式）などについても検討する必要性を指摘している．

　県議会に対して示されたのは，均等割に対する超過課税と，所得と水使用量の相関関係を見出して所得を水使用量の代替指標として用い，一定水準の所得に対してかかる所得割に対して超過課税する方式との組み合わせ方式であった．議会での議論を経て，支出事業の再検討等が行われる中で均等割の超過課税額，所得割の超過課税率が見直されて2005年10月に可決されている．さらに，可決された条例は，2006年度税制改正に伴う地方税法の改正によって修正が必要となり，2006年7月に所得割の超過課税についてすべての所得に対して一定の超過課税税率を適用することとして現状の制度となっているのである．

　このような経緯で導入され運用されている神奈川県の水源環境税であるが，その間を通して常に住民への説明や意見聴取等の機会が設けられている．まず，神奈川県地方税制等研究会から中間報告がなされ，「生活環境税制」が提起された後の2000年10月から11月にかけて「神奈川らしい税制づくり」を考える県民集会が県内8カ所で開催されている．その後，生活環境税制専門部会が設置された後も，2001年10月から翌年2月にかけて神奈川県の水源環境を考えるシンポジウム等（出前懇談会44回，ミニシンポジウム9回，メインシンポジウム）が開催され，2002年3月には同専門部会検討結果報告書への県民意見募集，市町村意見の要請が行われ，同年4月には同専門部会幹事会と市町村との意見交換会も実施されている．さらに，第2期の生活環境税制専門部会においては，「かながわの水源環境についての県民意識調査」（2002年9-11月），「かながわ発「水

源環境」シンポジウム」(同年11月)等が実施されている．

　第2期報告書において水使用量を対象とする法定外税の検討が提起されると，2003年8月には市町村・水道事業者との意見交換を実施，さらに，水源環境保全施策と税制措置を考える県民集会が2003年10月から翌年1月にかけて実施されている．県議会に対して素案が示される前の2004年6月議会において，水源環境保全施策と税制措置の方向性について報告がなされるが，その後2004年8月から9月にかけて「水を育む施策と税を考える県民集会」が県内10カ所で開催されている．

　このような徹底した住民参加の動きは，税制の制度設計段階にとどまらない．議会において条例案が可決された後も「かながわ水源環境保全・再生県民シンポジウム」(2006年1月)，「水源環境保全・再生に係る有識者懇談会」の設置（同年7月）が行われ，税制改正の影響を受けた条例改正を経て2006年7月には「かながわ水源環境保全・再生県民シンポジウム―全国に学ぶ―」が実施されている．そして，2007年4月に神奈川県の水源環境税は実施段階に入るわけだが，それと同時に「水源環境保全・再生かながわ県民会議」も発足している．この県民会議については後述するが，この税制が実施されている過程をモニタリングし，さらによりよい制度設計に向けた検討がなされていくことになるのである．ここに，「参加型税制」の枠組みが実践される制度的な仕組みが担保されている．

9.3　かながわ水源環境保全・再生施策の政策枠組みの特徴

9.3.1　税制措置の特徴

　前節で見たように，一般的に標準税率が適用されている県民税に対し，超過課税を活用して森林環境税・水源環境税といった税制が導入されている．その嚆矢となったのは，2003年度に導入された高知県の森林環境税であるが，以降，全国的に広がり，2009年度に導入された愛知県の「あいち森と緑づくり税」で30県を数える．これらに対して，神奈川県で導入された水源環境税はどのような特徴を有しているのであろうか．

　まず，これらの地方新税の多くに共通している点に触れておこう．それは，「目的税的な運用」と「サンセット」方式としてまとめることができる．「目的税的な運用」とは，一般会計として経理される県民税を確実に森林や水源といった

特定の施策に用いるために基金等に繰り入れるなどの工夫をすることである．「サンセット」方式とは，参加型税制とも関係することであるが，当該超過課税の終了時期をあらかじめ明示し，その後，継続するかどうかを再検討することとなっている．つまり，県民は，標準的な税率を超えて追加的な負担をしたことによって，標準的な行政サービスを超える公共サービスが受けられたかを自ら判断しなければならないのである．

神奈川県の水源環境税は，法人を超過課税の対象としていない点，個人県民税の均等割だけでなく所得割にも超過課税している点において特徴的である．具体的にいえば個人県民税に対して均等割に300円，所得割に0.025％を超過するもので，納税者1人あたりの平均負担額は年額950円となる．そして，全体で38億円，5年間で190億円の事業規模となる．この事業規模の大きさも神奈川県の水源環境税の特徴である．

このような税制となった背景は，神奈川県において「水」にこだわった制度設計が試みられたことが挙げられる．当初，神奈川県では，水からの受益に対する課税の方法として，水使用量に応じて課税する方法が検討されたが，水道事業者との協力関係や地域による水道料金体系の差異等の課題で実現しなかった．

その代替指標として考えられたのが，所得割への超過課税である．神奈川県では，所得が増えるにつれて水使用量も増え，一定以上の所得（おおむね課税所得700万円）を超えると，そこからは水使用量がほぼ横ばいになるとの分析結果を得て，それにあわせて，所得割を超過課税する方式を採用しようとしたのである．ところが，この方式も実際の制度として機能することはなかった．これは，2006年度の税制改正にともない，所得の段階により異なる超過課税の税率を適用することが困難となったためである．

以上のような経緯から，実際に導入された水源環境税では，年間38億円という事業費をまかなうことのできる均一な所得割への超過課税として0.025％が採用されている．また，法人に対して課税が見送られている背景については，神奈川県においてはすでに法人2税（法人県民税・法人事業税）の超過課税および法定外普通税である臨時特例企業税が課税されており，さらなる超過課税を求めることが困難であったこともあるが，「水」からの受益を企業に対して課税するにあたっての適当な指標をどのように設定するかについての結論が得られなかったことも影響していると考えられる．

9.3 かながわ水源環境保全・再生施策の政策枠組みの特徴　115

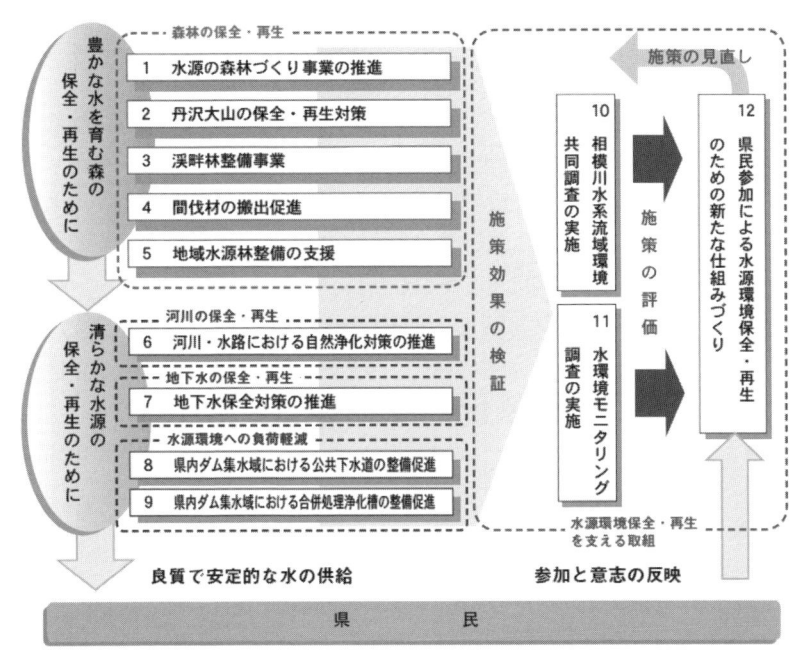

図9.2 かながわ水源環境保全・再生実行5か年計画（神奈川県水源環境保全・再生かながわ県民会議，2009）

9.3.2 「施策大綱」と「実行5か年計画」

神奈川県の水源環境税施策の概要は，「かながわ水源環境保全・再生施策大綱」と「実行5か年計画」（図9.2）で知ることができる．「施策大綱」は施策全体の体系であり，これに対して「実行5か年計画」は具体的な12事業を掲げている．これは，水源環境税を財源としている施策であり，県民税の超過課税で財源を新たに調達して，施策大綱の中のいくつかの部分について「実行5か年計画」として，この12事業に絞って実行するというものである．図9.2における1から12の事業が，水源環境税で実行する事業計画となっている．この「施策大綱」と「実行5か年計画」には，県議会による施策の徹底討論が反映されている．このことは，神奈川県の水源環境税が，事業規模を想定した税制の制度設計がなされており，どのような事業を実施するかがどの程度の税収を見込んだ制度とするかということに直結しているためである．

ここで，「施策大綱」，「実行5か年計画」と評価体系の特徴との関係に言及し

ておきたい．目的税的に運用される水源環境税の税収は，水源環境保全・再生施策に対して財政面で安定的なスキームを提供している．世界的な不況の中で税収が落ち込み，どこの自治体のどこの部局においても新規事業を行うことが困難となっている中，このスキームは非常に貴重なものである．「施策大綱」は20年という長期の計画であるが，それに基づいて，最初の見直し時期，つまり現行の超過課税が「サンセット」となるまでの期間について定めたのが「実行5か年計画」である．この5カ年の間，どの程度計画通りに実施できるのか，そして，「施策大綱」に近づけるために次の5カ年にはどのような目標を設定する必要があるのかを県民会議において評価することが求められる．つまり，5年間計画を遂行したのち，本当に必要な事業であったか，または効果があったかということについて，納税者が納得した上で，次につなげていくための長期的な施策を計画していくことが，神奈川県の水源環境保全の評価の基礎的枠組みとなっている．

9.4 県民参加協働と施策モニタリング・納税者コンプライアンス

9.4.1 県民会議の概要と納税者コンプライアンス

前節で述べたとおり，神奈川県の水源環境保全の評価の基礎的枠組みでは，「施策大綱」，「実行5か年計画」による中長期の計画に基づき，県民が税収の使い道をチェックするといった仕組みになっている．それを目的として設置されているのが，「水源環境保全・再生かながわ県民会議（県民会議）」である．

県民会議は，「かながわ水源環境保全・再生実行5か年計画」の12番目の事業として位置づけられている（図9.2参照）．そこでは，有識者・関係団体代表者とともに公募によって選出された県民によって組織され，水源環境保全・再生の取り組みについて，広く県民の意見を反映しながら進めていく仕組みとして2007年から設置されている．また，その下部組織として専門委員会と作業チームを設置し，これらからの報告に基づき，施策の全般にわたり検討を行っている．

県民会議は，神奈川県の水源環境税が，通常の税とは異なる負担を超過課税といった形で納税者に求め，その負担を目的税的に水源環境保全再生に利用するといった特徴から，納税者が自ら施策をチェックする仕組み，すなわち，「納税者コンプライアンス」の機能を果たしている．納税者コンプライアンスとは，納税者が納得して税金を負担する状況，さらに，それを支える税財政システムとは何

かということを定義する概念と位置づけられる．

この納税者コンプライアンスを念頭に置いて県民会議の意義をまとめると，神奈川県の取り組みからは次のような先進性を指摘できる．第1は，住民税超過課税方式を支える理念と，参加型税制の制度枠組みを同時に作り上げたということである．このことはつまり，都市住民が自ら，多様な恩恵を受ける水源を涵養するということに他ならない．都市住民にとって神奈川県の水源環境税は，自分たちのまわりの緑ではなく，水源，集水域，ダム湖における森林を涵養することによって，自分たちの利用する水が良質で安定的に確保できるための手段として機能することになる．第2の先進性は，参加型税制の理念，特に，税制導入後に政策目的が十分に達成されているかどうかを検討するモニタリング作業への県民参画についての役割が，県民会議を通じて定式化されたことである．このことは今後，納税者コンプライアンスのあり方の1つの形態として，神奈川県の他の施策，および，他の都道府県でも普及・定着する可能性がある．

9.4.2 納税者コンプライアンスからみた水源環境保全施策の評価体系

納税者コンプライアンスの視点から神奈川県の水源環境税では，県民会議を通じて「多面的な事業評価・モニタリング」を実施している点が特徴としてあげられる．ここでいう多面的な事業評価・モニタリングとは，県民会議が水源環境税を財源とする事業を評価するための枠組みとして，①専門家によるモニタリングと，②県民による事業現場調査・評価との，重層的視点を有していることを示している．専門家によるモニタリングは，県民会議の下部組織として「施策調査専門委員会」を組織し，科学的知見や制度評価に基づき，施策の進捗や効果を評価している．このモニタリングについては，図9.3が示すとおり，異なる4次の評価軸に基づき評価を行っている．それぞれの評価段階では，着目すべき指標を設定しながら，これをモニタリングしていくという構造としている．

他方，県民による事業現場調査・評価は，県民からの公募委員を中心に「事業モニターチーム」を編成し，実際に事業現場に行って事業の状況を観察し，県民視点での施策・事業評価を行っている．

神奈川県の水源環境税がなぜこのような多面的な事業評価を必要としているのかということについては，先にも述べた通り，水源環境税で採用された住民税超過課税では5年間の時限措置を設けており，制度開始より5年後にはそれを継続

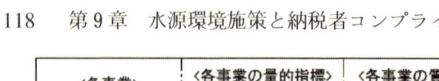

図9.3 神奈川県水源環境税で行われる各事業の評価の流れ（神奈川県水源環境保全・再生かながわ県民会議, 2009）

するかどうかという検証が必要となることに起因している．また，納税者コンプライアンスの観点から，導出された評価を納税者自らが判断できるものとして提供する必要があるためである．そのため，専門的なモニタリングを実施するだけでなく，一般県民がこの施策が有効なものかどうかを納税者として判断できる形に分かりやすく変換しながら伝えていくという必要が出てくる．

以上から，安定的な納税者コンプライアンスならびに，税財政システムを調達するためには，県民視点での事業モニタリング・評価が不可欠であり，時空間情報プラットフォーム・システムを代表とした，専門家によるモニタリングが納税者に理解されるようなコミュニケーション手段が必要とされている．

9.5 環境政策としての新税施策の先進性・意義

9.5.1 創設された「地方新税」の類型

9.2節では，地方新税の課税形態による分類を取り上げたが，ここでは，このような新税施策が環境政策としてどのような先進性や意義を有しているのかについて議論するにあたり，金澤史男によって定義された「地方新税」の類型化（金澤，2007a）を紹介する．

まず，第1の類型は，域外から入り込み，特別な財政需要を起こしながら，その負担をしないフリーライダー的存在を捕捉するもので，税収は主としてその財政需要に充当されるというものである．たとえば，山梨県富士河口湖町で導入されている遊漁税がこれにあたる．

第2の類型は，環境に負荷を与える行為・物質に課税するものである．これらの例としては，複数の自治体で導入されているいわゆる産業廃棄物税や使用済核燃料税，東京都豊島区の狭小住戸集合住宅税等がある．

第3の類型は，これが，本章で取り上げる地方環境税に相当するものであるが，特定の環境施策に充当する財源調達を確実に行うために広く住民に超過課税するものである．その根拠として，標準的行政を超える施策，緊急に必要とされる施策，県民意識向上の契機などが挙げられる．これらのプロトタイプとして，いわゆる法人2税（法人道府県民税・事業税）の超過課税が挙げられる．

最後に，第4の類型は，国税で網のかかっていない担税力に着目し，地方税収の安定化を図ろうとするもので，神奈川県の臨時特例企業税等がこれにあたる．

ただし，この類型については，一連の分権改革の趣旨に照らして地方自治体が積極的に取り組むべきものであると同時に，現実には多くの税源にすでに国税の網がかかっているともいえ，新たな税制の導入は困難であると考えられる．

ここに例示した以外に，地方新税の導入段階や定着段階において困難に直面したものもある．これらに共通する特徴として，特定の業種や施設に課税が限定されている点や，政策目的に対してそれを実現する手段として当該地方新税が最もふさわしいかどうかについて，納税者の理解を得る段階で問題が生じている点がある．

9.5.2　日本型環境税の特徴と意義

環境税は，いわゆるインセンティブ課税（環境に悪影響を及ぼす物質の排出抑制等を図る）と環境保全財源調達型課税（環境の保全再生のための施策に要する財源の調達を目的とする）に大別することができる．国際的に見ると，多くの国々において環境税は国全体のレベルで検討・導入されているインセンティブ課税のケースがほとんどである．それに対して日本においては，国に先駆けて地方のレベルで森林・水源環境税といった税制が導入され，それらは，住民税の超過課税という形態を採っていることがわかる．

このように国際的に見ても特徴的な日本型の地方環境税が全国的な広がりを見せた背景にはどのような要因があったのであろうか．

まず考えられるのは，海外では国レベルでの環境税が実際に導入されている等，活発な施策の展開や議論が行われてきたが，日本においては「総合的な検討課題」などとして政府による積極的な姿勢が示されてこなかったことが挙げられよう．その一方で林業の衰退，森林の荒廃等といった水源地をめぐる状況は悪化の一途をたどっていくが，そのための施策が国から示されることもなく，地方のレベルでそれらに対応しようとしても，硬直化する地方財政にはそのような余力は見いだせない．そのような状況の下で議論が始まったのが神奈川県の生活環境税制の議論であり，それは，住民税の超過課税による地方環境税の端緒となる高知県の森林環境税に対しても影響を与えたと考えられる．

これらの地方環境税のほとんどは，都道府県単位で税制度が導入されているが，この点について諸富徹は，「日本の都道府県は，県境がうまく分水嶺を使って引かれていることが多く，都道府県の領域と流域がだいたい一致している．したが

って，都道府県を単位とすれば，上下流における「受益と負担」の関係が住民にとって見えやすくなり，水源税，森林環境税という新たな負担も納得して受け入れることが可能になるといえよう」（諸富，2005）と指摘している．また，こうして都道府県単位で税制を構築していく中で，さらに流域が複数の都道府県にまたがっている場合には，当該都道府県の税収をその上流域の都道府県に対する事業に用いることの検討がなされるなど，それぞれの都道府県が上下流連携の場として機能するという新たな動きも芽生え始めている．

日本型地方環境税の最大の意義は，税制の制度設計から施策の効果に関するモニタリングに至るまでを貫徹する「参加型税制」にある．このような税制が広がることによって，支出を住民がコントロールするという財政民主主義が実践されるのである．そのためにも本章で指摘している時空間情報プラットフォームの活用による納税者コンプライアンスの徹底が求められるのである．

9.6 コンプライアンス・ツールとしての時空間情報プラットフォーム・システムの活用

9.6.1 事業評価の課題

ここで，森林環境税・水源環境税と呼ばれているものが税で，それも住民税の超過課税という形で実施されていることの意味に触れておきたい．そこには，「税なのか料金なのか」「既存の税なのか超過課税なのか」という整理が必要となる．前者については，いわゆる外部性の問題もあり，これらの施策に必要な財源について市場における取引で解決することは困難であると思われること，後者については，水を守るということは標準的な行政としてすでに定着しているが，少なくとも神奈川県においては，施策をスピードアップさせることも含めて標準的な行政の範囲を超えて施策を行っていく，そして，そのための財源調達手段として超過課税が活用される必要があるということで超過課税方式の選択がなされているのである．

その一方で，水源環境保全は長期的な課題であり，施策のアウトカムが現れてくるにはある程度の期間が必要となってくる．そのため，継続的で専門的なモニタリングは不可欠のものとなる．このときに，専門的なモニタリングを実施するというだけでなく，一般の県民がこの施策を有効なものかどうかを納税者として

判断できる形にわかりやすく変換しながら伝えていくという必要が出てくる．つまり，標準的な行政を超えて施策を行うことによって質の高い水源環境をどこまで達成できるのか，目標に対してどれだけ早く到達できるのか等をわかりやすく示していく必要が出てくるのである．

そのための有効な手段となり得るのが時空間情報プラットフォーム・システムである．たとえば，神奈川県のように「水」に対して施策の範囲を定めた場合であっても，下水道処理排水の問題や大気汚染との関連等の「水循環」と汚染物質循環の関連を解明することによってこれまで見出しえなかった対象を施策に取り込み，それによって，より高いレベルで，さらにより早く良質な水環境を得ることに資する可能性がある．

こうした文脈から「コンプライアンス・ツールとしての時空間情報プラットフォーム・システムの活用」の重要性が出てくる．施策の有効性を納税者自らが判断することの必要性というのはわかっていても，今，日本で実際に実行している自治体が多いわけではない．しかし，神奈川県においては，県民会議を中心にして納税者自身で判断していく仕組みを整備しようとしている．先述の通り，アウトカム指標というのは非常に長期的な視点での評価が必要となる．たとえば，関東ローム層の問題，大気と水との関係，それから地表に染み込んだ水は何年後に出てくるか等，短期的には明らかにならないものもある．しかし，納税者コンプライアンスの観点からは，5カ年という比較的短い期間の中で判断を下していかなければならない．短期的にはアウトカム指標の改善として反映されていないが，長期的に見ればいずれ成果が出てくる方向で事業が遂行されていると評価される必要がある．事業評価にあたっては，それらが納得できるようなモニタリングの構造を設計し，かつ，それを支える実質的な施策を監視していく必要がある．

9.6.2 水・汚染物質循環のモデル構築と施策シミュレーションの試み

先に述べたようなモニタリングを実際に遂行しようとするならば，最終的には納税者が水循環と汚染物質の循環の関連をモデル的に理解する必要がある．そして，その施策が汚染物質の流出の阻止や，水源涵養の強化を促し，生態系に近い形での水環境が回復していることを確認できなければならない．さらに，こうした新しい税制による支出が政策的な有効性があることを理解していかなければならない．そのための理解を深めるツールとして時空間情報プラットフォーム・シ

ステムが有用であると考えられる．

　今後，時空間情報プラットフォーム・システムが実際に有効に使われるとするならば，画期的な試みとなる．神奈川の水源環境保全・再生に必要と思われる窒素循環と水循環の関係のモデル化等への取り組みは着々と進んでいると考える．最終的には，森林整備によってどの程度窒素の吸収が良くなるか，それによって最終的なアウトカムである良質な水がどのように確保できるか，そのようなことが実際にわかるような情報提供がされ，それを基に納税者が「この水源環境保全施策がいい」と理解することができるようになれば，神奈川県にとどまらず，日本の地方財政と行政システムにとって画期的なことである．

　税とそれを財源とする施策への納税者の信頼を納税者コンプライアンスと呼ぶならば，この神奈川県の水源環境税の総体的な仕組みを支える時空間情報プラットフォームの構築というのは，納税者コンプライアンスを強化するという意味で行政改革の先端を担っている試みなのである．

9.7　おわりに

　本章では，地方財政の観点から，納税者コンプライアンスに資する時空間情報プラットフォーム・システムの活用について，主として神奈川県の水源環境税を中心に検討を行ってきた．国際的にも先進的であると思われる日本の地方環境税であるが，その中でも神奈川県の水源環境税は時空間情報プラットフォーム・システムを活用した納税者コンプライアンスの貫徹を目指すとすれば先進的な事例であるといえよう．納税者によって常にアウトプット，アウトカムがチェックされ，この税制そのものを継続すべきか，この税収によって実施される事業が適正であるかについてこれから検討されていくことになる．

　最後に，今後5年の期間を超えて次の水源環境施策へと移る際への課題について若干ふれておきたい．それは，納税者コンプライアンスのあり方も，時空間情報プラットフォーム・システムのあり方も，ある時点で確立したものが永続するわけではないということである．専門的な見地からのモニタリングを徹底していく中で，より納税者コンプライアンスの観点からふさわしい指標が発見されれば，従来の枠組みにとって代わる必要があるし，地方財政のみならず中央の環境政策や財政政策の動きによっても，あるいは国際的な環境保全の動向によっても納税

者コンプライアンスのあり方は影響を受けざるを得ないのである．すなわち，これまでは，標準的な行政水準を超えると考えられていたものが，標準的な行政の範囲に取り込まれていく可能性も考えられ，そうなれば，超過課税を財源とする行政の範囲やその合意のあり方は必然的に変わっていくのである．重要なことは，納税者コンプライアンスの観点を重視しつつ，制度評価や指標についてはある程度柔軟性が必要であるということである．この点で，時空間情報プラットフォーム・システムが今後，柔軟で，有用な評価基準・指標の提供者となる可能性が見込まれる．

　本章は，金澤史男横浜国立大学経済学部教授が担当予定であった（2009年6月逝去）．本稿は，本プロジェクトにおいて神奈川県の水源環境税について報告経験のある，其田・清水が依頼を受け執筆したものである．なお，本章の文責が執筆者2名のみに帰することは言うまでもない．

参考文献
植田和弘（2003）：環境資産マネジメントと参加型税制，地方税，**54**(2)，pp. 179-185.
神奈川県水源環境保全・再生かながわ県民会議（2009）：「かながわ水源環境保全・再生の取組の現状と課題」．
神奈川県地方税制等研究会（2000）：「地方税財政制度のあり方に関する中間報告書」．
神奈川県地方税制等研究会（2003）：「生活環境税制のあり方に関する報告書」．
神奈川県地方税制等研究会生活環境税制専門部会（2002）：「生活環境税制のあり方に関する検討結果報告書」．
金澤史男（2003）：水源環境税への取組と分権型自治体財政，神奈川県監修『参加型税制・かながわの挑戦―分権時代の環境と税』，第一法規，pp. 186-192.
金澤史男（2006）：分権時代の地方財政制度，日本都市センター編『分権時代の地方財政』，日本都市センター，pp. 7-27.
金澤史男（2006）：地方環境税と水源環境税保全施策評価の課題，月刊浄化槽，367号，pp. 17-22.
金澤史男（2007a）：地方新税の動向と地方環境税の可能性，地方税，**58**(4)，pp. 2-6.
金澤史男（2007b）：ポスト三位一体の改革における地方税財政改革の課題，神奈川県地方税制等研究会ワーキンググループ報告書「地方財源の充実と地方法人課税」，pp. 1-13.
清水雅貴（2009）：森林・水源環境税の政策手段分析―神奈川県の水源環境税を素材に，

諸富徹編著『環境ガバナンス叢書第7巻 環境政策のポリシー・ミックス』, ミネルヴァ書房, pp. 245-261.

関口智 (2009): 地方税改革の現状と課題－課税自主権・税源配分の視点から, 都市問題, **100**(8), pp. 74-87.

其田茂樹・清水雅貴 (2008): 地方環境税としての住民超過課税の活用－その動向と課題, 日本財政学会『財政研究第4巻 財政再建と税制改革』, 有斐閣, pp. 304-319.

髙井正 (2007): 地方環境税の現状と課題－神奈川県の水源環境税を素材として, 神奈川県地方税制等研究会ワーキンググループ報告書「地方財源の充実と地方法人課税」, pp. 37-54.

諸富徹 (2005): 森林環境税の課税根拠と制度設計, 日本地方財政学会編『分権型社会の制度設計』, 勁草書房, pp. 65-81.

諸富徹 (2008): 地方環境税としての水源税の根拠と制度設計, 水環境学会誌, **31**(4), pp. 178-181.

第10章
グローバル経済と環境負荷－産業連関

居城琢・長谷部勇一

　今日経済活動は国境を超えてグローバル化している．域外や海外からの移輸入が多いと，地域内や県内での水消費量は少ないものの，実際には域外・海外の水に依存しているといえる．それをウォーター・フットプリントと呼んで定量的に評価している．農林水産物の域外・海外依存は農林地の不要化による管理放棄，それによる生態系の荒廃・劣化を引き起こし，水源涵養能力を低下させる．また，農林水産物の域外・海外依存にともない，供給元の地域では生態系供給サービスへの偏重，生態系の劣化，生物多様性の喪失の要因となる．

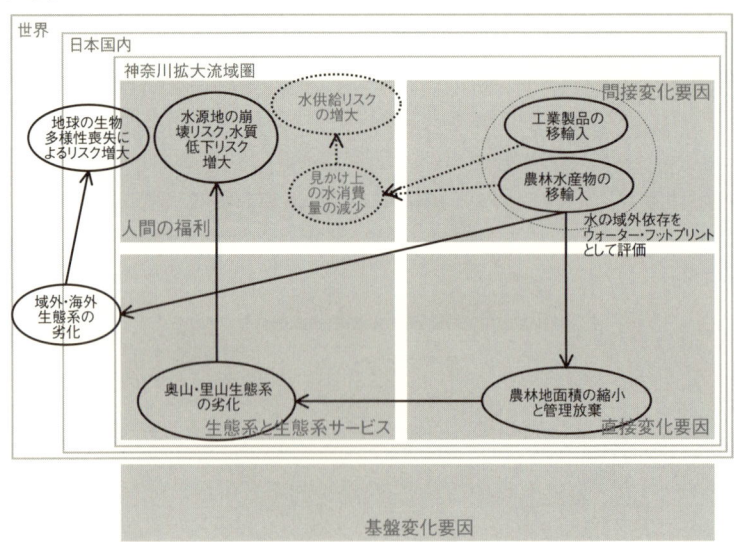

図10.1　グローバル化する経済による環境リスク増大要因の構造的整理

10.1 はじめに

　経済を生産，流通，消費という循環でとらえると，財やサービスの生産，消費だけでなく，化石燃料など自然資源の投入や大気・土地など自然環境への産出（廃棄）も関係してくる．水という資源も，農業用水，工業用水，家庭用水という形で重要な投入要素になっており，また排水を通じて，生物化学的酸素要求量（BOD）・化学的酸素要求量（COD）・窒素（N）・リン（P）などの環境負荷を与える．したがって，経済活動を環境面で評価する際には「水」は重要な要素となっている．

　1995年，世界銀行の副総裁であったイスマル・セラゲルディン氏は「20世紀の戦争が石油をめぐって戦われたとすれば，21世紀は水をめぐる争いの世紀になるだろう」と予測したが，それ以降，世界の水問題は深刻化し，「21世紀は水の世紀」という言葉が，水不足・水汚染・水紛争などを包括する概念として使われるようになってきている．このような世界の水問題の背景には，気象条件などの自然要因のほか，各国の産業構造とその変化や先進国と途上国との関係といった経済的要因も絡んでいる．そのため，水問題を経済的要因との関連からも捉える分析視点が必要である．

　さらに，本書のテーマとなる地域（＝流域圏）における水の循環を経済的要因から考慮する際には，地域経済のあり方のみならず，地域経済を取り巻くグローバル経済の動向を含めた視点が求められる．

　本章では，このような問題意識から，神奈川県を対象に，水問題を地域経済とグローバル経済との連関という観点から検討する．まず，地域経済の連関構造を分析するための地域産業連関表を紹介し，それを用いて神奈川経済を概観する．次に本章で用いる水問題を分析する指標について述べ，それに続いて神奈川県産業別水使用データを作成する．その後，作成されたデータを用いた分析を行う．

　本章での分析は，流域圏の水循環を経済的側面から捉えるためのデータベースおよび分析手法の提供という意味で，流域圏の時空間情報プラットフォームの構築の一環として位置づけられる．

10.2 地域産業連関表と連関構造

　産業連関表とは，ある一定期間内における，財やサービスの産業内の取引構造や，産業や家計，政府，海外等との取引構造を，行列形式でまとめた統計表である．この表により産業構造や各産業の相互依存関係を捉えることができる．

　産業連関表の種類には，一国レベルものや，各国の産業別取引を記述した国際産業連関表の他，各県や各地域，また近年作成が進んでいる政令市などの市レベルの表もある．神奈川県でも産業連関表の作成が従来から行われており，昭和55年（1980年）の表から公開され，2009年7月現在，2003年の表（延長表）が最新である．

　2003年の神奈川県の表（表10.1）を見ながら，産業連関表の構造を簡単に見ていこう．産業連関表を縦（列）方向に見ると，その産業が生産を行う際の費用構成がわかる．農林水産業について見れば，農林水産業自体から110億円，製造業から230億円，商業から60億円などを原材料として購入（投入という）して，付加価値として640億円を加え，最下段を見ると1160億円生産を行っていることがわかる．一方，横（行）方向に見ると，その産業の販路構成がわかる．農林水産業では，農林水産業自体へ110億円，製造業へ4800億円，サービス業へ830億円など販売（産出という）し，また消費に2490億円，投資に10億円使われ，移出（神奈川以外の日本のその他地域への輸出）に430億円，輸出に10億円使われている．また，移入（日本のその他地域からの輸入）が6360億円，輸入が1240億円あり，これらを，神奈川県内での生産ではないためマイナス計上する．以上のすべてを合計して，販路（産出）額の合計も1160億円となる．このことからわかるように，産業連関表では，同一産業内で，縦方向の投入総額と，横方向の産出総額が一致しており，それらの構成について見ることができるようになっている．農林水産業を例に考えてみても，その産業の活動は，地域内の各産業や地域外・海外との関わりによって成り立っていることがわかる．すなわち，ある産業の活動は関連する他の産業やさまざまな経済主体にも影響が及ぶため，地域経済に与える影響も想像以上に大きくなる．このような産業として代表的なものは，関連産業との連関が強い自動車など輸送機械産業である．もし，地域において，農業を含めた関連する自然産業を，地域内循環を考慮して振興していこうとするならば，このような産業や各経済主体間の連関効果を高めていくという

10.2 地域産業連関表と連関構造

表 10.1 神奈川県産業連関表 (2003 年, 単位：10 億円)

		01 農林水産業	02 製造業	03 建設	04 電力・ガス・水道	05 商業	06 金融・保険	07 不動産	08 運輸	09 公務	10 サービス	11 その他	内生部門計	消費	投資	在庫	移出	輸出	移入	輸入	県内生産額
中間投入	01 農林水産業	11	480	6	0	1	0	0	0	0	83	0	581	249	1	1	43	1	−636	−124	116
	02 製造業	23	8,230	1,136	142	197	62	17	197	46	1,740	57	11,848	4,290	1,905	−51	13,107	3,740	−11,401	−2,122	21,316
	03 建設	1	54	7	87	21	6	209	28	8	71	9	500	0	3,383	0	0	0	0	0	3,883
	04 電力・ガス・水道	1	349	25	86	64	11	15	60	15	367	25	1,017	803	0	0	450	0	−184	0	2,087
	05 商業	6	940	232	33	58	9	6	30	7	494	11	1,826	3,056	489	3	903	191	−2,300	−26	4,142
	06 金融・保険	4	255	48	59	216	127	312	187	2	358	96	1,664	826	0	0	16	18	−718	−37	1,768
	07 不動産	0	48	14	21	119	29	30	58	1	217	29	566	5,279	0	0	66	0	−35	0	5,877
	08 運輸	3	434	109	44	77	29	3	255	10	167	28	1,159	1,163	36	2	292	181	−486	−8	2,338
	09 公務	0	0	0	0	0	0	0	0	0	0	40	40	1,054	0	0	0	0	0	0	1,095
	10 サービス	3	1,750	324	209	377	243	134	137	43	1,365	230	4,816	8,511	647	0	3,819	103	−3,617	−295	13,983
	11 その他	3	1,533	70	254	113	48	29	28	7	258	172	2,515	748	0	0	142	4	−248	−1,605	1,556
内生部門計		52	14,075	1,970	936	1,243	565	754	981	138	5,121	698	26,533	25,979	6,461	−45	18,839	4,238	−19,624	−4,219	58,162
粗付加価値部門計		64	7,241	1,913	1,151	2,899	1,203	5,122	1,358	957	8,862	858	31,629								
県内生産額		116	21,316	3,883	2,087	4,142	1,768	5,877	2,338	1,095	13,983	1,556	58,162								

視点が重要になるだろう．

　神奈川県経済の県内生産額は58兆円あまりである．そのうち，製造業の占める割合は36.5%と全国的にサービス経済化が進む中，依然として大きい．また，輸出入額の合計は，8兆4570億円と県内生産額に占める割合は14.5%に達している．グローバル経済化が進展する中で，特に世界各国の産業との取引を強めている製造業各社が多く立地する本県では，海外との繋がりの深さも大きな特徴となっている．このような状況のもとでは，地域内でのモノ・サービスの循環を考えていくことと同様に，域外，特に海外とのやり取りについて考慮することも必要である．本章では，以上のような視点で地域における水問題を分析していく．

10.3　ヴァーチャル・ウォーター（VW）

　水問題の経済的背景を理解する上で，VW（Virtual Water）は重要な概念である．VWとは，食料を輸入している国（消費国）において，もしその輸入食料を生産するとしたら，どの程度の水が必要かを推定したものである（ロンドン大学東洋アフリカ学科名誉教授のアンソニー・アランが最初に主張したと言われている（Allan, 1999））．たとえば，牛肉1kgを生産するには，飼料としてトウモロコシが約11kg必要であり，1kgのトウモロコシを生産するには，灌漑用水として1800ℓの水が必要なので，結局，約2万ℓもの水が必要となる．つまり，日本は，直接，水を海外から輸入しているわけではないが，食料を輸入することによって，その生産に必要な分だけ自国の水を使わないで済んでいることになる．言い換えれば，食料の輸入は，形を変えて水を輸入していることと考えることができる．

　推計によれば2000年で約640億 m^3/年（東京大学沖大幹教授による推定：沖，2010）の水を海外から輸入していることになるが，これは，日本国内での総水資源使用量約900億 m^3/年の3分の2程度にあたる．また，2005年で約800億 m^3（特定非営利活動法人日本水フォーラム，2010）という推定もある．

10.4　ウォーター・フットプリント（WF）

　VWは，農林業を対象にして，植物の生育から畜産，食品の生産過程までを丹

念に追跡して必要な水の量を積み上げていく方法であるのに対し，農林業以外の工業製品やサービス部門の活動も含めて，生産に必要な直接・間接の水の量を計算によって求めようとするのが，本章で用いるウォーター・フットプリント（WF; Water Footprint）である．

これは，産業連関分析を利用して，各産業部門別の直接に必要な水の量と，各産業部門の生産に直接・間接的に必要な原材料をもとにして計算する方法である．この方法によれば，国または地域の産業連関表をベースにして，各産業部門1単位（たとえば，100万円あたり）の生産に直接・間接的に必要な水の量（水集約度，あるいは水原単位）を計算することができるので，それぞれの部門の水集約度を消費や投資などの最終需要を乗じて合計すれば，最終需要を満たすために必要な水の量 D が計算できる．同様に，海外を含む他地域へ移出・輸出する財の額に水集約度をそれぞれ乗じて合計すれば，他地域の需要を満たすために必要な水の量 E が計算でき，海外を含む他地域から移入・輸入した財の額にそれぞれの水集約度を乗じて合計すれば，自国・自地域の需要を満たすために他地域で使用された水の量 M（地域内で生産されたと仮定した際に必要とされる水の量）が計算できる．ただし，直接・間接に必要な水の量を計算する本章のWFも，外国を含む他地域の水使用量は，神奈川の水集約度を用いて計算することからVWと同様に"ヴァーチャル"な水使用量の計算となる．

この E と M を用いて，$E-M$ を求めれば，国または地域と他国または他地域との水収支を表すことができる．この水収支がプラスならば，その国・地域は，他国・他地域の需要のために水を使用していることになり，マイナスならば，自国・自地域の需要のために他国・他地域に対して水使用を押し付けていることになる．

10.5　神奈川県産業別水使用データの作成

本節では，前節のWFを神奈川県について計算するために，産業別水使用量データを作成する．WFは，産業連関表を使った産業連関分析によって計算するため，神奈川県のWFを計算するには神奈川県の産業連関表が必要である．本推計を行った2009年7月時点で利用できる神奈川県産業連関表の基本表は2000年であるため，本節で推計する神奈川県水使用データは2000年と1995年のもの

とした.

産業別の水使用データ推計は,農業部門,工業部門,電力・ガス・熱供給部門,その他部門に分け,次項のように推計した.

10.5.1　農業部門の推計方法

神奈川県農業部門の水使用量の推計は,表10.2の日本全体の農業用水使用量をもとに按分推計を行った.

①水田灌漑用水と畑地灌漑用水と表10.3の全国耕地面積からそれぞれの1haあたりの水使用量を求め,神奈川県の耕地面積(表10.4)から,神奈川県用水別使用量を推計した(表10.6).

②次に畜産関係では,全国における畜産部門の1995年生産額(2976億円),2000年生産額(2844億円)と表10.2の畜産用水使用量から,畜産用水原単位を求め,神奈川県の畜産部門1995年生産額(257億円),2000年生産額(224億

表10.2　農業用水の用途別使用量（単位：億 m^3/年）
（国土交通省『日本の水資源』より作成）

	1995年	2000年
水田灌漑用水	555	539
畑地灌漑用水	25	29
畜産用水	5	5
合計	585	572

表10.3　全国耕地面積（単位：1000 ha）
（農林水産省『耕地及び作付面積統計』より作成）

	田	畑	計
1995年	2,745	2,294	5,039
2000年	2,641	2,189	4,830

表10.4　神奈川県耕地面積（単位：ha）
（神奈川県企画部統計課『神奈川県の統計』より作成）

	田	畑	計
1995年	5,170	18,900	24,070
2000年	4,550	17,100	21,650

円) から神奈川畜産部門水使用量を推計した.

10.5.2 工業部門の推計方法

①1995年と2000年の神奈川県工業統計の中分類別用水量 (30人以上) の淡水使用量から回収水を除いた新規水使用量 (補給量) を部門別にまとめた. さらに, 1日あたりで示される使用量に工場稼働日数を乗じて年間あたり水使用量を求めた. 稼働日数は大平ほか (1999) で示された日本全体の1995年工場稼働日数を参考に, 全業種250日とおいた.

②30人以下の事業所の水使用については, 1995年と2000年の神奈川県全業種30人以上生産額と30人以下生産額の比率で簡易的に水使用量を推計し, ①に加えている. ただし, 今後は神奈川県の業種別30人以下の生産額と30人以上の生産額比率から業種別に推計したい.

10.5.3 電力・ガス熱供給部門の推計方法

電力・ガス熱供給部門の新規水使用量は, 表10.5の全国のデータと全国の同部門生産額から, これらの部門の水使用原単位 (単位あたり水使用量) を求め, 神奈川に当てはめた.

10.5.4 その他の部門

その他の部門は鶴巻・野池 (1997) において推計された1990年の日本の水使用原単位を, 1995年と2000年の神奈川県に当てはめて推計した.

10.5.5 神奈川県水使用データの概要

10.5.1から10.5.4で推計されたものが, 表10.6にまとめた1995年と2000年の神奈川県産業別水使用量データである. 部門別に見れば水使用量の大きいものは民間消費であり, 全体の水使用量の半分を超える. 次いで農業, 化学製品,

表10.5 全国淡水補給量 (単位: 1000 m³)
(国土交通省『日本の水資源』より作成)

電力事業者	ガス事業者	熱供給事業者
634,346	12,316	14,675

134　第10章　グローバル経済と環境負荷-産業連関

表10.6　神奈川県産業別水使用量・構成比・変化率

		産業別水使用量 単位：1000 m³		構成比（%）		変化率（%）
		1995年	2000年	1995年	2000年	1995-2000年
1	農林水産	129,446	119,462	7.91	7.36	-7.71
2	鉱業	49	47	0.00	0.00	-5.33
3	食料品	61,652	70,118	3.77	4.32	13.73
4	繊維製品	1,439	330	0.09	0.02	-77.05
5	パルプ・紙・木製品	4,672	2,818	0.29	0.17	-39.68
6	化学製品	126,676	117,245	7.74	7.22	-7.44
7	石油・石炭製品	29,982	37,067	1.83	2.28	23.63
8	窯業・土石製品	8,195	5,155	0.50	0.32	-37.09
9	鉄鋼	65,491	48,824	4.00	3.01	-25.45
10	非鉄金属	7,320	5,650	0.45	0.35	-22.81
11	金属製品	4,341	3,243	0.27	0.20	-25.30
12	一般機械	9,394	8,308	0.57	0.51	-11.56
13	電気機械	24,674	16,761	1.51	1.03	-32.07
14	輸送機械	20,335	13,824	1.24	0.85	-32.02
15	精密機械	1,852	1,151	0.11	0.07	-37.84
16	その他の製造工業	11,407	9,810	0.70	0.60	-14.00
17	建設	18,244	15,375	1.11	0.95	-15.72
18	電力	33,808	38,076	2.07	2.34	12.63
19	ガス熱供給	3,516	5,061	0.21	0.31	43.95
20	水道	564	477	0.03	0.03	-15.44
21	廃棄物処理	1,998	2,004	0.12	0.12	0.30
22	商業	5,094	5,062	0.31	0.31	-0.63
23	金融保険	3,576	4,378	0.22	0.27	22.41
24	不動産	13,925	13,959	0.85	0.86	0.24
25	運輸	23,221	22,013	1.42	1.36	-5.20
26	通信放送	4,802	7,992	0.29	0.49	66.41
27	教育・研究	59,589	61,225	3.64	3.77	2.74
28	その他の公共サービス	15,076	18,416	0.92	1.13	22.16
29	対事業所サービス	9,616	12,599	0.59	0.78	31.01
30	対個人サービス	84,507	86,437	5.16	5.32	2.28
31	事務用品	275	257	0.02	0.02	-6.54
32	分類不明	754	581	0.05	0.04	-22.87
33	民間消費	851,555	870,433	52.02	53.59	2.22
	計	1,637,046	1,624,160	100.00	100.00	-0.79

対個人サービスと続く．トータルで見れば1995年から2000年にかけ，神奈川県の水使用量は全体として減少している．これは，90年代に，農業や工業の生産額が低迷したことと，工業において回収水利用が高まり，新規に水を使用する率が低下したことが主な要因である．一方で，民間消費部門の水使用は上昇している．本章では，産業部門の活動に着目するため，次項以降のフットプリント計算において民間消費を除いている．

10.6 神奈川県のウォーター・フットプリント（WF）分析

一国レベルのWFの場合，域外との関係では輸出入に関わるものになるが，地域産業連関表の場合，移出入のデータを含むので，海外との取引（輸出入）だけではなく，日本のその他地域との取引（移出入）によるWFの計算が可能である．

産業連関表による直接間接の波及効果計算では，地域産業連関表から計算される以下の式（10.1）のレオンチェフ逆行列を用いる．M：輸入係数行列，N：移入係数行列，A：投入係数行列，I：単位行列である．このレオンチェフ逆行列は移輸入内生型と呼ばれ，地域内での波及効果を求めるときに用いられる．産業連関分析の詳細は藤川（2005）を参照されたい．

$$(I-(I-M-N)A)^{-1} \qquad (10.1)$$

この式（10.1）のレオンチェフ逆行列に，今回推計した水使用量を産業別生産額で除した水使用原単位（W）を乗じて神奈川水使用集約度式（10.2）を求める．ここでW：（産業別水使用量/産業別生産額）である．

$$W(I-(I-M-N)A)^{-1} \qquad (10.2)$$

WFの計算はこの式（10.2）の水集約度を用いて，最終需要，輸出入，移出入にかかわる水使用を求める．

$W(I-(I-M-N)A)^{-1}(I-M-N)fd$: 最終需要による WF (*WFD*)

$W(I-(I-M-N)A)^{-1}ex$: 輸出による WF (*WEX*)

$W(I-(I-M-N)A)^{-1}im$: 輸入による WF (*WIM*)

$W(I-(I-M-N)A)^{-1}nx$: 移出による WF (*WNX*)

$W(I-(I-M-N)A)^{-1}in$: 移入による WF (*WIN*)

ただし，fd：産業別最終需要（列ベクトル），ex：産業別輸出額（列ベクトル），im：産業別輸入額（列ベクトル），nx：産業別移出額（列ベクトル），in：産業別移入額（列ベクトル）である．

WFD，*WEX*，*WNX* を合計すると表 10.6 の産業別水使用量となる．これは産業別水使用量を w とすると，

$$w = W(I-(I-M-N)A)^{-1}((I-M-N)fd+ex+nx)$$

が成り立っているからである（藤川，2005）．しかし，神奈川県の経済活動に起因する水使用はこれだけではなく，神奈川の輸入・移入によって相手国・相手地域で使用される水も含まれる．このことを考慮するのが本章の WF である．

また，これらを用いて神奈川の輸出入や移出入での水収支を求めることが可能である．

$$WEX - WIM = 海外との水収支 \qquad (10.3)$$
$$WNX - WIN = 日本のその他地域との水収支 \qquad (10.4)$$
$$(WEX+WNX) - (WIM+WIN) = 神奈川の域外水収支 \qquad (10.5)$$

図 10.2 は，最終需要（この場合は県内最終需要），輸出，移出，輸入，移入の各要因による神奈川県の WF を示している．要因別に見れば，移出と移入という日本のその他地域とのかかわりにおける WF が最大である．しかし，1995 年から 2000 年では，移出・移入による WF が減少気味であるのに対し，輸出・輸入による WF はそれぞれあまり変わらないか，やや増えているという結果になっている．このことは，神奈川という地域の WF を見る際に海外との関係を考慮する重要性が高まっていることを示している．いわば，地域経済のグローバル化と水問題（環境負荷）とのかかわりを示すものであろう．

表 10.7，表 10.8 は図 10.2 の結果を WF の大きい産業に着目して取り出し，

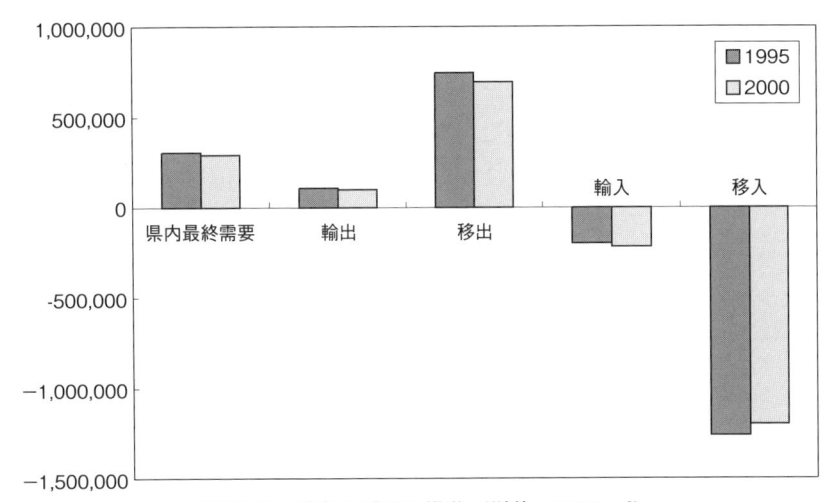

図10.2 誘発水需要の推移（単位：1000 m³）

より詳細に見ている．これらによると部門別には，対個人サービスや農林水産，食料品といった産業でWFが大きくなっていることがわかる．また，農林水産や製造業関連の産業では，域外との関連のWFが大きく，対個人サービスなどサービス業関連の産業では県内最終需要によるWFが大きくなっていることがわかる．

次に，表10.7，表10.8で見た産業別WFの移出・移入，輸出・輸入を用いて，式 (10.3)，(10.4)，(10.5) にて水収支を計算したものが表10.9である．これによれば，1995年の神奈川の水収支は，トータルで海外との関係で約1.0億 m³の赤字，その他日本の関係では約5.3億 m³の赤字となる．なお，ここでは，「商業」，「金融保険」，「不動産」，「運輸」，「その他の公共サービス」，「通信放送」，「事務用品」，「不明」を「その他のサービス」として統合している．

水収支赤字とは，神奈川が輸出や移出などを通じて他国・他地域の需要のために神奈川で生産活動を行い，水を使用している量よりも，輸入や移入などを通じて神奈川の需要のために他国・他地域の水を使用している量の方が多いことを意味している．経済取引金額のみの関係で見れば神奈川は域外との関係で2000年において0.9兆円程度の赤字となっているが，水使用に関しては，水集約度の高い農林水産部門の移入が高いため，大幅な赤字となっている．また，海外との赤字の約5倍の水収支赤字を日本のその他地域に対して記録している．製造業関連

表10.7 1995年における主要部門の神奈川県ウォーター・フットプリント

(単位：1000 m³)

	県内最終需要	輸出	移出	輸入	移入
農林水産	60,333	674	68,440	−113,337	−603,318
食料品	23,608	295	37,748	−8,821	−58,309
パルプ・紙・木製品	1,203	119	3,350	−916	−7,851
化学製品	8,505	15,699	102,472	−7,559	−59,416
石油・石炭製品	3,407	1,935	24,640	−2,517	−6,609
鉄鋼	3,333	10,902	51,256	−2,757	−66,879
非鉄金属	180	868	6,272	−2,001	−6,806
金属製品	918	147	3,275	−156	−3,617
一般機械	540	1,379	7,476	−295	−4,592
電気機械	1,513	6,231	16,930	−1,426	−12,013
輸送機械	1,040	5,294	14,001	−435	−10,843
精密機械	203	261	1,388	−423	−1,288
その他の製造工業	2,136	538	8,734	−1,600	−13,951
建設	17,737	73	434	−74	−501
電力	19,477	2,045	12,286	−1,789	−21,034
水道	442	14	107	−17	−117
教育・研究	32,163	2,066	25,360	−709	−15,184
対事業所サービス	4,050	480	5,086	−669	−4,953
対個人サービス	68,628	367	15,512	−5,166	−26,923
⋮	⋮	⋮	⋮	⋮	⋮
計	304,932	54,548	426,011	−162,042	−962,203

の機械工業（電気機械，輸送機械）では水収支黒字であるが，原材料の移輸入が大きい農林水産，食料品産業で大きな水収支赤字となっている．また，対個人サービスでは，飲食店などの水使用が大きいが，海外やその他日本から食品を輸入・移入していることから水収支赤字が大きい．

　2000年の水収支は，海外との関係で約1.3億 m³ の赤字，日本のその他地域との関係では約5.3億 m³ の赤字，トータルで約6.6億 m³ の赤字となり，1995年と比べ約0.2億 m³ 増加している．2000年でも基本的な構造は変わらないが，海外や日本のその他地域との水収支は95年と比べ赤字が拡大していることから，神奈川県の水収支赤字の傾向は近年に向かって拡大していると考えられる．地域における水収支赤字は，その地域の経済活動によって，他国・他地域に対して水

表10.8 2000年における主要部門の神奈川県ウォーター・フットプリント

(単位：1000 m³)

	県内最終需要	輸出	移出	輸入	移入
農林水産	41,145	760	77,556	−120,840	−617,410
食料品	18,703	350	51,065	−10,356	−62,118
パルプ・紙・木製品	551	84	2,183	−636	−4,962
化学製品	12,219	14,988	90,038	−9,614	−54,140
石油・石炭製品	3,974	3,002	30,092	−2,914	−8,260
鉄鋼	4,225	9,644	34,956	−3,083	−52,414
非鉄金属	94	1,192	4,364	−1,617	−5,831
金属製品	536	180	2,526	−182	−3,155
一般機械	467	1,756	6,086	−505	−3,625
電気機械	1,110	5,203	10,448	−2,430	−7,952
輸送機械	1,133	3,907	8,784	−505	−6,741
精密機械	45	283	823	−409	−1,015
その他の製造工業	1,407	763	7,641	−1,639	−11,802
建設	14,906	59	410	−87	−408
電力	19,840	1,626	16,610	−1,906	−26,966
水道	355	15	107	−23	−110
教育・研究	34,984	2,531	23,710	−1,363	−8,430
対事業所サービス	4,886	550	7,163	−861	−8,004
対個人サービス	69,675	431	16,331	−4,740	−27,966
⋮					
計	291,044	50,675	412,008	−178,083	−940,516

使用の負荷を与えていることを示している．

　神奈川県は，県西部の相模川などの流域があり，比較的恵まれた水資源を有している．にもかかわらず，農産物や食料品，工業品という形で沢山の財を移入・輸入することによって生活が支えられているという関係が存在している．特に農産物，畜産品，紙製品などは水集約度が高いため，それらを輸入・移入することは他国や他地域の水資源をより多く使用していることになる．さらにはそれらを輸送するために石油などのエネルギーも消費されていることを考慮すると，グローバルな視点での水資源の有効活用という点で，神奈川という地域における水循環を高めていく，いわば水の「地産地消」を進めていくことの重要な意義を確認することができる．また，そのことと並行して，神奈川県が水使用を通じて負荷

表10.9 1995年・2000年の神奈川県水収支（単位：1000 m³）

	1995年			2000年		
	輸出－輸入	移出－移入	移輸出－移輸入	輸出－輸入	移出－移入	移輸出－移輸入
農林水産	−112,664	−534,878	−647,542	−120,080	−539,854	−659,934
鉱業	−4,526	−428	−4,954	−7,849	−215	−8,064
食料品	−8,526	−20,561	−29,087	−10,006	−11,053	−21,059
繊維製品	−1,633	−4,211	−5,844	−838	−1,092	−1,930
パルプ・紙・木製品	−798	−4,500	−5,298	−552	−2,779	−3,331
化学製品	8,140	43,056	51,196	5,374	35,898	41,272
石油・石炭製品	−583	18,031	17,448	87	21,832	21,919
窯業・土石製品	−65	−1,942	−2,007	72	−890	−818
鉄鋼	8,145	−15,623	−7,478	6,561	−17,458	−10,897
非鉄金属	−1,133	−535	−1,668	−425	−1,467	−1,892
金属製品	−9	−342	−351	−2	−629	−631
一般機械	1,084	2,884	3,968	1,250	2,461	3,711
電気機械	4,805	4,917	9,722	2,773	2,496	5,269
輸送機械	4,859	3,158	8,017	3,402	2,043	5,445
精密機械	−162	100	−62	−126	−191	−318
その他の製造工業	−1,062	−5,217	−6,279	−877	−4,161	−5,038
建設	−1	−67	−68	−28	2	−25
電力	256	−8,749	−8,493	−280	−10,356	−10,635
ガス熱供給	−7	734	728	−7	2,334	2,327
水道	−3	−9	−12	−8	−3	−12
廃棄物処理	−6	130	124	−24	−157	−181
教育・研究	1,356	10,176	11,532	1,168	15,279	16,447
対事業所サービス	−189	133	−56	−311	−841	−1,151
対個人サービス	−4,799	−11,412	−16,211	−4,310	−11,635	−15,945
その他サービス	27	−11,036	−11,009	−2,374	−8,074	−10,448
計	−107,494	−536,192	−643,686	−127,408	−528,508	−655,916

を与えている国・地域の水源環境を保全し，再生するために環境ODAなどを通じた積極的な取り組みが要請されるだろう．

10.7 まとめ

本章では，神奈川県の産業別水使用データの作成を通じた，神奈川県ウォーター・フットプリント分析によって，神奈川県内の生産・消費活動に伴う水の循環

は，県内の水のみならず，他の国・他の地域の水を大量に使用していることを，定量的に明らかにした．

今後の課題としては，地域の産業別に推計された水使用量データをGISの空間情報上へ落とし込んでいくことが挙げられる．水使用量を農地，住宅地，商業地，工業地ごとに配分していくことにより，神奈川県においてどの地区の水使用量が多いのか，あるいは少ないのかなどに関する時空間情報プラットフォームを構築することができる．さらに，WFの計算結果を空間情報上のデータとリンクしていけば，地区ごとの水使用の節約，あるいは地域における水循環の拡大が海外や日本のその他地域へのWFをいかに軽減していくのか，を定量的に視覚化することができるようになる．

参考文献

大平純彦・庄田安豊・木村冨美子（1999）：水質汚濁問題への産業連関アプローチ，環太平洋産業連関分析学会第10回大会報告論文．

岡寺智大・藤田壮・渡辺正孝・鈴木陽太（2005）：流域管理のための環境負荷排出インベントリーシステムに関する研究―東京湾流域の水需要のケーススタディ―，環境システム研究論文集，33，pp. 377-388.

沖大幹（2010）：http://hydro.iis.u-tokyo.ac.jp/press200207/

小林由典・親里直彦（2008）：産業連関分析を用いた日本の水消費原単位の推定，日本LCA学会誌，**4**(4)，pp. 359-366.

靏巻峰夫・野池達也（1997）：LCAにおける多項目環境負荷量の定量化に関する研究，環境システム研究，**25**，pp. 217-227.

特別非営利活動法人日本水フォーラム（2010）：http://www.waterforum.jp/jpn/water_problems/doc/worldwaterissues.pdf/

新澤秀則（1998）：財の移輸出による水需要の地域間相互依存，地域学研究，**18**，pp. 19-38.

藤川清史（2005）：『産業連関分析入門』，日本評論社．

Allan, J. A. (1999): Water Stress and Global Mitigation: Water, Food and Trade, *Arid lands Newsletter*, Spring/Summer, No 45.

使用データ

神奈川県企画部統計課（1996，2001）：『神奈川の統計』．

国土交通省（1996，2001）：『日本の水資源』．

第11章
農林業の再生と自然産業の形成 — 農業経済

嘉田良平

　農林業の自然産業化，生態系サービス価値の可視化などによって多機能性を持った農林業への費用負担を可能にし，農林（水産）業を再生する施策が求められている．その萌芽を神奈川県の水源環境税，横浜市のみどり税に見ることができる．地域住民との共働を前提とするこれらの施策によって健全な生態系を維持し，森林生態系・土壌生態系を再生し，生態系サービスを持続的に享受できる社会をめざす必要がある．

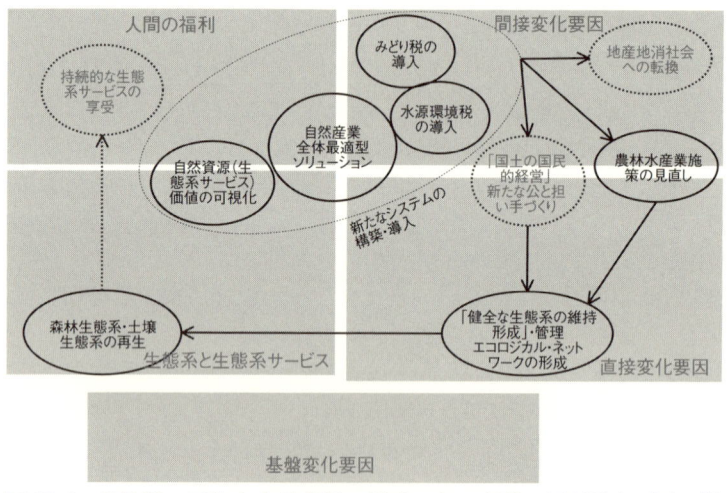

図 11.1　農林業の再生と自然産業の形成による人間の福利増大要因の構造的整理

11.1 はじめに－揺らぐ農山村の持続可能性

　現代の日本社会はさまざまな側面において持続可能性を失いつつあり，そのことは大きな社会コストをもたらしていると考えられる．中央と地方との地域間格差，都市と農山村の格差拡大もその典型例である．人口集中が進む大都会ではヒートアイランド現象，過密やストレスという社会コストを増大させてきたが，他方，多くの農山漁村では過疎化・高齢化のために，地域経済が弱体化するとともに，貴重な資源が放棄され埋没しつつある．後者もまた，このまま放置すれば世代を超えて大きな社会コストをもたらすことが危惧される．

　本来ならば最も自然環境と調和し，共存すべき産業であるはずの農林水産業の持続可能性がなぜ失われてきたのか．土，水，そして生物多様性など，農林水産業が依拠する根源的な自然資源が劣化しつつある中，こうした自然資源をいかにして健全な状態に取り戻すべきかが問われている．どうすれば非持続的なシステムを持続可能な方向へと転換できるのか．本章では農山村の持続可能性を高めるために，どのような新しい枠組みとシステム展開が必要であるのかについて考察する．

　農山漁村の再生にとって，自然資源を適正に管理し有効に活用することは非常に重要な前提条件である．しかし，これまでほとんどの場合，持続可能な成果を結実させるには至らなかった．特に中山間地域では，社会的あるいは経済的な条件が満たされないために，若者が次々と流出し過疎化・高齢化が進行するというのが大半のケースであった．ある側面での部分最適は実現できても，社会の全体最適は得られなかったとも言えよう．われわれがめざすべき方向は，部分最適ではなく全体最適につながるシステムの構築である．

　全体最適をめざす上で重要なポイントの1つは，情報である．それは農山漁村で生産される農産物・魚介類だけではなく，その地域が持つ自然景観，環境価値，産業や人材，歴史や文化など，さまざまな情報が必要である．農山漁村と都市とを結ぶプラットフォーム上にどのような情報を提供し，いかに効果的に伝達するのか．情報こそが，まさに今後の地域再生のカギとなりそうである．

　本章の構成は，以下の通りである．第1に，中山間地域問題が現在どのような社会経済的な構図になっていて，どこに問題があるのかについて主要な課題および農林業政策の影響について整理する．第2に，本章のキーワードである「自然

産業」とは何かについて検討した後，自然資源をベースとする産業創成の今日的な意義について述べる．第3に，自然産業を活用した地域づくりの方向について，神奈川県におけるいくつかの具体的な事例を踏まえて，その具体化および政策的支援の仕組みについて論じる．最後に，以上の検討を通して，里山の将来像，あるいは地域再生に向けた課題についてとりまとめる．

11.2 中山間地域の現状と「里山」問題

11.2.1 中山間地域の現状

現在の中山間地域がおかれた状況は楽観を許さないのみならず，決して持続可能ではない．どういう点で非持続的なのかというと，かつては人の手が加わって維持・保全され，農業生産や水利などに使われてきた資源や施設が，その後の社会経済条件の変化とともに維持されなくなったことである．あるいは，地域住民が高齢化し人口が減少することによって社会的機能が低下したために，資源が適切に管理されなくなったということである．それらの結果，全国各地の中山間地域では，さまざまなほころびや直接・間接的な影響が顕在化しつつある．

まず問われているのが，食料自給率が低迷する中で，日本農業の未来はどうなるのか，そして稲作と地域農業をいったい誰が支えるのかという問題である．過疎化と高齢化が特に深刻な多くの中山間地域では，里山や棚田が荒廃の危機にさらされている．どうすれば里山の環境を保全しながら，地域の再生と経済の活性化につなげられるのか．

他方，そこでは生態系あるいは生物多様性という問題もはらんでいる．古来，水田は多様な生態系と豊かな農村空間を形成してきた．赤とんぼやメダカなど，水田の生物多様性や農村景観は，長年にわたる人々の農業の営みと暮らしによって維持されてきたのである．しかし，1960年代に始まる農業の近代化の過程で多くの野生生物たちの棲み処は失われ，生物の多様性も喪失してきた．これらの「失われつつある環境価値（自然資源）」に関する情報も，プラットフォームの活用上，重要な位置を占めるであろう．

こうした中，このままでは里山とそこでの貴重な生態系や文化が消えてしまうといった危機感から，全国各地で里山保全・再生の取り組みや自発的な運動が広がりつつある．できれば，それらを補助金に頼るのではなく，市場原理の枠組み

のもとで行って，日本の農業・農村を活性化させることが望ましい．そのために，できるかぎり地域資源を活用した就労の機会をつくるなど，健全な地域社会づくりは不可欠な要素となる．

その際，都市と農村という上下流の連携のあり方がきわめて重要であり，その組み合わせ次第で地域再生の成否は大きく異なる．環境価値の共有化をはじめ，安全な農産物の提供によって付加価値を高める方法，教育面や心の癒しの価値を通じての交流，そしてふるさとの提供など，これまでの生産効率一辺倒とは異なる多様な農地の活用法が模索されてよいと思われる．しかも交流と連携によって，明らかに地域は活性化し，新たなチャンスが芽生えてくる．

11.2.2 「里山」をめぐる諸問題

では，どのような手法と社会システムに基づいて資源管理は行われるべきか．また，それに関わるコストを誰がどのような形で負担すればよいのであろうか．地域によっては，すでに手遅れ状態となってしまっており，いかにして「秩序ある撤退」というシナリオにつなげられるかが問われるかもしれない．

もちろん，適切な資源管理なしに持続的な利用はあり得ない．資源管理が不十分で農山村が衰退するという背景には，持続性と循環性の喪失がある．その結果，しばしば地域資源が持つ環境保全機能も同時に失われる．さまざまな多面的機能を有していたにもかかわらず，それらが消えていく．そして，それらを失ってしまって初めて，その環境価値の大きさに気づくというのが，多くの場合に見られる．われわれはこの点に注目して，リスク管理の必要性を訴えている．これを国民的なベースで共有しようではないか，そこに１つの方向性が見えるのではないかという視点から，新しいシステム構築の方向性を探りたい．

当然，以上の問題は広くは地球環境問題と密接に関わっている．そこから，いわゆる今後の日本のあり方，たとえば食の安全・安心が今非常に揺らぎ，足元の農業・食糧生産は大丈夫かという問題につながっている．これに関連して，日本がいかに食料その他の資源をより多く海外に依存してきたかを示す指標として，フード・マイレージおよびヴァーチャル・ウォーターの問題がある（第10章を参照）．わが国ではこれらの数値が突出して大きく，しかも拡大してきたという事実は，いかに日本的な暮らしと資源依存の状態が地球環境に負荷を与えているか，また，わが国の極端に低い食料自給率（あるいは輸入依存度の高さ）がいかに地

球規模の環境問題や資源利用問題と密接に関わっているかを示している．

以上が，過去20-30年近く続いてきた農山漁村をとりまく構造的な変化であるが，今後の見通しを考えた場合に，どのようにして持続可能性を取り戻せばよいのかが問われる．

1つは，やはり土・水・生物多様性など根源的な資源にどのように働きかけるかという課題があり，この根源的な自然資源の価値の大きさあるいはその変化の方向について明らかにする必要がある．

次に，それらの自然資源の汚染，破壊，あるいは喪失という問題が顕在化していれば，それらをどのように修復していくことが可能なのかということが問われる．その際，いわゆる生態系の問題だけにとどまらず，その環境を維持し改善・修復するとともに，そこに1つの経済的メカニズム，社会的な条件を整えることが必要になってくる．集落機能をどのように維持するか，あるいはいかに代替的な機能に置き換えるのかという課題がそこには存在するのである．

11.2.3 農林業政策の影響

そこで，過去30年あまり，高度経済成長期以降にどのような変化が起き，また，農業・林業政策がどう展開してきたのであろうか．その概要を整理したのが，表11.1である．

農業政策は，米価支持を柱として，水田の圃場整備事業と大規模経営の育成が目標とされた．また，水利事業においては，用水と排水の分離を中心として，端的に言えば三面コンクリート化してしまったというのが実態であった．そこに化

表11.1 戦後のわが国の農林業政策と里山の対応

【農林業政策は里山をどう変えてきたのか】
・農業の近代化で様相は一変（大型機械の導入，化学資材の多投入，用水と排水の分離，用水路のコンクリート化）
・都市化の波や無秩序な宅地開発も，農村環境や景観を悪化させる原因に
↓
多くの野生生物たちの棲み処は失われ，生物多様性も消失＝生態系サービスの低下
↓
・農村景観や里山の生き物たち再生への取り組みが全国に広がる．里地・里山における生物多様性を取り戻す作業始まる．
・農業生産のあり方を見直し，環境保全型農業へ変えようという現場での運動．
・農業政策の大きな転機を迎える（環境保全型農業，農地・水・環境保全向上対策）．

学肥料や農薬の多投入という技術革新が重なったために，生物多様性が失われるという副産物が生じたことは言うまでもない．

林業政策においては，主にスギ・ヒノキの単層林が広大に広がったものの，安価な外材の輸入が拡大し木材価格が低迷したために，森林の手入れがほとんど行われないという事態が進行した．これが拡大し続ける耕作放棄地問題と重なって，里地・里山の崩壊を拡大させてしまったことは疑いない．

他方，国際化の進展と市場競争の激化は，産業構造の大きな変化を促して，農業の国際競争力の大幅な低下をもたらした．結果として，耕作放棄地が増え，限界集落が次々と消滅するなど，里地里山の危機が迫ってきている．特に人口減少の著しい中山間地域においては，国土の崩壊や利用率の低下とともに生物多様性までもが喪失してきたと考えられる．里山においても生態系サービスの全般的な低下が起きてきたのには，このような背景があったのである．

11.2.4 公共政策の見直し

1つの例を，図11.2でイメージしていただきたい．これは新潟県の松之山という温泉地の棚田であるが，この写真の棚田は300年以上の歴史を有していると言われる．田植え前の美しい光景が広がっているが，なぜこの棚田が長期にわたって維持され，耕作放棄されなかったのか．いくつかの理由が考えられる．まず，

図11.2 江戸時代から続く棚田の風景（新潟県，松之山地区）（佐藤一善氏提供）

図 11.3　あちこちの棚田で耕作放棄が広がっていた

県道がすぐ横を走っていて非常に便利であること，多くの観光客がここを通って注目され，NPOが田植えを手伝ったり，オーナー制度が確立していることなどが要因である．ただし，このように急峻な棚田がきちんと保全されているケースは，決して一般的ではない．

通常は，条件不利な棚田は次々と放棄され，老木が立ち枯れ，人工林も手入れがなされないために資源の劣化が進むことになる．そのような状況の方がむしろ今では一般的と言えるであろう．かつてはきちんと手入れされていた農地が，次々と耕作放棄され始めているのである．図11.3は，ほんの2-3年前に耕作放棄された水田である．ペンペン草が一面に拡がっている．やがて農地は跡形もなく消え去り，時に地すべりが起きるであろう．なぜならば，田んぼに水を張らなくなれば，やがて土壌が乾燥化して，ひび割れが入る．その隙間に水が滲み込んで，大雨とともに土砂崩れが起きやすくなるからである．

やがて図11.4のような地すべりが起き，無惨な姿となってしまう．すると，「待ってました」とばかりに，公共事業が行われることになる．事業を請け負う業者は喜ぶとしても，そこに残されるものはいったい何なのか．あるいは公共事業に投下される資金は何を生み出したというのであろうか．その点がやはり問われるのである．残ったのは，何億円もかけて作られた見苦しい人工的な構造物だけであり，それ以外は何も残らない．生産的なものは何も残らず，しかも，環境の価値の大半が失われてしまう．

図11.4 地すべり防止という名の公共事業で生態系サービスの損失は巨額に

　この写真のケースでは，わずか7反ほどの農地の崩壊に対して，約10億円もの事業費が投下されたという．砂防工事を行い，排水路を設けて，水路をコンクリートで固める．この代償に失ったものは，あまりに大きい．澄んだ清流，イワナなどの川魚，美しい景観など，すべての自然資源を失った上に，それらは二度と戻らない．環境価値の喪失額は計り知れないのである．もちろん，コメの生産もできず，おいしい魚沼米も取れなくなってしまう．長期的には，生態系サービスの損失額は巨大であろう．

　仮に10aについて年間5万円の直接補助金を投入すると仮定すれば，十分に農地は守られるであろう．すると，10億円という公的資金があれば2000年間もの長期にわたってこの農地を守り続けることができるという試算も成り立つ．ほんのわずか数年間，営農を放棄したことの代償がいかに大きいものであったか，これらの写真は物語っている．

11.3　環境価値の可視化と「自然産業」の形成

11.3.1　自然産業とは

　前述のように，農山漁村の再生にとって自然資源を適正に管理し有効に活用することは非常に重要な前提条件である．しかし，これまでは特定分野の専門家た

ちあるいは行政施策によって，生産効率の向上という視点のみに立脚する形で，資源の保全管理が取り組まれてきた．そして活性化とは名ばかりで，持続可能な成果を結実させることはできなかったのである．ある側面での部分最適は実現できても，社会の全体最適は得られなかったのである．大切なのは，部分最適ではなく全体最適につながるソリューションであろう．

できれば農業・農村の営みを，上流と下流との連携のもと，社会的・経済的にも成り立つシステムへと転換させる必要がある．消費者や地域住民の意向を十分に尊重しながら，集水域全体の地域間協働が求められる．その際，土や水や生物生態系など，農林水産業が依拠する本源的な資源の持続性を取り戻すこと，そして農林水産業そのものの営みを通して，自然資源を健全に維持管理するという新たな仕組みが望ましい．

そこで，身近な存在である地域の自然を再生する手段として，自然資源の持続可能性を担保しつつ，自然資源から人々の暮らしと経済を支える産業的な価値を創出する第3の道に注目しよう．自然資源から産業的価値が創出されれば，自然資源は地域にとっての新たな経営資源となりうる．また，自然資源の再生を通じて，地域の担い手が育成されるとともに，多くの関係者間で地域再生に向けた新たな関係構築がもたらされるであろう．そこに登場するのが「自然産業」という新しい概念である．

われわれは，自然産業を「自然環境に過度の負荷を与えることなく，持続的かつ循環型の営みを可能にする第1次産業（農林水産業，牧畜，狩猟採集活動など生物資源に働きかける産業），および，自然資源の持続可能な利用に基づくその他の多様な経済活動」と定義する．従来，自然資源を利用する産業といえば，第1次産業のみを思い浮かべがちであった．しかし，われわれの定義では，環境にこだわった農産物，エコツーリズムや自然食レストラン，環境に配慮した木材を使った建築物，あるいは環境修復のための里山再生なども自然産業の範疇に含めて捉えている．

11.3.2　環境の価値を可視化するには

では，どうすれば「自然産業」を産業として自立させ，持続性を発揮させられるのであろうか．自然産業の営みにおいては，環境の視点のみならず，経済や社会の視点からの持続可能性も必要不可欠な条件となる．失われつつある自然資源

を保全するというだけでなく，その社会的・経済的な価値をきちんと評価して活用することが望ましい．

　自然資源の社会的・経済的価値の多くは，市場で取引されることのない，つまり市場価格を持ち得ない「外部経済」である．したがって，持続可能な自然産業の経済システムを構築するためには，まずは「自然資源の有する多様な価値を可視化すること」が重要となる．これは生態学でいう「生態系サービス」の価値を顕在化させ，情報提供することによって，その有効利用をいかに図るかがポイントとなるのである．

　第1次産業は本来，豊かな自然資源に依拠して営まれるものであり，自然資源の適正な管理によって，初めて持続的な生産が可能となる．同時に，適切に保全管理された農山漁村は，生物多様性の確保，良好な景観の提供，森林浴やレクリエーション機能の提供など，農山漁村の住民のみならず，都市に居住する人々に対しても，多面的な価値を提供することが知られている．残念ながら20世紀の社会は，生産効率を高めることに専心するあまり，自然資源の豊かさや農山漁村の持つ多様な価値にあまりにも無頓着であった．

　生産効率の向上は，1世帯あたりの可処分所得を増大させてきた．しかし，現代の先進国では，所得のみならず，時間そのものに対する価値に注目が集まりつつある．今後は「自分のための時間（言わば，可処分時間）」を増やすことにより，生活の豊かさを求める傾向が強まると考えられる．すなわち，ゆとりある「時間」そのものが，そしてゆとりある時間を過ごすことができる「空間」が，豊かさの源泉とされる時代の到来である．農山漁村と都市をつないで実現する自然産業は，ゆとりある時間と空間を活用する産業として，21世紀における重要な意味を持つようになると考えられる．

　ゆとりや多様性を重視する社会の到来とともに，農山漁村は今まで以上に重要な存在として認識されるようになると考えられる．緑環境に恵まれ，時間がゆっくりと流れる農山漁村という空間は，まさに，効率性重視の社会に限界を覚えた人々が，都会の喧噪を離れ，ゆとりや癒しを求める場所でもある．

11.4 「水源環境税」と「横浜みどり税」の意義と課題

11.4.1 神奈川県における拡大流域圏とその水需給の構図

　農山漁村は単に自然に恵まれた空間という価値にとどまらず，水資源の涵養（貯水ダムと同様の「緑のダム」効果），土砂流出の防止，あるいは水質浄化にとって重要な役割を果たすことは昔から知られていた．また，生物多様性のみならず，農山漁村で引き継がれてきた伝統や慣習といった文化的な要素は，その土地ならではの価値を持っている．

　こうした農山漁村の良さをどのようにして活かすかが，自然産業の今後の展開を考える際の1つの鍵となるであろう．農山漁村の再興が，日本が真の意味で豊かな社会となるかどうかを決めるといっても過言ではない．課題とされるのは，その価値の可視化であり，価値に対する対価の支払い方法である．

　そこでまず，神奈川県における拡大流域圏の類型とその基本的な構図を眺めておこう．

　図11.5は，県下の主要流域圏（拡大流域圏）における，①人口密度とその変化，②耕地面積率の推移，そして③林野面積率を地域間比較の形で示したものである．（ただし，②と③の合計値は，「緑資源」の総量として捉えられることに注意．）それぞれの類型の概要は表11.2を参照いただきたい．

　図11.2に示すように，神奈川県においては，横浜市，川崎市という東部の都

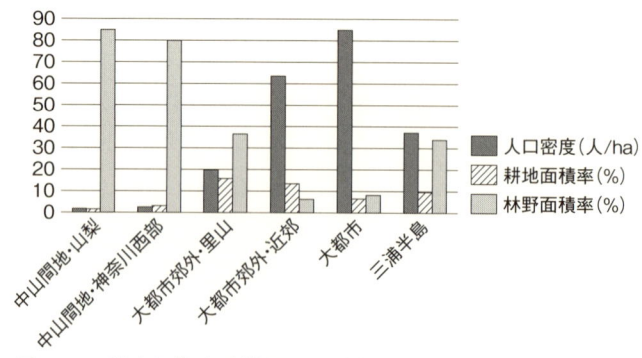

図11.5　神奈川拡大流域圏の地域類型と特徴（2005年度）（総務省：平成17年国勢調査，農林水産省：平成17年農林業センサスより加工）

11.4 「水源環境税」と「横浜みどり税」の意義と課題　153

表11.2 神奈川県における拡大流域圏の主要類型とその特徴

類型No	Ⅲ-b	Ⅲ-a	Ⅱ-b	Ⅱ-a	Ⅰ	Ⅳ
類型	中山間地		大都市郊外		大都市	三浦半島
類型	山梨	神奈川西部	里山	近郊		
人口密度	1.75	2.48	19.77	63.51	84.91	37.18
耕地面積率	1.56	3.13	15.81	13.46	6.51	9.63
林野面積率	84.9	79.94	36.44	6.28	8.21	33.89
主な市町村	富士吉田・都留・大月	南足柄市・清川村	小田原・平塚・厚木	相模原・茅ヶ崎・藤沢	横浜・川崎	鎌倉・横須賀・三浦
概要	1969年中央自動車道、相模湖～河口湖間開通、1982年全線開通、富士山観光産業主体で中山間地。人口減少。	丹沢、箱根・伊豆の中山間地。人口・耕地面積とも減少傾向。	丹沢・箱根山麓と大磯丘陵地で山野面積が広く、耕地と市街地が入り組み、里山の面影がまだ残る。	大都市に隣接する郊外都市。人口急増地帯。宅地化で耕地・林野面積ともに大きく減少。大規模米軍施設が存在。	首都圏の大都市域。横浜市は市街化調整区域が入り組み耕地・林野が南西部地域を中心に残る。東京都心に近いほど人口密度が高く人口増加。都心から離れるにつれて、人口密度が下がり、人口減少傾向にある。	早くから住宅開発が進み、南端の三浦市を除いて、耕地はせまく平坦地は市街化していて、1980年代以降は人口が横ばい。際高は低いが急傾斜の山が多くでたらは山林。

(出典は図11.5に同じ)

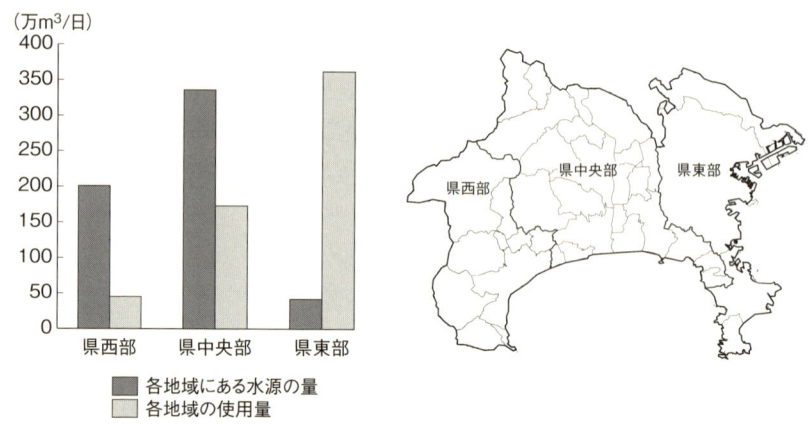

154　第 11 章　農林業の再生と自然産業の形成－農業経済

図 11.6　神奈川県内各地域の水源量および水利用量（神奈川県（2009）：水環境保全・再生の計画と税制の概要より）

市地域への人口集中が過去 30 年あまり急速に進み，他方で，農村部における人口の減少と農地の減少とが同時に進行していることがわかる．つまり，都市化の圧力と里地・里山の崩壊という現象傾向がともに強まり，双方において，さまざまな矛盾や問題が生じてきたのである．

さらに，図 11.6 によれば，県東部の大都市域では，わずかな水供給に対して巨大な水需要が発生している．これに対して，県西部の中山間地域では逆に，巨大な水資源ゆえに東部に対して貴重な水源（水の供給地）となっているのである．その理由は緑資源の多寡にあることは疑いのないところである．このように，神奈川県の東部と西部との間における水需給のアンバランス，さらには西部地域での過疎化・高齢化による緑資源利用の変化によって，新しい政策システムの導入が模索されることになったのである．

11.4.2　水源環境税とみどり税は何を意味するのか

第 9 章ですでに述べたように，全国の先陣を切って導入された神奈川県の「水源環境税」は，森林の多面的な役割に注目して，森林資源が果たす水の循環機能とその保全・再生に対して，受益者である下流域の県民（都市住民）が支払うという経済的仕組みである．そこでは，適切な森林の保全・再生が不可欠であり，水資源の涵養と浄化などの機能を十分に果たすために，上流域に対して水源の環

境保全・再生の取り組みに資するために,「水源の森林づくり事業」など, さまざまな支援策が講じられることになり, 平成19年（2007年）度から事業が推進されることになったのである.

　神奈川県によれば, この施策の基本方向として, ①公益的機能を重視した森林作りへの転換, ②地域特性に応じた森林の整備, ③水循環の視点に立った森林の保全と整備という, 3つの内容が示されている. 生態系サービスが持つ水循環機能の保全・再生という非市場価値に対して社会が支払うという「環境支払い」「直接支払い」のメカニズムを取り込んだという意味で, これは画期的な施策と言えるであろう. 下流側が上流域の人々の暮らしを支えることを通じて, 生態系サービスの価値を享受するという新たな仕組みが生み出されたのである.

　もう1つ注目される環境支払いのモデルケースは, 横浜市が平成21年（2009年）度から取り組むことになった「横浜みどり税」である. これは, 極端に緑資源が減少した都市空間に緑を取り戻そうという新たな税制の導入である. この背景には, 都市のストレス増大, ヒートアイランド現象の激化, 都市型水害のリス

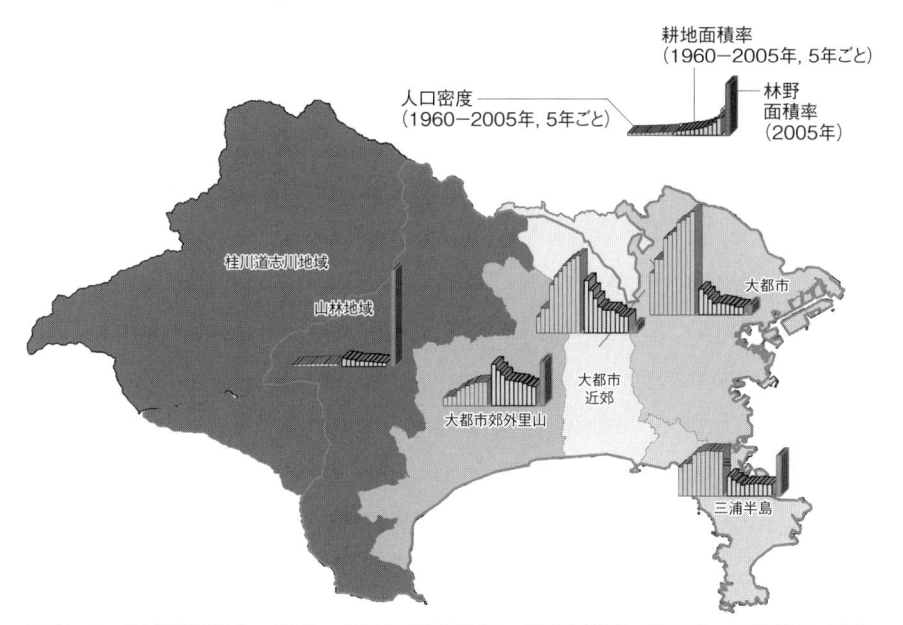

図11.7　地域類型別人口密度・耕地面積率推移・林野面積率（総務省：国勢調査, 農林水産省：農林業センサスより加工）

表 11.3 大都市における緑資源の役割と関連生態系サービス

大都市が抱える主要課題	緑資源の果たす役割・機能	生態系サービス
1) 都市の潤いの減少	都市生活のストレスを癒す	調整・文化サービス
2) 夏の暑さが厳しい	地球温暖化やヒートアイランド現象の緩和	調整サービス
3) 都市型水害リスクの増大	保水・遊水機能，災害防止	基盤サービス
4) 食料安全保障および食品のリスク拡大	地産地消（直売場）の確保	供給・文化サービス
5) 生物の生息環境劣化・喪失	生物多様性の維持	基盤・文化サービス

クが高まったことなどが指摘されている．

実際，1970年に約50%あった横浜市の緑被率は2004年には約31%へと激減しており，これ以上の緑資源の喪失を放置すれば，健全な都市機能すら維持されないのではないかという市当局の強い危機感から発せられたようである．注目すべきは，緑資源に対する市民の意識変化である．緑資源のさらなる喪失への危機感，逆に言えば，緑資源の維持・拡大への市民の期待感が非常に強いことは各種の調査結果からも明白である（図11.7参照のこと）．

表11.3に，この横浜みどり税をめぐる社会的経済的背景とその生態系サービスとの関わりについて整理した．都市環境内部においても，緑資源の喪失がいかに生態系サービスの低下につながるのか，また，それが人々の快適さ，暮らしの豊かさを奪うことになるかという事実には驚かされる．

11.4.3 環境保全型農業と直売システムの展開

農業・農村再生への1つの道筋として，環境保全型農業の導入が注目されている．効率性一辺倒，化学資材に過度に依存した農業から，環境と調和し，生態系に配慮した農業への転換は，自然産業の1つの重要な展開となっている．単位面積あたりの生産性は非常に高まったものの，その一方で，自然環境が破壊され，土壌や水質に負の影響がもたらされてきたのである．

このような状況を反省して，近年ようやく，人と自然に配慮した農業（環境保全型農業）への取り組みが全国各地に広がり，神奈川県においてもさまざまな取り組みが行われてきた．これは，可能な限り化学肥料や農薬の導入量を減らし，リサイクル（循環）型のシステムを取り込むことによって，農業生産を生態系や

自然環境と調和させ，また，食品の安全性をより高めようする新しい挑戦である．近年，環境保全型農業の推進にあたって，政策的な支援も強化されている．

ただし，環境保全型農業が経営的に成り立つためには，農業関係者だけでなく流通・外食産業や消費者が，購買行動等を通じて理解と協力を行うことが不可欠である．さらには，畜産業から排出される糞尿を堆肥として再利用し，食品産業や家庭から出される未利用有機性資源を活用することを通じて，地域内での有機循環システムを作りあげることも求められる．このような取り組みは，消費者が求める食の安全・安心と環境保全とが両立する仕組みを作り上げるためにきわめて重要なものとなるであろう．

神奈川県の農業の位置づけを見ると，県内の産業全体に占める割合は0.9%とほんのわずかに過ぎず，担い手の大半は小規模兼業農家である．しかしながら，農業の果たす環境面での役割，生態系サービスの提供という価値では，農業は非常に重要な位置にあることを忘れてはならない．県下全域に存在する多数の直売場は，いかに市民が安心・安全な農産物を求めているかの証であり，農業従事者の方でも化学資材の投入量の削減をはじめ，有機質資材への転換，天敵やフェロモン・トラップの導入など，都市近郊型農業の先進的な取り組みを行ってきたという点では神奈川県は特筆すべきものがある．

しかも，水源の森づくりと並行して，神奈川県では山の手入れを行う過程で生産される県産材をできるだけ県民に使ってもらう「森林循環」の取り組みを推進している．いずれも，地産地消という理念の具体化であり，環境保全にむけた地域からの貢献として評価しうるものである．

11.5 むすび－都市と里山をつなぐプラットフォーム構築にむけて

わが国は2005年から人口減少社会へと突入した．全国各地の農山漁村では，現在，過疎化や高齢化がさらに深刻化している．農山漁村やその後背地などの周辺地域を合わせた面積は，実に国土の約8割を占めている．その重要な役割と国民の期待感は大きいものの，経済社会的衰退は一向に改善されていない．地域社会の衰退と国土の荒廃をこのまま放置するわけにはいかないが，現実には重大かつ深刻な課題が山積している．

特に，それらの広大な地域資源，自然資源の保全管理を今後，いったい誰の手

によって，どのような方式で担っていくべきなのか，その見通しはまったく立っていないのが現状である．大都市部への人口集中と機能集積が進む一方で，多くの農山漁村は荒廃の一途をたどっている．本章の課題は，このような状況の下で，いかにすれば農山漁村を維持し，活性化させられるのか検討した．農山漁村を活性化するための新たな仕組み作りとして，本章では「自然産業」というキーワードを提示し，さらには，環境支払いを軸とする新しい政策への転換を示唆した．

　その仕組みとは，農林業・農山村の営みを軸として，できるかぎり上流と下流との連携のもと，社会的・経済的にも成り立つシステムを構築する必要がある．消費者や地域住民の意向を十分に尊重しながら，集水域全体での地域間の協働が求められている．なぜなら，現代社会がさまざまな環境問題，都市社会特有のストレスをかかえ，都市型水害などの生態リスクがますます拡大する中で，土や水や生物生態系など，農林水産業が依拠する本源的な資源の持続性を取り戻すという目標がいかに大切であるのか，社会全体がようやく気づき始めたからである．そして，この目標を達成するためには，可能な限り農林水産業そのものの営みを通じてこれを実現させることが望ましいことは明白である．さらには，自然資源を健全に維持管理する新しい担い手の確保，そして新たな政策の組み替えも不可欠である．

　以上のような観点から，神奈川県の「水源環境税」と横浜市の「横浜みどり税」という 2 つの取り組みは，里山の持つ環境価値を集水域全体で内在化させるための新しい取り組みとして，疑いなく新時代の到来を予感させるものであり，新たなチャレンジでもある．

　神奈川県は，極端に緑被率が低下して生態系サービスを喪失させつつある都市域と，人口減少と農林業の衰退が著しい中山間地域とが同居する，まさに日本社会の縮図を構成している．それゆえに，神奈川県と横浜市による環境支払いの取り組みは，人口減少時代における国土形成の新たなモデルケースとして位置づけられるであろう．なぜなら，それらは水源環境支払いと緑資源保全税という形で，ともに協働に基づく環境合理性を内包する新しい社会経済システムだからである．

　自然産業は，自然資源を基盤とする経済活動である．したがって，自然産業の展開は，自然資源の持続的な利用を通じて，分断された都市と農山漁村との関係を再編することにもつながる．自然産業の時代が本格的に到来することによって，日本社会における非持続的な状況の解決の端緒となることを期待したい．

参考文献

嘉田良平（2006）：なぜいま，自然産業を問うのか，アミタ持続可能経済研究所編『自然産業の世紀』，創森社.

嘉田良平（2009a）：環境配慮の中山間地域づくり，日本地域政策研究，第7号，pp. 305-309.

嘉田良平（2009b）：『食卓からの農業再生』，家の光協会.

第12章
持続可能な国土管理と流域圏－都市計画・地域計画

小林重敬

　これまで拡大基調で発展してきた日本は大きな転換期を迎えており，人口減少局面に入った．都市域が縮減するとともに未利用地が拡大し，耕作放棄農地も増加している．一方，気候変動，生物多様性喪失などの地球環境問題も深刻化している．そこで持続可能性が強く意識された国土形成計画への転換，都市的土地利用から自然的土地利用への転換が必要となっている．これらを背景に国土形成計画・国土利用計画では国土の国民的経営による「新たな公」としての担い手づくりを進め，流域圏における国土利用と水循環系の管理に向けて多様な主体の参画・連携の仕組みを整備し，健全な生態系を維持形成するためのエコロジカル・ネットワークを形成することをめざす必要がある．

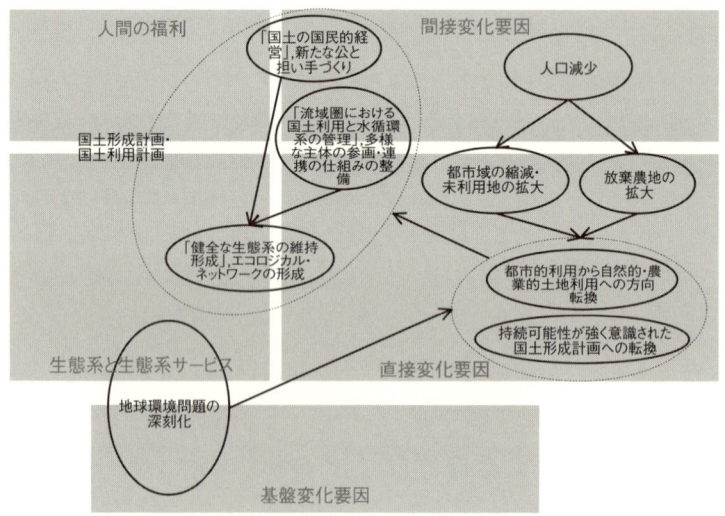

図12.1　持続可能な国土管理の内容とその必要性につながる要因の構造的整理

12.1 はじめに

　国土の利用および管理についてこれまでにない新たな動向が見られるようになっている．人口減少が始まり，都市的土地利用の縮減をもたらしつつある．さらに高齢社会の動向はその動きを加速させるとともに，高齢者をその担い手とせざるをえなくなった農業的土地利用，森林的土地利用の荒廃を徐々にもたらしつつある．

　一方，地球環境問題は土地利用に関する課題を先鋭化させるとともに，市民の地球環境問題への関心の高まりも現実化して，持続可能性を追求する「新たな公」の活動を促している．市民は上記の土地利用のさまざまな動向に対応することが期待され，現実にそのような動きが見られるようになっている．

　今日，このような2つの動きをマッチングさせる仕組みが必要である．その仕組みは流域圏の枠組みが有効に働く可能性を持っていると考えられるが，それはなぜなのか，またより具体的にはどのような仕組みが必要なのかを考えなければいけない．

　都市計画・地域計画は，現在，大きな転換期にある．それは大別して2つの側面があり，1つは都市や地域の土地利用の在り方が大きく変化し，これまでの課題であった市街地の拡大，自然的土地利用の減少に代わって，市街地の縮減，未利用地の拡大が課題となってきたことである．もう1つは，分権化の動向が進展し，これまでの行政中心の都市計画・地域計画から，計画づくりへの市民参画がすすみ，さらには計画を実現するための新たな担い手として「新たな公」が期待される状況が生まれていることである．

12.2　成長社会から成熟社会への移行に伴う市街地の縮減

　わが国は成長社会が終焉を迎え，成熟社会へ移行していると言われている．そのような変化に伴って都市づくりの面でも成長社会の都市づくりから成熟社会の都市づくりへの転換が必要であると言われている．20世紀の初頭に生まれた近代都市計画の仕組みを，21世紀の都市づくりに対応する都市計画の仕組みに組み直す必要があるとされ，現実に既成市街地再構築などの仕組みがさまざまに模索されているところである．

ところで成熟社会のあり方を考えると，成長社会が成長拡大を基調としていたのに対して，成熟安定を基調とするものであり，都市づくりの面でも成長社会の都市づくりが拡大する新規市街地形成への対応を中心としていたのに対して，成熟社会の都市づくりはすでに形成されている既成市街地の再構築が中心的な課題となると言われてきた．

しかし，これからの都市づくりは成熟安定を志向する都市づくりへ移行するとは必ずしも言えない新しい局面が生まれてきており，それこそ21世紀初頭の都市づくりの課題ではないかと思われる状況が生まれている．

つまり，先進国の中でわが国特有の局面として，国全体としての人口減少とそれに伴う都市の人口減少傾向である．そのような人口減少の影響が小さいのではないかと考えられる東京都においても，2020年の人口減少を10%と予測している（東京都, 2001）．

その結果，日本が近代社会において大都市の市街地の縮減を初めて経験することになる．近代都市計画は基本的に都市の成長を制御する仕組みとして生まれたものであり，自然的土地利用，農業的土地利用が都市的土地利用に改変されることを調整し，整序する目的を持たされていた．したがって市街地の縮減はこれまでの制度には組み込まれていない課題である．

市街地の縮減に対応する都市づくりの仕組みは，近代都市計画とは逆に，都市的土地利用を，あるいは都市的土地利用に改変する場として予定された土地を自然的土地利用，農業的土地利用（市民農園などを含む）に転換する仕組みを考えなければならない可能性さえある．

ここに従来の都市計画が都市の成長を整序して環境共生等を考えた状況とはまったく異なる状況，すなわち新しい局面にたった都市の持続可能性を考えなければならない状況が生まれている．

現在，都市計画法の抜本改正が検討されており，その中の重要な検討テーマが持続可能な都市づくりである．都市の集約化・整序が必要であり，そのためのツールの開発である．特に郊外部における土地利用の整序は単なる都市的土地利用の整序にとどまらず，耕作放棄されている農地，施業放棄されている森林地を含める必要があり，その際の重要な計画ツールは，12.6節で示す水と緑のネットワーク，あるいはエコロジカル・ネットワークと呼ばれているものであると考える．

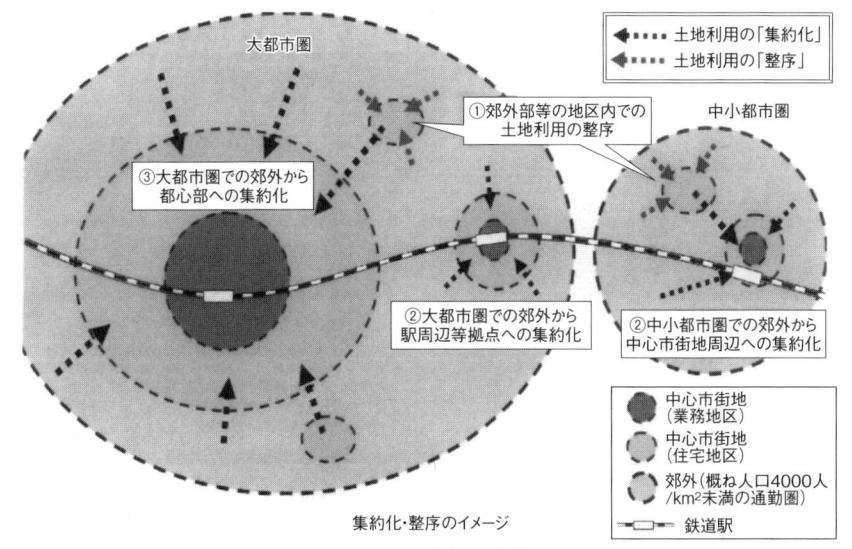

図12.2 市街地の集約化・整序のイメージ

12.3 国土形成計画と持続可能性

2007年11月にまとめられた国土形成計画は，これまでの国土計画であった全国総合開発計画の開発（ディベロップメント）を中心とした計画から，国土の広義の管理運営（マネジメント）にも視点をおいた国土計画となっており，持続可能性が強く意識された計画となっている．

国土形成計画には，望ましい国土像実現のために5つの戦略目標が設定されているが，そのうち3つは持続可能性とかかわりの深い目標となっている．

その第1は「持続可能な地域の形成」であり，持続可能な暮らしやすい都市圏の形成や，美しく暮らしやすい農山漁村の形成と農林水産業の新たな展開が含まれている．第2は「美しい国土の管理と承継」であり，循環と共生を重視し適切に管理された国土の形成や，流域圏における国土利用と水循環系の管理，魅力あふれる国土の形成と国土の国民的経営，が含まれている．また第3は「「新たな公」の考え方を基軸とする地域づくり」であり，「新たな公」の考え方を基軸とする地域づくりのシステム，多様な民間主体の発意・活動を重視した自助努力による地域づくり，が含まれている．

中でも，本書のテーマとの関連で考えると，以下の内容が持続可能な流域圏づくりと深くかかわると考える．

第1に「美しい国土の管理と承継」では，「健全な生態系の維持・形成」の項目が示され，その中に「森林，農地，都市内緑地・水辺，河川，海までと，その中に分布する湿原・干潟・サンゴ礁等を有機的につなぐ生態系のネットワーク（エコロジカル・ネットワーク）を形成し，これを通じた自然の保全・再生を図る」と記述されていることである．さらにこのような考え方の必要性は，わが国の生活様式の変化および産業構造の転換によって管理水準が低下している里地・里山の適正な保全や管理などにつながり，河川・沿岸域や都市内の低未利用地等，かつての自然が失われた環境の再生の推進につながっていく．

第2に，上記の視点は「流域圏における国土利用と水循環系の管理」の項目につながっていく．そこでは近年の流域圏の課題が整理された上で，流域圏における健全な水循環系の構築や流域圏における災害リスクを考慮した国土利用への誘導などが指摘され，さらに水循環系の適正な管理のための住民協力や上下流交流，流域意識を醸成するための多様な主体の参画・連携の仕組みの整備が必要であるとしている．

第3に，国土形成計画と同時に策定された新たな国土利用計画と相まって，持続可能な地域づくりの取り組みの展開が，「国土の国民的経営」として展開されていくことが期待されており，この点は12.5節で述べる．

12.4　国土利用計画と「持続可能な国土管理」

国土形成計画と一体的に策定された国土利用計画（全国計画）に関する本報告では，人口減少などを背景として土地利用転換圧力が低下している状況を，防災や環境，景観といった国土利用の質を向上させるための機会ととらえ，国土をより良い状態で次世代へ継承する「持続可能な国土管理」という方向性を新たに打ち出した．これらの内容は，筆者が委員長を務めた「持続可能な国土管理専門委員会」にて専門的に議論を行い，国土審議会計画部会でも審議の上，まとめたものである．

具体的には以下の3点の指摘がある．
①低未利用地を優先的に再利用することで，自然的な土地利用から他用途への

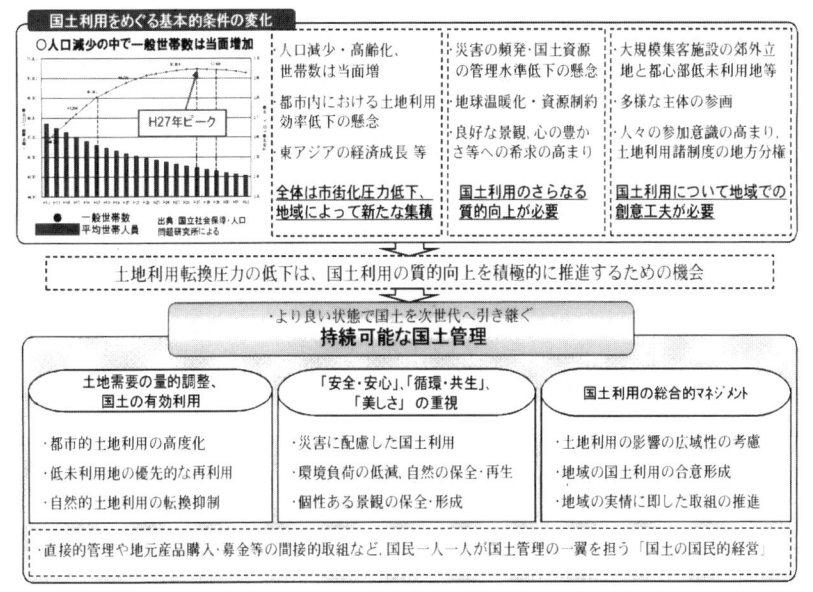

図12.3 国土利用計画（全国計画）の概要

転換を抑制すること，②環境負荷の低減や災害に配慮した国土利用へ誘導していくこと，③「国土利用の総合的マネジメント」として，地域の土地利用について，関係する多様な主体の合意形成を通じ，地域の実情に即した取り組みを促進すること，である．

また，所有者等による適切な管理に加え，住民，企業などの多様な主体が，直接的に国土管理に参加したり，地元農産品の購入や募金を通じ間接的に参加したりすることで，国民一人一人が国土管理の一翼を担う「国土の国民的経営」を新たに位置づけている．

12.5 「国土の国民的経営」

成長都市の時代は都市計画関連法と農地関連法の間に緊張関係があり，そのことがお互いの領域を侵されることにのみに関心がいき，総合的な土地利用が図れないという問題があった．しかし別の角度から見ればそれぞれの個別法が積極的に自らの領域を管理運営し，その限りでは健全な土地利用が図られていたとも考

えられる．

しかし，成熟都市の時代は都市側では「市街地の縮減」が始まっており，一方農山村側では「耕作放棄地の増大」，「施業放棄地の増大」が一般化している．このため都市と農村の間にはこれまで以上にマネジメントの不安定な，また行政側の対応する手段を持たない地域が生成されており，持続可能性という視点からも問題が大きい．

「大都市地域」における「市街地の縮減」と「耕作放棄地の増大」，「施業放棄地の増大」の間を地域づくりとしてマネジメントすることは，これまでの地方自治体の手に余る仕事である．このため縮減した市街地の将来の姿を大都市レベルで考え，その実現を図る仕組みが必要である．

それにはアジアのこれからの経済発展も視野に入れたわが国の農業，林業の将来的な展開，あるいは地球環境問題から発する持続可能性の動向との関係も考慮する必要がある．具体的には農地・森林地の選択的管理（管理水準の維持・管理水準の抑制・従来の姿への回復）と水と緑の積極的ネットワーク化，管理運営主体の多様化が考えられる．

農業，林業などの事業者などの適切な管理運営に加えて，地域づくりを担う多様な主体の成長を活かし，都市住民等の森林づくりや緑地の保全活動，地域住民

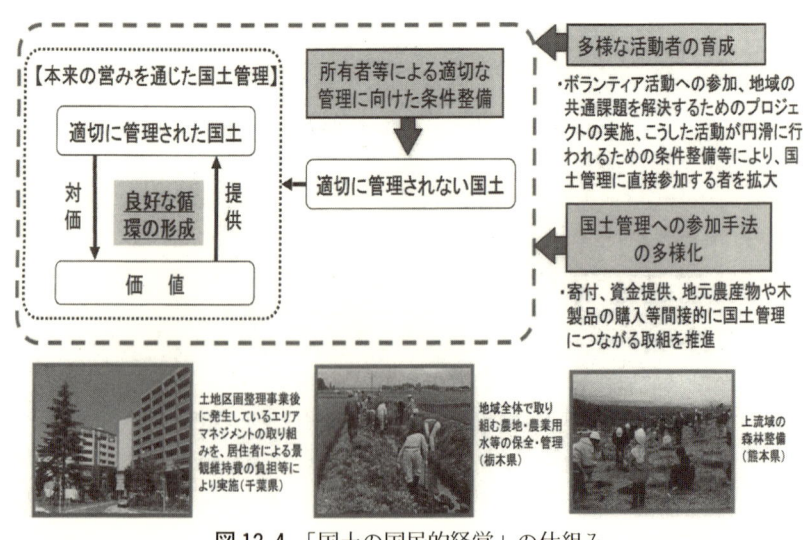

図12.4 「国土の国民的経営」の仕組み

などによる農地，農業水利施設等の保全向上活動，身近な里山や都市内低未利用地，水辺の管理などの直接的な国土管理への参加や，地元農産品，地域材製品の購入，募金や寄付などの間接的に国土管理につながる取り組み，さらに環境税などの税制の導入などを視野に入れた考え方が重要である．

12.6 流域圏アプローチによる国土管理の推進

　国土形成計画立案にあたって基礎的な検討を進めていた国土審議会調査改革部会には「持続可能な国土の創造小委員会」が設置され，国土利用の基本的な考え方が議論されてきた．その報告書（平成16年2月）には循環型・自然共生型の国土づくりをめざす具体的なアプローチとして，「流域圏アプローチによる国土管理の推進」や「流域圏単位での水管理」の推進が述べられており，この小委員会を引き継いだ国土審議会計画部会の「持続可能な国土管理専門委員会」でも流域圏の重要性は確認されている．

　その結果，これらの内容が国土形成計画（全国計画）に反映されて，報告書の第6章第1節が「流域圏に着目した国土管理」となっている．そこでは「流域圏は，水や物質の循環系と生態系のまとまりとともに，美しい国土づくりのための基礎となるものである」として流域圏に着目した国土管理の必要性を述べている．その計画内容として，まず「健全な水循環の構築」の必要性を謳っている．これらの内容は，本書のテーマである時空間情報プラットフォームの構築，すなわち流域圏の水循環シミュレーションによる可視化が大きく寄与する可能性が高いと考える．

　しかし「健全な」と謳っているように，その内容は総合的である．すなわち，「自然系，人工系を総合的に考慮しつつ（中略），健全な水循環系を構築していくため，水源かん養と適切な地下水管理，水資源の効率的利用と良質な水質の確保及び安全でうるおいのある水辺の再生を中心に，多様な主体の連携の下，流域圏における施策の総合的な展開を図る」としている．

　具体的には，流域圏全体を通じて，貯留浸透，かん養能力の保全・向上を図るとともに，地域特性を踏まえた地下水管理を図り，また水資源の効率的利用と良好な水質の確保が重要とした上で，それらの措置を通してもたらされる健全な水循環系を生かし，安全で潤いのある水辺の再生を図る必要があるとしている．さ

らにこれらの取り組みにあたっては，流域圏内における人の営みや貴重な生態系のまとまりを意識し，流域圏一体で連携して取り組むことで，水と緑のネットワーク形成やランドスケープの維持・向上を図るとしている．

この内容も本書の趣旨である「人間活動と環境保全との調和に関する研究－水，その循環の健全性と豊かな環境を求めて」に合致するものであり，健全な流域環境構築の主体となるコミュニティの形成へとつながる考えである．

さらに国土形成計画では，具体的な取り組みの体制に関して，「国土の国民的経営」につながる「多様な主体による流域連携の推進」の必要性が示されている．すなわち流域圏は，地縁的な要素を包含し，歴史や文化，さらには自然的要素にもつながる地域固有の圏域であり，流域内住民，企業などが水に関するさまざまな関係性でつながっており，これを通じて流域圏の多様な主体が情報を共有し，交流連携を促進することで，流域圏に所在するさまざまな課題に対して，流域圏一体となった取り組みが期待される．

流域圏アプローチのための課題としては，国土形成計画は以下の3点を挙げている．

①流域圏単位の総合的な計画の必要性である．この総合的計画は水と緑のネットワーク形成のために，自然系（森林，原野，河川など），半自然系（農用地，牧草地など），都市系（宅地，道路など）の土地利用の配置をネットワーク形成に向けて調整する役割を担う．

②横断的な組織の検討とNPO等との連携である．流域圏の課題を横断的に調整し，課題解決に向かうためには流域圏ごとに協議会組織が必要であり，協議会の活動を実質的なものとするためには地域のNPO組織との連携が必要である．

③さらにより具体的な活動としては上下流連携による水源管理，水質管理が必要である．上流において水源かん養機能を有する森林を流域全体で保全・管理していく必要があり，そのための基金の構築や税制度の改革が望まれる．

これらの内容のうち③にある税制度の改革については，神奈川県の水源環境保全税条例（2005年10月5日）や横浜市のみどり税条例（2008年12月5日）が本研究の関係流域圏で実現していることは注目に値すると考える（第9，11章参照）．

12.6 流域圏アプローチによる国土管理の推進　169

| わが国の自然環境の現状と課題 | ・自然環境の破壊の進行
・生物の種の減少、絶滅、移入種等による生態系の攪乱
・生物多様性保全上の危機 |

⬇ 問題解決のため方策

自然環境の保全と水と緑のネットワークの形成

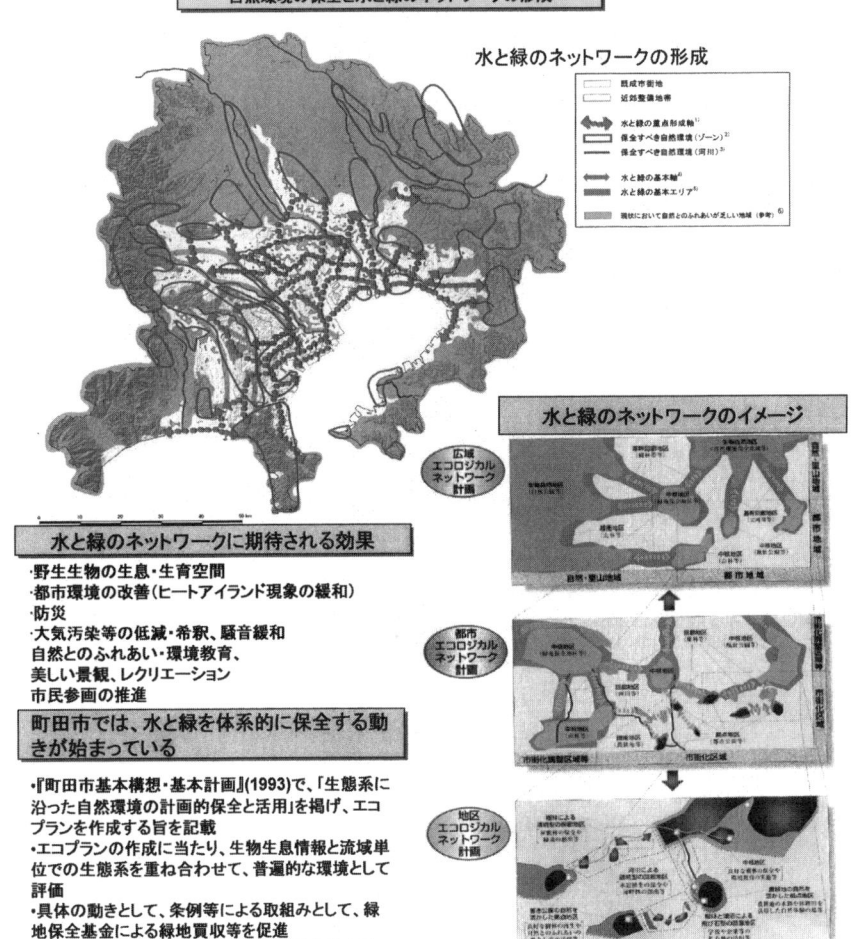

水と緑のネットワークの形成

凡例：
- 既成市街地
- 近郊整備地帯
- 水と緑の重点形成軸[1]
- 保全すべき自然環境（ゾーン）[2]
- 保全すべき自然環境（河川）[3]
- 水と緑の基本軸[4]
- 水と緑の基本エリア[5]
- 現状において自然とのふれあいが乏しい地域（参考）[6]

水と緑のネットワークのイメージ

広域エコロジカルネットワーク計画

都市エコロジカルネットワーク計画

地区エコロジカルネットワーク計画

水と緑のネットワークに期待される効果
- 野生生物の生息・生育空間
- 都市環境の改善（ヒートアイランド現象の緩和）
- 防災
- 大気汚染等の低減・希釈、騒音緩和
- 自然とのふれあい・環境教育、美しい景観、レクリエーション
- 市民参画の推進

町田市では、水と緑を体系的に保全する動きが始まっている

- 『町田市基本構想・基本計画』(1993)で、「生態系に沿った自然環境の計画的保全と活用」を掲げ、エコプランを作成する旨を記載
- エコプランの作成に当たり、生物生息情報と流域単位での生態系を重ね合わせて、普遍的な環境として評価
- 具体の動きとして、条例等による取組みとして、緑地保全基金による緑地買収等を促進
- 一部の地域では市民団体による積極的な保全活動も見られる

都市のエコロジカルネットワーク（（財）都市緑化技術開発機構編集、2000年、ぎょうせい）より抜粋

図12.5　エコロジカル・ネットワーク（水と緑のネットワーク）

12.7　国土利用の質的向上

　流域圏アプローチには「健全な水循環の構築」が中心的テーマになることは12.6節で示した通りである．すなわち，従来の国土利用が土地利用の量的なチェックであったのに対して，流域圏アプローチでは水質保全に見られるような土地利用の質的な側面が重視される必要がある．

　それはさまざまな土地利用の縮減傾向の中で，量の面より質の面の重視が必要となってきたことによるものである．すなわち，森林，農地，宅地なども質の良いものでなければ，縮減の時代には十全な土地利用としては生き残れないということである．

　国土利用の質的向上に関しては，その質的側面をめぐる状況の変化を踏まえ，安全で安心できる国土利用，循環と共生を重視した国土利用，美しくゆとりある国土利用といった観点を基本とすることが重要である．その際，これら相互の関連性にも留意する必要があることは当然である．

　安全で安心できる国土利用の観点では，災害に対する地域ごとの特性を踏まえた適正な国土の利用を基本としつつ，被災時の被害の最小化を図る「減災」の考え方や海水面上昇など気候変動の影響への適応も踏まえ，諸機能の適正な配置，防災拠点の整備，被害拡大の防止や復旧復興の備えとしてのオープンスペースの確保，ライフラインの多重化・多元化，水系の総合的管理，農用地の管理保全，森林の持つ国土保全機能の向上等を図ることにより，地域レベルから国土構造レベルまでのそれぞれの段階で国土の安全性を総合的に高めていく必要がある．

　循環と共生を重視した国土利用の観点では，人間活動と自然とが調和した物質循環の維持，流域における水循環と国土利用の調和，緑地・水面等の活用による環境負荷の低減，都市的土地利用にあたっての自然環境への配慮などが必要である．さらに原生的な自然地域等を核として国境を越えた視点や生態的なまとまりを考慮したエコロジカル・ネットワークの形成による自然の保全・再生・創出などを図ることにより，自然のシステムにかなった国土利用を進める必要がある．

　美しくゆとりある国土利用の観点では，人の営みや自然の営み，あるいはそれらの相互作用の結果を特質としており，かつ，人々がそのように認識する空間的な広がりを「ランドスケープ」ととらえ，それが良好な状態にあることを国土の美しさと呼ぶこととし，地域が主体となってその質を総合的に高めていくこと

が重要である．このため，ゆとりある都市環境の形成，農山漁村における緑豊かな環境の確保，歴史的・文化的風土の保存，スカイラインの保全，地域の自然的・社会的条件等を踏まえた個性ある景観の保全・形成などを進めるとともに，安全で安心できる国土利用や循環と共生を重視した国土利用も含めて総合的に国土利用の質を高めていく必要がある．

参考文献

国土審議会調査改革部会（2004）：「持続可能な国土の創造小委員会」報告．
国土交通省国土計画局（2007）：「国土形成計画（全国計画）に関する報告」．
国土交通省国土計画局（2009）：「国土利用の質的向上方策の具体化に向けた基礎調査」報告書．
小林重敬（2008）：『都市計画はどのように変わるか』，学芸出版社．
東京都（2001）：「東京の都市ビジョン」．

第13章
情報収集と概念フレームによる構造化

佐藤裕一・佐土原聡

　本章では第Ⅱ部の第6章から第12章までをレビューしつつ，国連ミレニアム生態系評価（MA）の概念フレームを一部変えて使い，時空間的な整理をしながら，神奈川拡大流域圏の概念的構造化を試み，次のデジタル時空間情報化を行うための前段の作業の内容を報告する．

　第6章から第8章は流域圏西部の自然が豊かなエリアである丹沢山地についての自然科学分野からの報告であり，第9章から第11章は経済学の人文科学分野から，第12章は都市・国土計画の工学分野の視点からの解説である．これだけで拡大流域圏の問題を網羅できるものでは到底ないが，その骨格は把握していただけたものと思われる．

13.1 神奈川拡大流域圏の課題の概念的骨格

　第6章に報告されているように，神奈川拡大流域圏には二重に巨大な力が加わっている．1つはプレートの地球科学的変動であり，もう1つは世界最大級の大都市東京首都圏に位置し，人工的な改変と汚染の圧力が発生していることである．いわば自然と人工の巨大な作用が会合しているのが神奈川拡大流域圏で，相乗的に影響を増幅させ人間のリスクを高めている．

　そのリスクの最大のものは，大規模地震時における大都市域の人々の生命の安全に関わるもので，過密で巨大な人口と老朽化し脆弱な都市施設ゆえ被害が甚大化する可能性が高い．大都市域に水を供給する水源機能の確保について最大のリスクは，大規模地震の斜面崩壊によるダム湖機能の低下で，それに加えて風水害による倒木・土砂流失などの災害リスクがある．大都市の人工活動由来では，公害被害が激しかった時代に比較して大分緩和されてはいるものの，大気・水汚染物質などの量がまだ膨大であることがあげられる．

　第6章から第8章の3章は神奈川拡大流域圏の水源域丹沢山地の生態系を含めた自然について報告されている．その森林生態系が荒廃して水源機能が低下していることから，第9章にあるように水源環境税が導入され，対策が実施されている．何が原因となって荒廃がどのようにどこまで進んでいるのか，神奈川県の丹沢大山総合調査によってさまざまな事実が明らかになり，目標とする森林生態系の姿が定められ，順応的管理による対策が講じられ始めている．

　これら3章の報告を構造的に整理していくと，次のようなことが見えてくる．神奈川拡大流域圏の人々が，丹沢山地では必ず起こる大規模地震に耐えうる自然，特に生態系を保全することと，また森林生態系全体はもちろんであるが，形成に時間を要する土壌を確保して，大規模地震のリスクを低減させることを最大の目標としていかなければならないことである．また，森林の荒廃は森林生態系の再生と林業生産の二兎を追える限界を超えており，あえて木材供給機能を捨て，生物多様性を回復して水源涵養機能を再生することを優先しなければならない状態にあることが指摘されている．丹沢の自然は大規模地震に対しての脆弱性を増しており，生物多様性を著しく低下させながら，土壌を流出させ，災害に対する耐性を著しく減じているといえる．

　また丹沢大山総合調査の結果は，大都市域起源の大気汚染がオゾン化して丹沢

稜線部のブナ林に影響を与え，ブナ枯れの原因となっていると指摘し，観測を開始している．第16章の窒素酸化物の大気シミュレーションでは，丹沢山麓の東名自動車道や中央自動車道の影響が大きいことも推測されている．このように大都市は域内の生態系のみならず，隣接する山林生態系に対して直接的な影響を及ぼしている．

13.2　丹沢山地の生態系の危機とその因果関係

第6章からの3章の内容をMAの概念フレームを改変したものにあてはめ，巨視的な時空間的流れから構造的に整理してみる．

丹沢山地は第2次世界大戦で乱伐され，1945年にはほぼはげ山状態にまで荒廃した．それは世界戦争という政治社会情勢が間接変化要因となり，過度の伐採という直接変化要因が作用して，森林生態系が失われ水源涵養機能という生態系サービスが大幅に低下し，それが台風時の災害となって人間の福利を脅かした，という構図である．戦後復興期には治山治水という水源涵養機能を取り戻すために，精力的に植林がすすめられた．また，戦後復興の用材需要（間接変化要因）を満たすため，林道が開発され，より奥山の自然林を大量に伐採（直接変化要因）して，そのあとにはスギ・ヒノキを植栽し人工林に入れ替える拡大造林（直接変化要因）が進められていった．一方，戦後の食料窮乏（間接変化要因）に対応するため，東京・横浜に近い丹沢山麓では果樹・茶などの商品作物の果樹園・畑地が開墾（直接変化要因）され，山麓を生息域とした野生化したニホンジカなどが追いやられたが，拡大造林で出現した一面のスギ・ヒノキの幼齢林は下草が豊富で絶好の採食地となり，個体数を大きく増加させていった．

工業製品輸出と引き換えに貿易自由化を迫られていた日本は，高度経済成長期に入り用材需要が旺盛で国内材の生産が逼迫していたこともあって，1960年に外国材輸入自由化（間接変化要因）に踏み切り，外貨事情の悪化していた東南アジアの南洋材を中心に大量に外国材がなだれ込んできた（間接変化要因）．安価な外国材は木材生産量が低下していた細分所有で規模の小さい丹沢周辺の林業家の経営状態を悪化させ，また首都圏に近く旺盛な雇用需要の他産業の就業先が豊富なことから，次々と育林主体の林業経営を放棄する（間接変化要因）ようになった．これは間伐・枝打ちの施業管理の放棄（直接変化要因）となり，人工林は

次第に林冠が鬱閉し下層植生を失い，ここを生息域としたニホンジカはえさとなる林床草本が少なくなり食べつくすことになる．林木が成長しエサの少なくなった人工林から山麓にニホンジカの他イノシシやニホンザルが下りて果樹や畑地の作物を荒らし，鳥獣被害が大きくなり駆除が行われる．

一方で高度経済成長は大規模工場を増加させ，モータリゼーションの進展は自動車交通を増大させ（間接変化要因）て深刻な大気汚染が発生（直接変化要因）して，まず丹沢山地で都市域に最も近い大山で大量のモミ枯れが発生した．また，東京・横浜の人口増大は丹沢大山国定公園のハイカーを増やし（間接変化要因），オーバーユースによる登山道の荒地化やごみ投棄（直接変化要因）を発生させている．また，京浜工業地帯や内陸工業団地の工業規模拡大と就業人口増による住宅地増は，水需要を急増させ（間接変化要因），水資源開発を加速させ次々と大型ダム（1965年城山ダム，1979年三保ダム，2001年宮ヶ瀬ダム：直接変化要因）が連続して建設されていく．ちなみに，丹沢山系は早い時期から，砂防ダムや小規模発電や取水のダム（直接変化要因）が建設されており，河川は寸断されている．

1980年代になると，中標高域のニホンジカは林床植生を食べつくし，高標高域のブナ林帯に移動していく．1990年代にはブナ林の林床のササが消え始め，第7章に詳しく紹介されているような事態が進行していくようになる．

一方で土壌流失により1947年に完成した相模湖では土砂堆積が深刻になり浚渫が開始され，三保ダムでは貯砂ダムが設置されている．第6章で紹介しているように隆起の激しい丹沢山地は岩石が削剥しやすく，土壌母岩が大量に供給されるので，土砂の流失が本来多いが，林床植生の喪失はそれに拍車をかけている．

丹沢は永く治山治水に配慮しながらの薪炭・用材という生態系の供給サービスの場であったが，1955年からの燃料革命・木材輸入自由化・林業破綻といった高度経済成長プロセスと人口増を経て，良質・大量の水資源の生態系供給サービスとレクリエーションの生態系文化サービスの場に完全にシフトしている．しかし本来十分に管理されることで多面的機能が発揮される人工林が，国際的な貿易自由化の影響からの林業破綻により放棄されて荒廃し，それが大規模な丹沢山地全域に及ぶ森林生態系撹乱を起こして，大量の土壌流失を招いている．これが水源涵養力を劣化させ，景観を荒廃させて，生態系供給・基盤・調整・文化サービスを著しく低下させている．丹沢の森林生態系は危機にあり，林業が破綻し用材

生産と水資源確保という多機能並列を可能とする段階をすでに大きく超えており，拡大流域圏人口900万や首都圏の需要を満たすため，丹沢森林生態系の水供給と文化のみならず治山・治水や浄化の基盤・調整サービスの可能性を最大限に引き出すことに努力を傾注すべき段階にきている．

　この場合，最大の目標は関東地震のような直下プレート型の大規模地震においてもダムの機能を保持することで，900万県民の生命線を守ることである．そのための強靭な森づくりを目指すべきであるが，現在の放棄荒廃する人工林はそれとは対極の姿にある．地震に強い美しい生態系とはおそらくその土地本来の森林生態系であろうが，荒廃人工林から生態系のシナリオに基づいてそこへ導いていかなければならないにもかかわらず，われわれに十分な知見があるわけではない．特に重要なのは水源涵養力を保持し，大量の炭素を貯留できる森林土壌を保持再生することである．形成に千年単位の時間を必要とし，瞬時に流出していく森林土壌をいかにして保持再生していくかが喫緊の課題である．したがってこのような森林生態系の再生には100年単位の時間を費やさなければならず，その間の継続的な人間の安定した関与が求められる．

　神奈川拡大流域圏はこの100年間，1923年の関東地震に始まり，第2次世界大戦の戦災と，大規模な自然破壊を代償とした高度経済成長による人口急増と社会変貌，そして44年にわたる冷戦の終結と急速なグローバル経済化と産業空洞化，人口減少と少子高齢化の急進と，めまぐるしい人間社会の変化を体験している．これから社会変貌のスピードが一層加速化していくことを考えると，今後100年にわたって継続して安定的に丹沢の自然生態系と関係していくことがいかに困難であるかが予想される．

13.3　神奈川の丹沢大山自然再生施策，水源環境税と水源環境保全再生施策

　人間の政治経済の営みが，間接変化要因として作用して，土地改変・破壊や汚染を引き起こし，生態系を変化させ，結果として生態系サービスを劣化させ，それが人間の福利を脅かしていく．これがMAの示す概念枠組みでの因果関係の流れである．生態系サービスを向上させるためには，人間の社会的合意である政治決定が下され，社会制度や経済システムを変更し，それが土地管理の変更や汚

染発生を制限し，生態系に及ぼす人工的な物理化学的作用が変更されることが必要である．それに生態系が反応して変化し，その結果生態系サービスが変化していく．このスパイラルが善循環方向に100年前後継続されて初めて，大規模地震にも耐えられる丹沢の森林生態系と安定した水源涵養機能が担保され，生態系サービスが持続的に提供されていく．

　神奈川の場合，丹沢について2つの対応が並行して進められ，それが統合して体系化しつつある．1つは丹沢の生態系荒廃に対する危機感に端を発した自然保護の延長線上にある丹沢大山自然再生計画に基づく施策で，生態系そのものを直接的に対象とした施策である．第7章はそれに関するレポートである．もう1つは，地方分権一括法による地方独自の税制に基づく施策が出発点のものである．こちらの視点は生活環境税の設置による環境対策を行うことを目的としており，水源環境の劣化による水のリスクを回避していくためのものである．そのために対象としているエリアは神奈川県民が上水道源としている相模川・酒匂川流域の大部分となり，丹沢山地はその一部である．現在最初の5カ年計画が進行中で，詳細は第9章で報告されているとおりである．良質の水の確保が目的で，水という生態系サービスを確保するために，水源域の生態系を保全再生するということになる．したがって丹沢域では丹沢大山自然再生施策も水源環境保全再生施策も表裏一体で行われている．

　問題は丹沢以外のエリアで，そこでは人為的行為が水源の水質に直接的に影響を与えている．1つは相模川・酒匂川の下流取水堰の水源域となる相模原市・厚木市等の中下流域の人口密集都市域から流れ込む支流の水質の問題であり，もう1つは2つのダム湖相模湖・津久井湖に流入する山梨県桂川流域の水質問題である．特にこの2つのダム湖は1970年代から富栄養化が進み，慢性的にアオコが発生している．このダム湖から神奈川県は直接取水しており，水源域の隣県山梨県を水源環境施策の対象とするという困難が発生する．またこれら富栄養化とアオコ発生のメカニズムが解明されておらず，これについては第19章で現在の時空間情報プラットフォームを活用した解析の成果を報告する．

　「かながわ水源環境税」は良質の水の確保とそのための水源環境保全を目的とするもので，水源環境税施策はその目的を果たしているかどうかでその良否が判断される．このような判断をするためには，水源環境保全付加価値や林業付加価値を比較解析する手法や，社会経済動向などの間接変化要因と直接変化要因と生

態系，生態系サービスのつながりを追跡し関係性を評価する手法を開発する必要がある．これについては第9章で触れられているとおりである．神奈川の水源環境税は5年ごとの見直しを行うことになっている．効率的施策投資が行われたかどうかを適切に評価判定し，次の5カ年計画に反映されることを期待したい．

また「かながわ水源環境税」の設置にあたっては参加型税制ということが謳われ，成立後も県民会議が設置されて施策推進の透明性が目指されている．また隣県桂川の住民との関係も課題で，アオコ問題のメカニズムを解明して，適切な対応を導き出す必要もある．

13.4 拡大流域圏の域外依存

都市は成立時から余剰農産物によって支えられており，現代の大都市は地球規模でさまざまな生産物を外部依存することで成立している．神奈川の場合，取水水源が県内であることから水資源自給県といわれている．しかし，第10章で報告されているように，農産物や工業製品の生産過程での水消費を大量に域外に依存する，水資源移輸入県である．すなわち日本や世界各地の水資源に依存することで900万県民の暮らしが成立している．それを端的に示しているのが，1990年代の県内水利用量低下による「水あまり」である．並行して進行しているのは，第2次産業製造業のウエイトが比較的高い神奈川県が急速に第3次産業にシフトしていることである．1989年の冷戦終了は製造拠点の海外立地と国内製造業の空洞化を招いており，水資源消費の少ない知識集約型産業主体に転換することで，流域圏内での水消費を減少させながら，水消費量の大きい製品を海外で生産し輸入することで補う形になっている．

高度経済成長期の旺盛な県内製造業水需要にあわせた水資源開発は供給先を失い，「水あまり」を宣言し量から質への転換を図っている．それが水源水質の向上に向かい，水源環境保全再生施策に結実している．このことは重要な示唆を含んでおり，高度経済成長が1990年のバブル崩壊とともに終焉し，社会が量の拡大から質に転じた時に，神奈川県は新たな税による投資を水源環境の質向上へ向けたということである．これを政策担当者がどこまで認識していたかは不明だが，高付加価値産業化する都市産業の利益資金と県民の収入から税という形で徴収し，それを県民合意のもとに水源山間地の環境保全に投資して，政策成果もモニタリ

ング公開していくという，きわめて先駆的な施策を実施している．おそらくこの先にイメージできるのは，日本の人材を集約して一極集中した大都市，特に東京首都圏が高度な知識集約産業拠点となり，貿易黒字を獲得しながら，その利益の一部を地方の環境保全再生に向けて，滞在型観光地となっていくという「頭脳立国」と「環境立国」「観光立国」が並列した国土である．これが地球規模にまで拡大し，水資源依存先の域外，特に海外での水源環境保全に振り向けられるなど，国際的な環境システムとなった時，地球規模の生物多様性の問題が解決に向かうのかもしれない．アイデアとしては，水環境負荷の高い農産物や製品などから環境連帯税のようなものを徴収して，それをODAなどで還元していくなどのことが考えられている．神奈川の施策はそのようなものの萌芽となるものであろう．

13.5 新たな担い手とコモンズの形成

　1980年代の中曽根内閣から小泉内閣までの行政改革の新自由主義路線は，国際競争力のない産業の事実上の切り捨てを行ってきた．特に1985年のプラザ合意による円高容認は，輸入品の価格を下げ，貿易の自由化とともに消費が低迷する農林水産業を直撃し，後継者を失い放棄農地を続出させた．また，国内製造業の空洞化が進展し，地方都市の衰退を招いている．

　2006年に人口減に転じた日本は，急速な少子高齢化で，中山間地では急速な過疎化が進行して，限界集落が続出し消滅している．これまで農林水産業を営むコミュニティが維持されることで，農業の里山的多機能性が保全されてきたが，これから進行していくのは農山村での管理放棄地の続出である．それは生態系の撹乱を招き，丹沢と同様の生態系荒廃の事態が進行して，結局は下流都市域を支える生態系サービスが劣化していくことになる．したがって丹沢と同じ課題を解決していかなければならなくなってくる．日本の生態系の土壌を守り，生態系の基盤・調整といった国土の基盤となるサービス機能を引き出し，メンテナンスしていく仕組みが必要であり，そのために生態系の知識を持った国土維持の担い手とその産業が求められてくる．それは生態系サービス産業であり，第11章で言う「自然産業」であろう．

　第12章で指摘するように，人口減少高齢化は大都市でも着実に進行していく．現在東京都市圏でも都心回帰・一極集中が進行し，首都圏辺縁部では人口減少が

始まり，横浜市でも南部地区では人口が減り始めている．このような郊外部ではすでに空き家・空地が出現し，コミュニティが維持できず，問題となり始めている．

2009年横浜市は「みどり税」を設置し，横浜市内の緑地・農地を確保し，市民協働で管理していく横浜みどりアップ計画を推進している．それは新たな共有地の獲得と共同管理を目指しており，身近な緑地・農地を確保し都市内の生態系サービスを確保していこうというものである．実は横浜市民は神奈川県民でもある．横浜市民は足元の自然生態系と遠くの水源環境保全に税負担をし，積極的に関わっていこうという意思決定をしたことになる．ちなみに神奈川県は日本で一番研究機関が多く立地し，知識集約産業の担い手が多く居住している県である．そのような住民に支えられて地方自治体がきわめて先駆的な意思決定を下していると言える．

横浜市に南接する鎌倉市での鎌倉八幡宮裏山御谷の住宅団地開発に端を発した反対運動は1966年古都保存法に結実したが，この時都市の自然景観が文化的な価値を有しているという考え方が日本に定着した（鎌倉市，2010）．またこれ以降市民が環境債を購入して里山をコモンズとして保持していくという実践がなされている．すでに1915年に横浜市は，水道水源地山梨県道志村の面積の3分の1にあたる県有林を買い受け，以来道志水源林として管理してきている．これらの伝統が神奈川には脈々と流れており，水源環境税やみどり税はその歴史につながるものである．

13.6 概念的構造化と時空間情報化へ向けて

第6章から第12章までの7つの分野の研究者のレポートを，概念的にMAの生態系と人間の福利を生態系サービスで結ぶ枠組みで繋ぎ合わせていくと，これまで述べてきたような構造が見えてくる．当然，より細かく各要因間の関係性を見ていくことも可能であるし，実際の施策実践の場合はより厳密に構造化する必要もある．しかし，流域圏という本質に関わる骨太の概念的構造をまず見出し，それに異なる分野の多様な手法を加えながらより強固な概念構築物にしていく過程が不可欠である．その場合の基本的な考え方は第I部でも紹介したニューロン・モデルである．各分野の主体が自らの関心を基に思考の神経索を伸ばし，異

分野の主体とシナプスにあたる交信の場を形成していくようなあり方が望ましい．

　そのようなシナプスの形成の場を提供するのが，本書の主題となる時空間情報プラットフォームである．時空間属性で各分野の情報がつながり，重なり合うことから，動的で刺激的な発見が生まれてくる．次の第Ⅲ部では，時空間情報データの地圏・水圏・気圏の自然3圏データの実際と，GIS を中核とした統合データ・ベース・システム，ウェブでのテレビ会議と時空間情報プラットフォーム・システムとの連動によるマルチメディア・コミュニケーション，時空間情報プラットフォームを活用した事例を紹介したい．

参考ウェブサイト

鎌倉市ホームページ（2010）：http://www.city.kamakura.kanagawa.jp/keikan/kotohozonhou.html

第III部

時空間情報の処理とプラットフォームの構築

　第II部の概念フレーム上での構造化を時空間情報化する方法について解説する．

　地表面の人間圏，生物圏を大きく規定している基盤変化要因である地圏，水圏，気圏については，それぞれ第14，15，16章に述べられている．第14章で地下の地質構造をボーリングデータや地質に関する文献資料に基づき，3次元の立体モデルとして構築する．それを用いて，第15章で地質立体モデルを六面体の集まりとしてモデル化して扱い，各面の水の透過率，水を含むことができる内部の空隙率をパラメータとして水の流れをシミュレーションし，水の3次元的な流れを再現する．さらに第16章で気象モデルに基づく大気循環シミュレータについて解説している．ここでは大気循環の結果として生じている，窒素の大気による移動と沈着を例にシミュレーション結果を検証している．これら3圏の時空間情報が地表の人間圏，生物圏の時空間情報の関係性を解析する上で基盤となる．

　第17章では第II部の概念的構造化に基づき定量的分析を行うために，基盤変化要因と重ね合わせて分析する地表の人間圏，生物圏の時空間データを整理するとともに，分析ツール，基盤変化要因のデジタルデータを活用するためのプラットフォームのプラットフォームとなるGISについて解説している．

　さらにこれらGISで扱われる時空間情報基盤を，遠隔地間でハイビジョン映像により結んで共有しながら議論ができる，ハイビジョン遠隔ネットワークのマルチメディアシステムを第18章で解説している．このシステムでは，時空間情報基盤からのデータを遠隔地間で同時に映しだして同期するポインタなどを使いながら解像度の高いデータを共有することができる．

　以上のプラットフォームを用いてどのように概念的構造化に基づく時空間情報化を行って，構造的な因果関係に基づく定量的な解析を行うことができるか，行動の構造化につながる協働を実現するかについて，第19章で具体例に基づいて解説を行っている．

第14章
地下構造のモデリング

堀伸三郎

14.1 はじめに

　構築する地下構造は，相模川や金目川流域の水循環を地表水・地下水連成でシミュレーションするための地質モデルとなるもので，シミュレーション結果に大きく影響すると思われる表層部を構成している第四紀以降の地質の分布構造が主たる対象である．

　表層地質の分布はローカルな地形状況，火山活動，地盤変動などを反映した分布となることから，広域的なモデル構築のケースでは，地質平面図と限られた数の地質断面による2次元的な地下構造の情報だけではモデルの構築が困難な場合が多い．このため，各地層の堆積環境などを考慮した構造発達史的な観点を反映させた地質境界面構造（堆積基底面，堆積面，貫入面，断層面など）を，空間的な広がりを持ったコンターなどの3次元情報として地質技術者が提供することがモデル構築に不可欠である．

　地質図の地下構造に関する情報は，地質分布と地形の関係，地層・断層などの走向傾斜や褶曲などの構造，地質断面図，地層面等高線図，等層厚線図（アイソパックマップ）などとして示されていて，既存資料として地層面等高線図（地層の重なり境界を示すコンター）があれば，座標を付加することで3次元化ができる．しかし，地層面等高線が示されている資料は多くない．とくに，広域にわたる資料としては，沖積層や上部更新統の一部を除き記載はほとんどない．したがって，多くの場合，モデル構築にはオリジナルに地層面等高線を作成し3次元情報とすることになる．

　地形図に重ねられた地質分布境界線は3次元的な情報を含んでいる．この境界線と地層を構成する堆積物や堆積環境の記載から地質境界面を等高線として3次

元情報として提示することは，地質学的素養があればある程度可能である．

流域圏の地下構造モデルの作成では，地質技術者自らが地質境界面等高線を作成するとともに GIS ソフトとグラフィックソフトを用いて 3 次元デジタル化，可視化している．

14.2 拡大流域圏の 3 次元地質モデルの構築

14.2.1 地形・地質概要

日本列島のほぼ中央に位置する神奈川県は，地形的には台地や丘陵が広がる比較的なだらかな東部と，丹沢山地，箱根火山などの山地からなる西部で特徴づけられている．

拡大流域圏としては相模川－桂川の上流涵養域となる日本最大の火山体である富士火山も含まれている．また，構成する地質は，約 1 億年前から数百年前までに形成された火成岩，変成岩，堆積岩，火山岩など多様である．

神奈川西部は，太平洋プレート・フィリピン海プレート・北米プレート・ユーラシアプレートという 4 つのプレートがぶつかる地質学的には地球上でも特異な位置で，これらの運動により丹沢山塊や伊豆半島の付着，プレートの沈み込みによる海溝やトラフ，火山フロントの形成などの現象が起きている．これら現象の表層でのあり方として丹沢山地，大磯丘陵や多摩丘陵の形成，箱根火山，愛鷹火山，富士山などの火山，活断層の存在，相模平野や足柄平野などで沖積層や洪積層が堆積する深い谷地形の形成となっている．

14.2.2 神奈川拡大流域圏の地下構造

図 14.1 は神奈川拡大流域圏のデジタル地質図で，独立行政法人産業技術総合研究所（2006）の 1/20 万シームレス地質図をベースに GIS で作成した．1/20 万シームレス地質図から，古第三紀付加体・新第三紀堆積岩・新第三紀火山岩類・深成岩類（第三紀花崗岩類）・前中期更新世堆積物・前中期更新世火山岩類・後期更新世堆積物・後期更新世～完新世火山岩類・後期更新世～完新世火砕流・完新世堆積物・完新世降下テフラ・砂丘・水域に区分している．なお，古第三紀付加体，新第三紀堆積岩の地層については区分を簡略化している．

図 14.1 をベースに 3 次元地質図化したものが口絵 7 である．図は DEM（Dig-

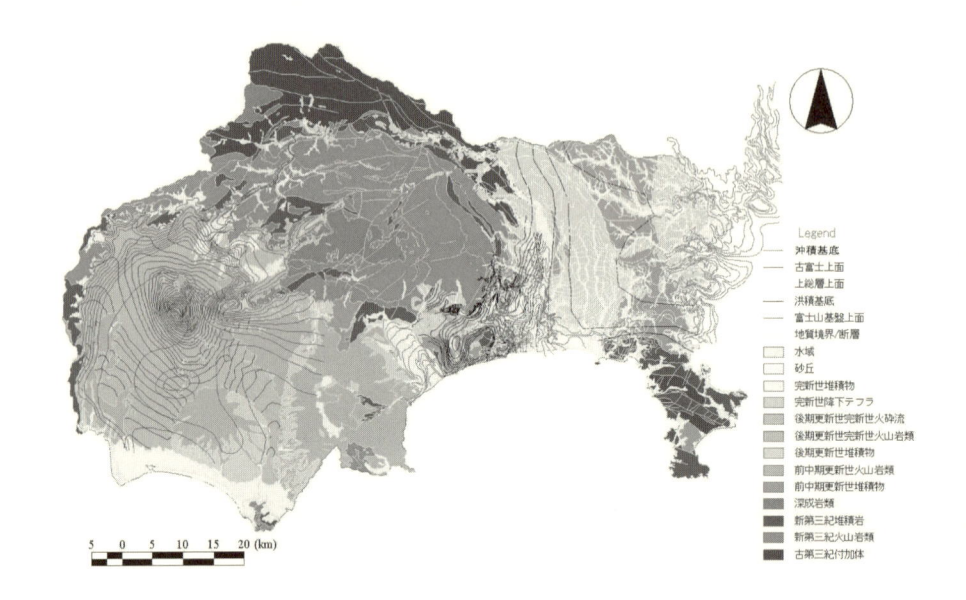

図 14.1 神奈川拡大流域圏のデジタル地質図
　GIS で流域水循環シミュレーションのための地下構造モデル構築を目的として編纂した．産総研（2006）をベースに作成したもので基底面コンターの追加と地質区分が一部簡略化してある．

ital Elevation Model）と地質図画像を重ねたものではなく，地質ごとにブロック化した TIN モデル（Triangulated Irregular Network）である．このことにより地表地質分布と地下地質分布とを一連の地質境界面として表現できる．
　地質図を 3 次元化したことで山地，丘陵，平野などの地形と構成する地質との関係が理解されやすくなっている．また，相模湾の海底地形図（海上保安庁海洋情報部のデータから作成）と合成して表示することで，国府津・松田断層の海底への延長や，酒匂川下流域の沖積堆積構造は相模湾の海底谷に延長しているが相模平野の沖積地形が海底では不明瞭（陸上部から連続する海底谷が見られない）であることなども見えてくる．
　図 14.2 は，約 2 万年前以降の堆積物である沖積層を剝ぎ取った立体地形図である．高さ方向は 5 倍に誇張してある．相模川下流域，酒匂川下流域の沖積層基底面地形が表現されている（沖積層底面の形状は，関東地方土木地質図編纂委員

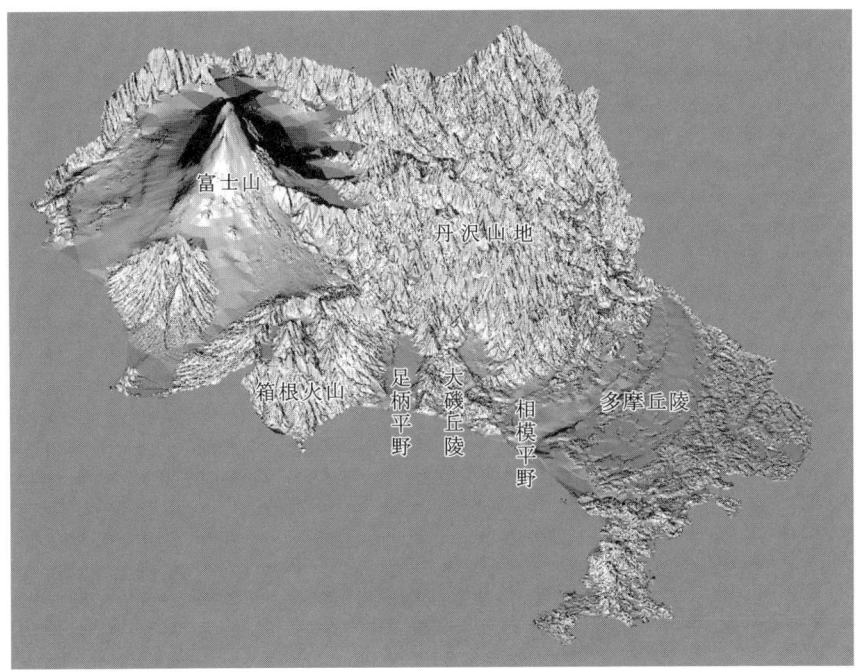

図 14.2 沖積層を剝いだ地形
富士山は古富士の山体である．足柄平野と相模平野の深い沖積谷が顕著である．

会（1996），森ほか（2008）をベースに作成した）．富士山の部分では，完新世の火山活動の現在の富士山の噴出物を剝ぎ取ると約 1 万年前の古富士山体の地形となる．

図 14.3 は，上総層上面の等高線（岡，1992）を一部改変して作成したもので，約 40 万年前以降の堆積物である更新世中期以降（下総層群相当層）を剝ぎ取った立体地形図である．富士山，愛鷹山の形成以前の地形となる．図 14.2 同様高さ方向は 5 倍に誇張してある．大磯丘陵や秦野盆地では第三紀層の丹沢層群や三浦層群の上面，多摩丘陵では第三紀鮮新世から第四紀前期更新世の上総層群（黄和田相当層）の上面となる．図 14.3 から本地域の重要なテクトニクスである相模トラフでのスラブの沈み込み運動に伴う相模湾沿いの隆起や，その南側部の秦野盆地や大磯丘陵中心部，相模平野などでの沈降構造が見えてくる．とくに，相模湾に面した部分が高まっていて，上総層堆積以降の相模川下流域低地の沈降構

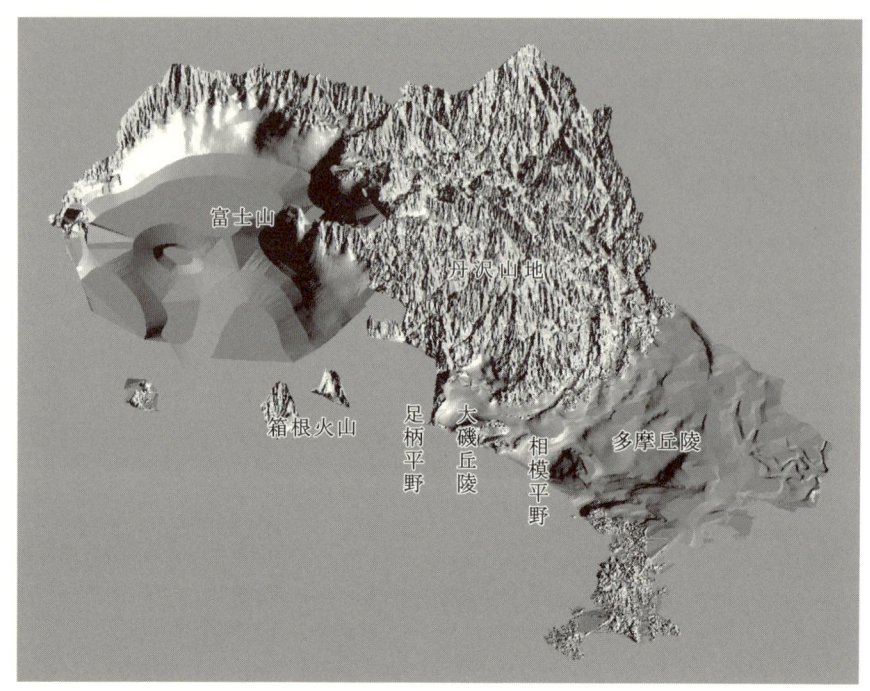

188　第 14 章　地下構造のモデリング

図 14.3　更新世中期以降の地層を剝いだ地形

　富士山では古富士，小御岳，愛鷹火山がなく，第三紀層の基盤岩からなる広大な凹地となっている．秦野盆地，大磯丘陵では洪積層基底，多摩丘陵では上総層上面となる．箱根，足柄平野に関しては情報がなく，推定であってもモデル化できなかった．

造が明瞭である．この構造は図 14.2 に示した深さ 50 m を超える沖積谷の形成に引き継がれている．

　図 14.4 は，大地形を規制しているプレート境界断層，すなわち 1500 万年前の沈み込み帯である藤ノ木・愛川断層，現在の沈み込み帯である神縄断層，国府津・松田断層，相模トラフを 3 次元表示した．傾斜については暫定的に東西性のものは北に 45 度，南北性のものは垂直な断層として，深さ 5000 m までを表示した．また，主要構造線から派生した渋沢断層，伊勢原断層などの大磯丘陵，秦野盆地を規制する活断層も表示した．断層システムの 3 次元化により丘陵や盆地の中規模地形構造を規制している活構造の関係が見えてくる．

　図 14.5 は口絵図 7 を流域西方上空から俯瞰した図である．図では，富士山体の下部構造，沖積，洪積基底の構造を加えてある．西部の富士火山について先第

14.2 拡大流域圏の3次元地質モデルの構築　189

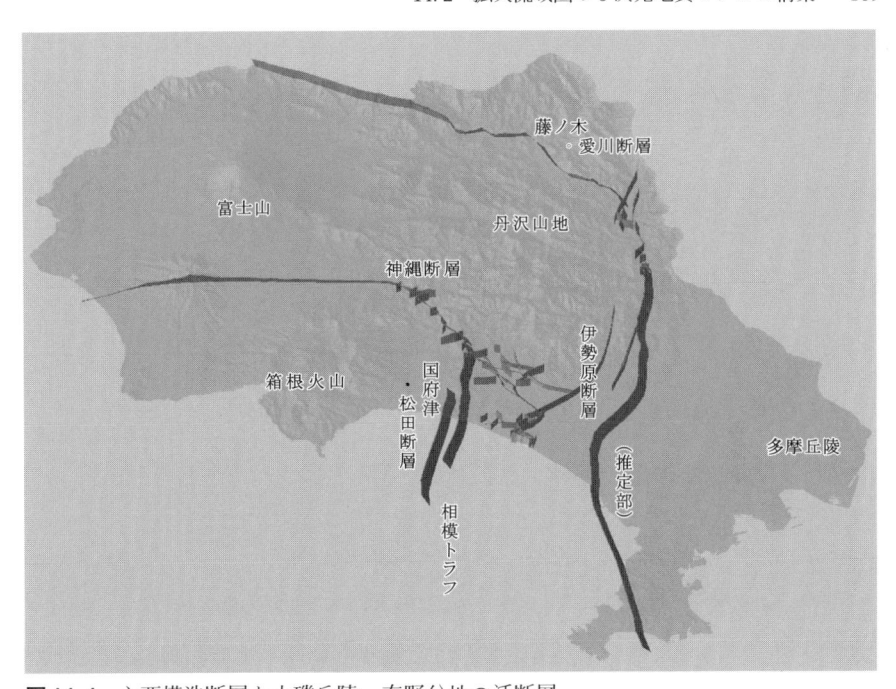

図 14.4　主要構造断層と大磯丘陵，秦野盆地の活断層
　地形図と重ねて表示．東西系の断層は45度北傾斜，南北系の断層はほぼ垂直として断層面を作成した．

三紀堆積岩・第三紀堆積岩からなる基盤岩，古富士火山体斜面，旧期溶岩・新規溶岩（図では非表示）の分布堆積構造を3次元化した．富士山地質の下部構造については国土地理院の1/5万火山土地条件図「富士火山」（国土地理院，2003）をベースに産総研や科学技術庁が実施したボーリング調査結果（吉本ほか，2003；藤井ほか，2004）などで確認された小御岳，古富士山体の位置をコントロールポイントとして古富士山体を構築している．沖積層や洪積層の基底面は平面的な広がりに対して深度が浅く，面での表示では堆積盆の構造がかえってわかりにくいため等高線表示とした．西側上空から俯瞰することで，富士山北東斜面の地下水が旧期溶岩類である猿橋溶岩の割れ目構造を流れ，桂川中流域に直接流出する構造が読みとれる．

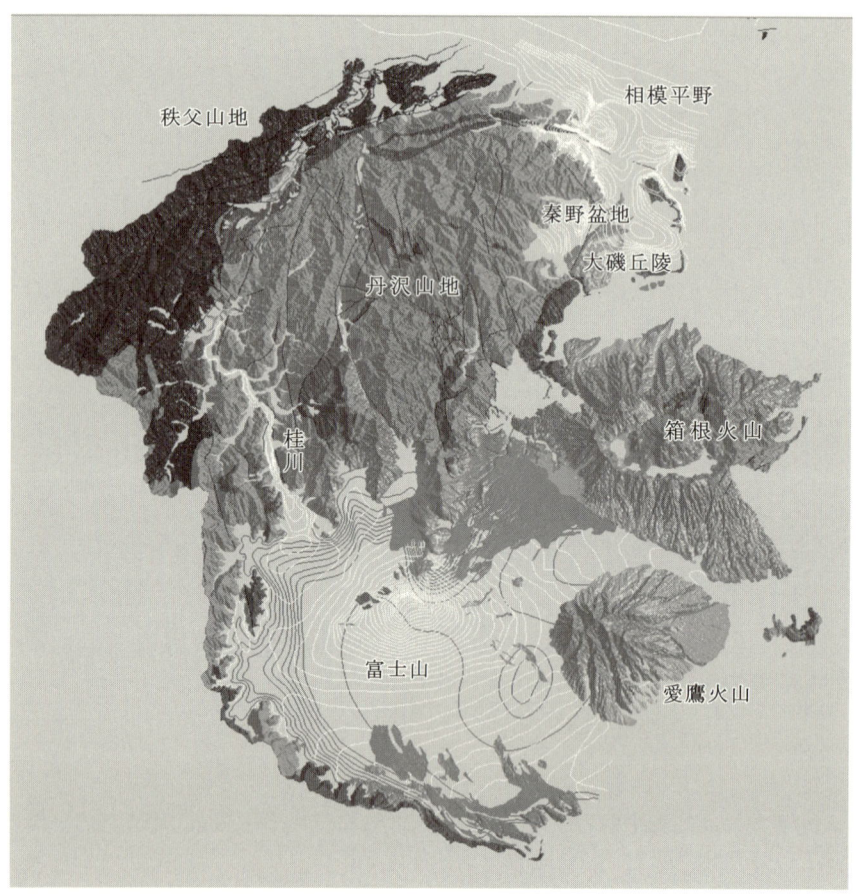

図14.5 口絵7の3D地質図を西側上空より俯瞰した図
更新世中期以降の地層は除去. 古富士山体および洪積基底面は白線, 富士山の基盤構造は灰色の等高線で示した.

14.2.3 相模川流域の地質構造

流域全体の地下構造を3次元デジタル化したデータとして東京都土木研究所 (2005) の「関東平野 (東京都) 地下構造調査成果報告書」がある. 構造図は物理探査結果をベースに作成されていて1/20万表層地質図との整合性は図れていない.

図14.6はそのデータから相模川流域の範囲を抽出した相模川流域の地下構造

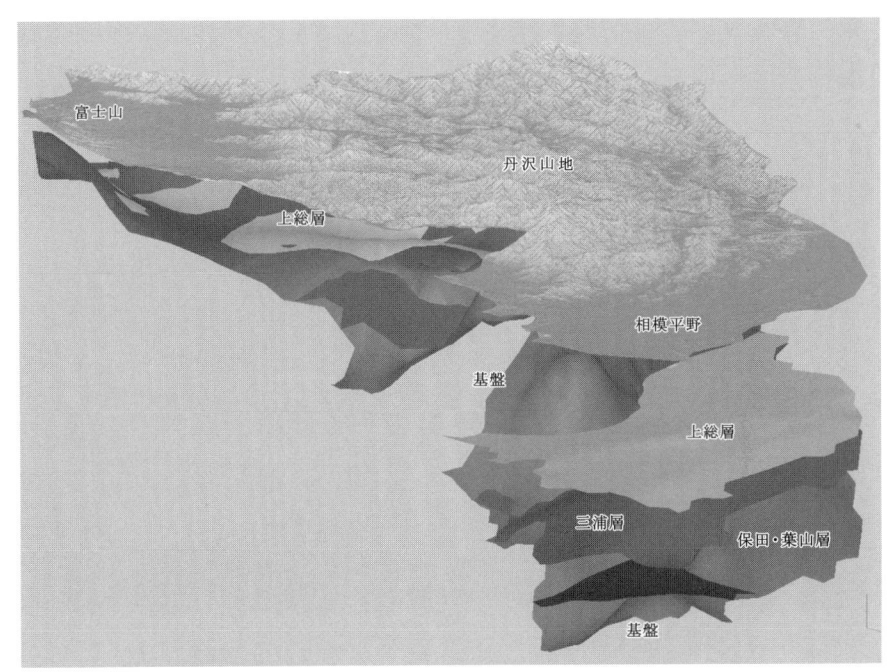

図 14.6 相模川流域の地下構造モデル（東京都土木研究所，2005 より作成）
　地表地形はそのままに地下の構造は高さ方向を 10 倍に誇張して表示．14.2.3 節で述べる相模川流域水循環シミュレーションの地下構造モデルである．

である．地層境界面は，基盤（e 層），保田・葉山層（d 層），三浦層（c 層），上総層（b 層）である．相模川以西については解像度の低いデータとなっている．データでは地層間の接合関係は考慮されていないので地質層序の検討から地層の接合関係を構築した．図では丹沢山地で基盤が急激に高まり地表面（丹沢山塊中心部）でカコウ岩類が分布する構造が読み取れる．

14.2.4　金目川流域 3 次元地質モデルの構築

　図 14.7 は金目川流域の 3 次元地質モデルである．金目川流域については沖積，洪積境界面のより詳細な情報が存在することから，これらの情報を反映した 3 次元モデルを作成した．
　金目川下流域平塚市周辺には，平塚市博物館が作成した沖積層下面の等高線が公開されていることから（平塚市博物館，2007），等高線をトレースし 3 次元化

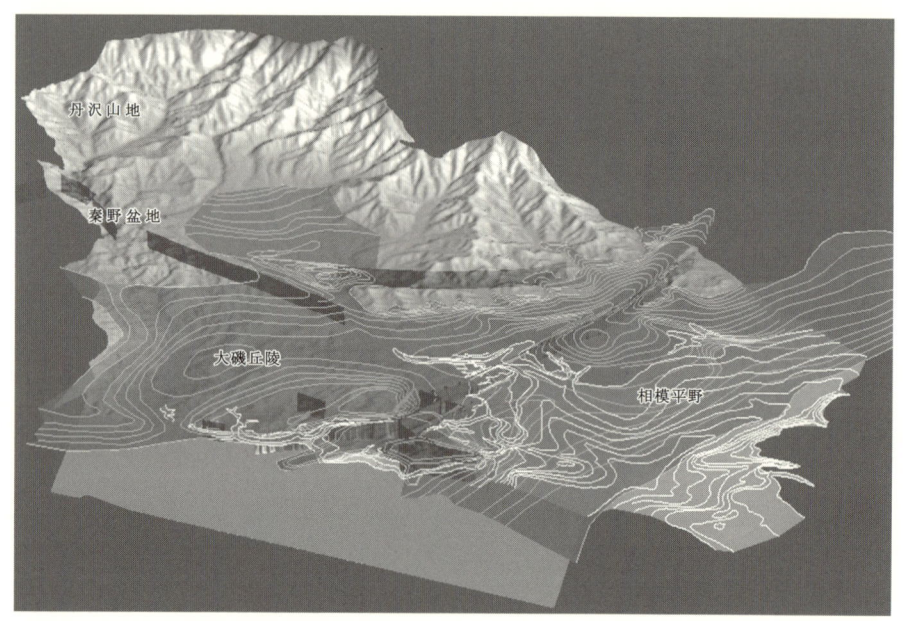

192　第14章　地下構造のモデリング

図 14.7　金目川流域の地下構造モデル
　白い線は沖積基底等高線，灰色線は洪積基底等高線．断層構造，地層面構造と重ねて表示してある．14.2.4 節で述べる金目川流域水循環シミュレーションの地下構造モデルである．

した．洪積層の下面の情報は神奈川県温泉研究所（2005）より引用した．活断層については，平塚市周辺は平塚市より，秦野盆地については中田・今泉（2002）の情報をベースに作成した．
　南北に延びる伊勢原断層により洪積層の堆積構造が大きく変形，規制されていることが読み取れる．また，渋沢断層が秦野盆地の南側を大磯丘陵により盆地を流れる水系の流路を規制している状況も読み取れ，このことは地下水流動構造にも大きく影響していると推定できる．
　図 14.8 は，秦野盆地の GIS による地質構造検討図で，ボーリングデータ，電気探査データおよび既存文献に示されている活断層，褶曲構造などの活構造，地表での丹沢層群（基盤）の分布を GIS 上に展開し，洪積世堆積物基底（基盤上面）の等高線を作成した．この図は検討段階（作業仮説）のもので，神奈川県地域活断層調査会（1998）などから想定可能な活構造をすべて載せている．

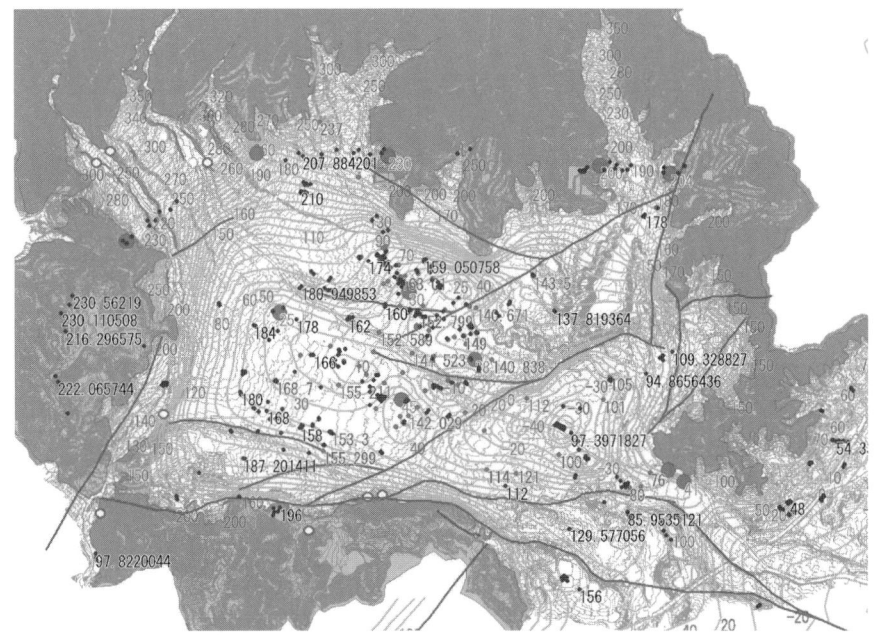

図 14.8 秦野盆地地下構造検討図（GIS による作業画面）

　ベースの地形図は 1/2500 都市計画図である．黒点はボーリング地点，数値はその孔口標高．白丸は踏査による基盤岩確認地点．やや大きな丸は電気探査による基盤確認地点．灰色ラインは推定した活断層（神奈川県活断層調査に示されている断層と作業仮説として加えた断層）．うすい灰色の等高線は洪積基底面の等高線（10 m 間隔）．いちばん深い部分では標高 −40 m で地表からの深さは 100 m を超えている．

　図 14.9 は，図 14.8 の等高線を基に基底面を作成したもので，高さ方向を 10 倍に誇張してある．3 次元表示したボーリングデータと，位置を示す道路データも重ねて表示した．山地との境界は河床堆積物，土石流堆積物，崖錐堆積物などを剝いだ地形と接合できるようにしてある．洪積層基底の構造を誇張表示することで，丹沢山地の隆起と渋沢断層で画される大磯丘陵の隆起による鍋底型の盆地構造が明瞭となり，秦野盆地が丹沢山地の水を集める巨大な水瓶であることが容易に理解できる．

　図 14.10 は，秦野盆地の有力な帯水層である G2，G3 層を検討したボーリング情報とともに 3 次元表示したものである．秦野盆地については TP（東京軽石層）と AT 火山灰を鍵層として洪積層中の礫層，ローム層を区分したボーリング

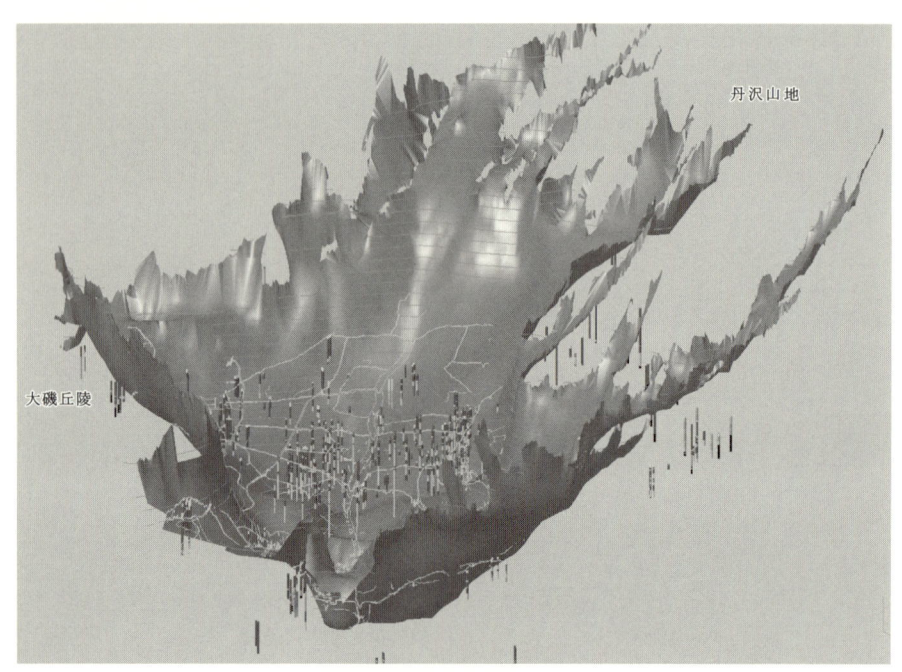

194　第 14 章　地下構造のモデリング

図 14.9　秦野盆地地下構造（洪積基底）の 3D 表示（深さ方向は 10 倍に誇張）
　道路データ，ボーリングデータを重ねて表示している．地下水涵養の器として見ると 3 億 t 以上の容量となる．

データが利用できることから（平塚市），洪積層内部の堆積構造の検討が可能である．重ねて表示している面は有力な帯水層となっている G2 礫層，G3 礫層である．ボーリングデータと重ねて表示することで G2, G3 層を推定した根拠が明瞭となる．3D で表示するために秦野市提供のエクセルデータ（秦野市，2003）を柱状図の半径（図では柱状の半径は 10 m としてある），地層ごとの色指定などボーリングデータを柱状表示に変換するためのエクセルマクロを作成している．

14.3　ボーリング情報の 3 次元化

　ボーリングデータは多額の費用と労力を投じて得られた地下に関する貴重な情報資産である．特に主たる生活空間である平野部や盆地の地下構造の把握はボーリング情報に依存する割合が高い．ボーリングデータをモデル構築の根拠として

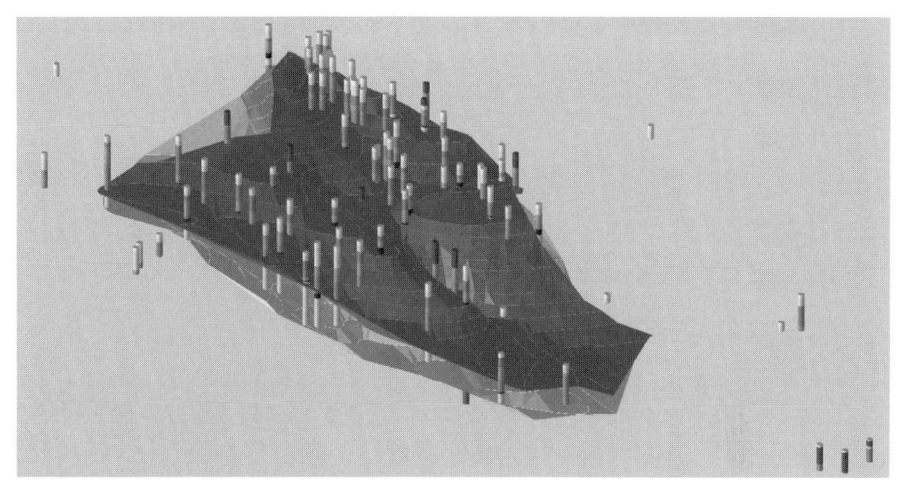

図 14.10 秦野盆地有力滞水層の 3D 表示

年代が明らかなテフラ（TP，AT）により層序学的な検討が加えられたボーリングデータをベースに作成した有力な滞水層となる礫層（G2 上面，G3 下面）の構造．ボーリングデータと重ねて表示することで構築した面構造の妥当性が理解できる．

使うだけでなく，ボーリングデータを地下構造モデルに重ねて表示することで情報の粗密によるモデルの精度を確認でき，精度を高めるために必要な追加ボーリングの位置選定などの情報も共有できることから地下構造に関する理解が深まると期待できる．

近年，ボーリング情報は国民共有の資産であるとしてインターネット上で公開される傾向にあるが，ボーリングデータの多くは地盤強度などの工学的な情報取得のために実施されたもので，地質学（層序）的な検討がなされている例は少ない．また，地層区分されていても広域情報として統一した情報とするには，地質学的な再検討が必要である．多くのボーリングを対象に地質学的な検討を加えることは大きな労力が必要である．そのため，労力を少しでも軽減し解釈を容易とするテキスト編集が可能となる拡張機能，3 次元画面上で直接ボーリングデータを編集するシステムをグラフィックソフトの拡張機能として構築した．

図 14.11 は，平塚市の 1030 本のボーリング情報，森ほか（2008）などに示されている沖積，洪積の境界面をさらに詳細に区分する目的で 3 次元化し編集処理している段階の図である．

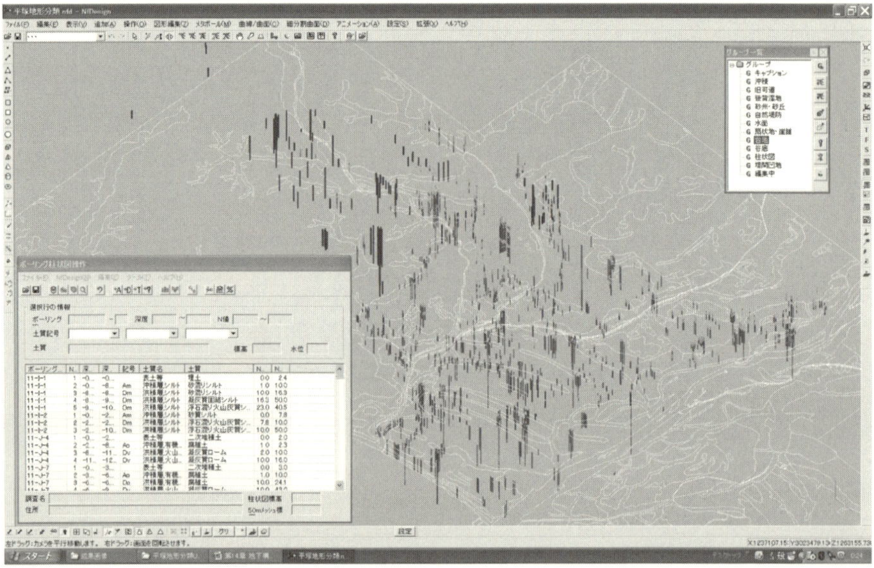

196　第14章　地下構造のモデリング

図14.11　グラフィックソフト上での平塚市ボーリングデータの編集作業
　地形区分図（森ほか，2008）を重ねて表示．ポップアップした編集画面で地層区分の編集を行うと3D画面に反映される．地形や地層面などとボーリングデータとの空間解析，任意断面表示機能などを用いることで大量のボーリングデータの層序検討が効率よく行える．

　収集したボーリングデータを3Dグラフィック上で処理する流れは，以下の2段階からなる．

14.3.1　地質技術者の判断基準を条件とする地層区分の検索・分類

　平塚市のボーリングでは，土質区分に用いられている土質名称は500以上であったが，これを地質学的な検討を加えて30程度に絞り込んだ．
　N値（固結度），色調，構成物質，土質区分，鍵層などから地質学的に検討して判断することとなるが，平塚市での地質学的研究成果（平塚市博物館，2007）を踏まえて暫定的な地層区分を，①N値10以下は沖積層，②ローム，火山灰質と記載されているものは洪積層，③岩，岩盤と記載されている土質は第三紀層以前の地層，④貝殻混じりは海成，腐食土混じりは陸成層，とした．

14.3.2 3次元グラフィック上での空間関係による分類

図 14.11 はボーリングデータを 3D 画面上で編集する画面である．元の図では，青い部分が選択された柱状で，ポップアップした画面で地層区分の変更，標高，色などのテキスト編集が可能になり，編集結果は 3D 表示に反映される．任意の位置についてボーリングを断面上に投影表示する機能を有することから断面での層序検討が可能である．図では地形区分（白い線）とボーリング柱状を重ねて表示し，地形区分で台地と区分された範囲のボーリングデータを選択表示して地層区分を編集している．上面，下面など地形・地質区分ポリゴン，地層の面によるデータの選択が可能である．

14.4 まとめ

コンピュータの高性能化に伴い，広域の地下構造を反映した形での 3 次元シミュレーションが実務レベルで行われるようになってきて，広域地下構造のモデル化のニーズは増大している．

広域的な地質を対象とした場合，地質情報は偏在していて統計的手法や数学的曲面で複雑な地質構造を再現するのは困難である．とりあえず面の構築までをコンピュータに任せ，それをベースに地質家が編集する方向性もあるが，地質家にとって 3 次元画面での編集は相当の慣れが必要で，慣れ親しんだ等高線ベース（2 次元）での作業のほうが 3 次元的なイメージも得やすいと考えている．

ここで紹介した地下構造のモデリング方法は，地質技術者自らが地質学的な解釈を加えた地質編纂作業を GIS やグラフィックソフトの機能を使って行うものである．したがって，データの 3 次元加工の過程で地質技術者の解釈が入るし，3 次元化の段階で新たな解釈が見えてくることも想定される．このためには，地質技術者が比較的容易に扱えるシステム，地質技術者が紙ベースで地質図，地質断面図を作成するプロセスに近いプログラムであることが望ましい．

実際の流れは紙ベースで行ってきた作業をコンピュータ上でやることを目指しているが，紙ベース作業の慣れと融通性をタッチパネルなどの技術でコンピュータにどこまで持ち込めるかが今後の課題である．

参考1－地下構造モデリングの手順
(1) 座標系
　グラフィックソフトや数値シミュレーションでは緯度経度系単位での表示，解析ができないものが多いため，地球楕円体から数学座標系に変換する．神奈川県は平面直角座標系のⅨ系に入るが，相模川山梨県，静岡県にまたがる富士山はⅧ系となることから，両地域を含むUTMの54系で表示した．
　なお，現在主流のGISソフトの多くは座標系に自動対応しているが，dxf，csv，txtなどでのデータ受け渡し段階では属性情報が失われるため，世界測地系と日本測地系，緯度経度系と数学的座標系との関係を理解しておくことが重要である（国土地理院，1998；飛田，2002など）．

(2) 使用ソフト
　GIS：スーパーマップDeskpuro 2008（日本スーパーマップ株式会社），TNT-mips（Micro Images社）
　グラフィックソフトおよび点群処理システム：GeoDesign，SinpPS（株式会社オートファクトのNfDesignをベースに立体地下構造作成ツールとして機能拡張したソフト，防災技術株式会社）

(3) 作業手順
　今回実施した3次元地質モデル作成の手順を簡単に述べる．
① 既往地質情報の収集および編集（ボーリング，地質文献，刊行物）
② 情報のデジタル化，GIS化
ⅰ） 紙資料などスキャナーで取り込んだラスタデータに地球座標系の付与（レジスタ処理）
ⅱ） ラスタデータをベクタデータに変換（等高線情報の抽出，自動処理，アナログ処理）
ⅲ） GIS編集機能によりデータの加筆修正・合成・分解した上で，標高・地層名などの属性情報を持ったポリゴン，ライン，ポイントデータを作成．
　　隣接する地質分布境界を一致させる1つの方法は，上位（時代が新しい）の地層から順にポリゴンを作成し，下位の地層が上位と重なる部分の境界はオーバーレイ解析のクリッピングやイレース機能を用いて作成する．
③ GISデータをグラフィックソフトで読み込み可能な3次元データに変換．
ⅰ） 緯度経度系からUTM54系に変換．
　　地質境界面等高線を3次元ポイントデータ/ラインデータとしてdxfファイルでエクスポート（dxfファイルはAutodesk社AutoCADのフォーマットで

あるが，多くの GIS，グラフィックソフトがサポートしている）．
ii) 地層の平面的な分布範囲をポリゴンで示し dxf ファイルでエクスポート．
iii) 地形データを3次元ポイントデータ/ラインデータとして dxf ファイルでエクスポート．

　今回は，国土地理院の 50 m DEM をポイントデータとしてインポート，ポイントデータの座標変換（旧緯度経度系から新 UTM54 系），ポイントデータを属性情報としてある標高（dZvalue）を z として3次元データに変換した後 dxf フォーマットでエクスポート．50 m DEM でも神奈川拡大流域圏ではデータで 250 万以上ポイントデータとなることから SimpPS で 100 万ポイントに間引いた．

④　3D グラフィックソフトによる作業（処理の多くは GIS ソフトでも可能であるが，点群処理に適したグラフィックソフトでの処理のほうが作業効率は高い）
i) ポイント，ライン情報に面を貼る．頂点の連結．
ii) 各地質の範囲ポリゴンによる不要な面の削除（GeoDesign の拡張機能）．

　地質分布に対応する地形ブロックが作成されるので，これを合成表示すると 3D 地質図ができる．同様の図は地質図画像を DEM に重ねて作成（テクスチャーマッピング）することでもできるが，本図の地質範囲はそれぞれ DEM から取得した標高情報を持っており地下構造と連続した面とすることが可能である．

iii) ブーリアン演算処理による地層面・断層などの接合関係の構築．

　断層面の3次元化は意外と面倒である．地表面とのブーリアン演算で断層面と地表面を一致させる．垂直に近い面は座標軸を変更した上で面を張り，その後軸を戻す，などのテクニックが必要である．

iv) 地層のグループ化．
　複数の図形（地層・地形・断層）を同じ名前ごとにグループに分ける．
v) 地層・断層の彩色．
　それぞれの地層・断層ごとに色をつける．
vi) 地形の彩色（テクスチャーマッピング）．
　地形のグラデーションをつける．
vii) 地形と地層，断層の合成（完成した地層と断層，地形を一度に表示する）．
viii) 色を明るくする（編集用光源を使用）．
ix) 地形や地層を必要に応じて透化する．
x) 地質断面図，水平断面図，パネルダイアグラムなどの作成．
xi) 必要に応じてビデオ画像の作成．
xii) GIS プラットフォームのデータベースとして共有するために dxf データ，

csv データ，vrml データとしてエクスポート．

> **参考2－地下構造に関する地球科学的情報**
> 地下構造に関する地球科学的な情報には次のものがある．
> 　地表情報：地形図（コンター，DEM），航空写真，衛星画像，土地利用図，地形分類図など
> 　地質情報：地質平面図（地質境界線，走向傾斜，褶曲構造，断層，地質層序，地質時代），地質断面図，地質境界等高線，等層厚線図，ボーリング柱状図など
> 　地質年代情報：同位体年代，テフラ（火山灰），磁化，フィッショントラック（鉱物に刻まれた宇宙線の通過の痕跡，痕跡の数から年代が推定できる）など
> 　古環境に関する情報：化石，花粉，堆積物など
> 　工学的情報：N値，各種検層（ボーリングの掘削孔壁などを利用して行う物理探査），土質試験，岩石試験，地下水位など
> 　地球物理情報：電気比抵抗構造，重力構造，震源分布構造，地熱構造，地震波速度構造など
> 　近年，情報公開化の流れに沿って国や自治体が作成したこれらデータの多くがデジタル化されたデータとして公刊されてきている．たとえば，産総研（2006），東京都土木研究所（2005），若松ほか（2005）など．

参考文献

岡 重文（1992）：関東地方南西部における中・上部更新統の地質，地団研ブックレットシリーズ1，地学団体研究会．

海上保安庁海洋情報部：海底地形図（デジタルデータ）．

神奈川県温泉研究所（2005）：神奈川県中・東部地域の大深度温泉井の地質および地下構造．

神奈川県地域活断層調査委員会（1998）：秦野断層・渋沢断層に関する調査，日本測量協会．

関東地方土木地質図編纂委員会（1996）：関東地方土木地質図及び解説書．

国土地理院監修（1998）：『数値地図ユーザーズガイド 第2版補訂版』，日本地図センター編集・発行．

国土地理院（2003）：1/5万火山土地条件図「富士山」．

産業技術総合研究所（2006）：1/20万シームレス地質図（デジタルデータ）
　http://iggis1.muse.aist.go.jp/ja/top.htm

東京都土木研究所（2005）：東京都及び周辺地域の3次元地下構造図.
中田　高・今泉俊文（2002）：『活断層詳細デジタルマップ』東京大学出版会.
秦野市（2003）：秦野市地下水総合保全管理計画，提供ボーリングデータ.
飛田幹男（2002）：『世界測地系と座標変換』，日本測量協会.
平塚市：提供ボーリングデータ.
平塚市博物館（2007）：平塚周辺の地盤と活断層.
藤井敏嗣代表（2004）：「富士火山の活動の総合的研究と情報の高度化」科学技術振興調整費成果報告書.
森　慎一・平塚地質調査会（2008）：平塚市域における地震地盤特性，平塚市博物館研究報告「自然と文化」，第31号，平塚市博物館.
吉本充宏・金子隆之・中田節也・藤井敏嗣（2003）：富士山ボーリングからなにがわかったか，「富士山はどこまでわかったか―最近の科学的成果と防災」，日本大学文理学部富士山シンポジューム.
若松加寿江・久保純子・松岡昌史・長谷川浩一・杉浦正美（2005）：『日本の地形・地盤デジタルマップ』，東京大学出版会.

第15章
地圏水循環のシミュレーション

登坂博行

15.1 はじめに

　陸域生活圏（地圏）には水圏から気圏を経由して水蒸気が運ばれ，降水がもたらされる．そのうち一部は蒸発して大気に戻り，残りの大部分は液体の水として河川水・湖沼水・地下水となり，最終的に海洋に戻る．図15.1に地圏の水の動きの概念図を示した．このような水の動きは陸域自然環境を形成する最大要因であり，そこに住む人間および動植物に必須の恵みをもたらすとともに，時として水災害・土砂災害によりそれらを破壊する主体でもある．地圏における水の動きを知ることは，生活域の環境を知り，環境と調和した社会（環境からの恩恵の最大化・被害の最小化・環境への加害の最小化）を考える上でたいへん重要となる．
　本章では，水の動きを追跡するための数値シミュレーション技術の概要を紹介し，実際に神奈川県を包含する大領域や内部小領域における河川・地下水流動系を描き出した事例に関し報告する．

15.2 陸域水循環とシミュレーション

　陸域の水は大きく表流水と地下水に分けられ，前者は地表面上の水（河川や湖沼の水）であり，後者は地下の土壌や堆積層，火山岩層などの間隙中に存在し流れている水である．
　われわれが環境評価や防災対策などを実施する上で知りたいことは，たとえば，ある河川のある地点をある瞬間にどの程度水が流れているか，地下にはどこでどの程度の水が浸透し（あるいは湧出し），どのように動いているか，どの程度汲み上げて利用できるか，などである．しかし，これらはいかに専門知識があって

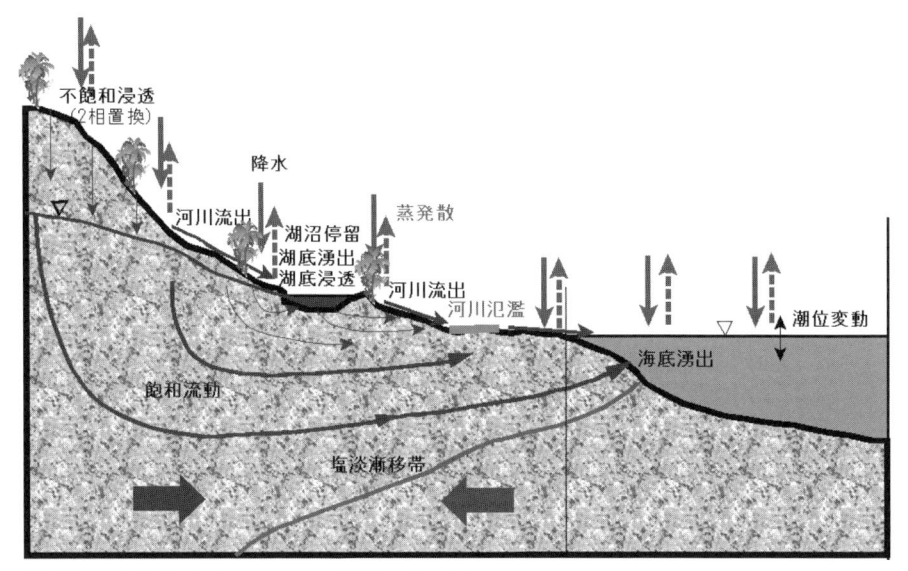

図15.1 陸域を中心とした水循環系の概念図
　地表での降水，蒸発散，河川流出，地下の浸透，飽和流れ，および淡水と海水の均衡で生じる塩淡漸移帯が描かれている．

も人間個人では知ることは不可能で，もちろん簡単に計算できるものでもない．

　そこで，水の動きに関連する自然条件（気象条件，地形条件，地質・水理条件），および人間活動の情報を集約して計算機上に「模擬自然」（モデル）を作り出し，数値シミュレーションにより追跡しようという発想が出てくる．これ自体もたいへん難しいことに変わりはない．しかし，「水は方円の器に従う」と言われるように，その流れは物理法則にすみやかに従うことがさまざまな研究からわかっている．注意深く整合的にモデリング・シミュレーションを行えば，現象のより深い理解，より信頼性のある評価につながるものと考えられる．

　ここでは，シミュレーションの基本となる地表と地下の流れ，それらの相互作用を包含した数理シミュレーションモデルに関して，その概要を紹介しておきたい（登坂ほか，1996；登坂，2002，2005a, b，2006；Tosaka et al., 2000）．

15.2.1　地表流・河川の流れ

　斜面の地表流や河道の流れは，道路の側溝内の流れと同様，自由水面を持つ浅

い水深の開水路内の流れとして近似される．細かな渦や断面内の速度差などを無視して平均的に水の塊がどれほどの流速で動いているかを考えよう．水塊に作用する力は，①水路勾配に沿う重力による加速，②底部や側面での摩擦力による減速，③水深勾配による加速あるいは減速，があり，これらが速度変化を生み出す．

傾斜した開水路中の等流状態の流速 v には，次のようなマニング則が知られている．

$$v = \frac{R^{2/3}}{n}\sqrt{\left|\frac{\partial z}{\partial x}\right|} \tag{15.1}$$

ここで，R は径深（矩形水路の場合，$R = \dfrac{Wh}{W+2h}$，W は水路幅，h は水深），x は河床に沿った軸，z は河床標高，n はマニングの粗度係数である．これは，傾斜による下方への重力と壁面からの摩擦力が釣り合った流れ（水深差がなく加速も減速もしない平衡状態の流れ）である．

この流速公式を基本として，運動量保存則から寄与率の低い速度項，慣性項を無視すると次の流速公式（拡散波近似）が得られる（登坂ほか，1996；登坂，2006）．

$$v = -\frac{R^{2/3}}{n}\sqrt{\left|\frac{\partial z}{\partial x} + \frac{\partial h}{\partial x}\right|}\,\mathrm{sgn}\left(\frac{\partial z}{\partial x} + \frac{\partial h}{\partial x}\right) \tag{15.2}$$

粗度係数の値は，一般的な河床では 0.01-0.04 程度（自然河川ならおおよそ 0.025 程度）と考えられる．草地や森林地の表面の粗度係数（等価粗度係数）はずっと大きくなる．河川は蛇行，渦，河床の乱れなどがあるが，平均流量としてのハイドログラフはこのような式でかなりよく再現できることが多いことが多数の流出解析の研究からわかっている．より一般化した表現の詳細は登坂ほか (1996)，Tosaka et al. (2000) をご覧いただきたい．

15.2.2　地下の流れ

地表から地下への浸透，地下から地表への湧出，地下の内部の流れは，土壌・岩石の粒子間の細かな間隙網を通じて起こり，河川の流れよりはるかに「遅い流れ」である．19 世紀中葉に，ダルシー（A. Darcy）は砂を管に詰め水で飽和した装置で実験を行い，次の関係を見出した．

$$v = k\frac{h_1 - h_2}{L} \tag{15.3}$$

ここで，v[m/s]は流速（単位断面積あたりの流量），k[m/s]は比例定数，h_1, h_2[m]はそれぞれ上流側，下流側の水頭（ある点に水管を立てた時の管内水面の標高），L[m]は試料の長さである．言葉で書けば「単位断面積の砂柱を通る水の流量は水頭差に比例し，長さに反比例する」ということになる．比例定数kは透水係数と呼ばれる．直感的にも理解しやすい形で，ダルシーの法則と呼ばれ，以降の地下水研究の基本形となってきた．なお，これはフーリエの法則（固体中の熱の伝導），オームの法則（導体中の電気の流れ）などと同じ形である．

実際の地層中を考えると，地表面は乾燥しており，浅いところでは間隙に空気が入り込み，必ずしも水で飽和してはいない．このような状態では，固体間隙と流体間で毛管現象（タオルやスポンジなどが水を吸収する力）が生じ，単純なダルシー則では表現できないようになる．ダルシー以降の研究から，その場合には次の一般化されたダルシー流れとして書けることがわかっている．

$$v_p = -\frac{Kk_{rp}}{\mu_p}\frac{\partial \Psi_p}{\partial x} \tag{15.4}$$

ここで，添え字pは水相（w），空気相（a）のどちらかを表し，Kは浸透率[m^2]，k_{rp}は相対浸透率，μは粘性係数[Pa・s]，Ψ[Pa]はポテンシャルで以下のように書ける．

$$\Psi_p = P_p + \rho_p g z, \quad P_p = P_a - P_{Cp} \tag{15.5}$$

ここで，ρは流体密度，gは重力加速度，P_{Cp}は毛管圧力であり流体飽和率の関数である．

この形は，地表からの降雨の浸透降下，地表への湧出，さらに油や有機溶剤の流れにも応用できる非常に一般的な表現となっている．

15.2.3 地表と地下の水の往来

河川を流れる水は，降雨時と無降雨時では異なる．降雨時には山岳斜面から素早く近くの河道に達した雨水が河川網により集められるが，無降雨時には降雨時に地下に浸透した水（地下水）が河川に湧き出し表流水として流れている．

地表と地下の間の水の往来は，地表水のポテンシャルと地下水のポテンシャルの差によって起こる．地表水のポテンシャルは地表面にかかる水圧から計算でき，直下の多孔質体の水理ポテンシャルは気相圧力，飽和率，毛管効果を基に表現で

きる．この勾配によりダルシー型流動による相互交換が行われると考えられる．具体的な計算法は登坂ほか（1996），Tosaka et al.（2000）を参照いただきたい．

15.2.4 流れの式を解く

地表・地下の流れの式は，微小領域における質量の保存則として，1次元では次のように書くことができる．

$$\begin{aligned}\{(\rho_\mathrm{w} v_\mathrm{w} A)_{x-} - (\rho_\mathrm{w} v_\mathrm{w} A)_{x+} - \rho_\mathrm{w} Q_\mathrm{w, man}\}\Delta t &= (\rho_\mathrm{w} V_\mathrm{w})^{(n+1)} - (\rho_\mathrm{w} V_\mathrm{w})^{(n)} \\ \{(\rho_\mathrm{a} v_\mathrm{a} A)_{x-} - (\rho_\mathrm{a} v_\mathrm{a} A)_{x+}\}\Delta t &= (\rho_\mathrm{a} V_\mathrm{a})^{(n+1)} - (\rho_\mathrm{a} V_\mathrm{a})^{(n)}\end{aligned} \quad (15.6)$$

ここで，添え字wは水，aは空気を示し，ρは密度，添え字$x-$は微小領域の左側，$x+$は右側への流出，$Q[\mathrm{m}^3/\mathrm{s}]$は取水（揚水）量，$V$は領域内の水や空気の体積を示す．最初の式が水の質量保存，第2式が空気の質量保存である．流速vは地表ではマニング則を，地下では一般化ダルシー則を代入すればよい．

通常の水循環を考える場合は，水と空気に関する上2式を圧力，水飽和率に対して解く．地表水深は圧力から換算される．これにより，地表の河川流と地下の不飽和・飽和流動系の同時追跡，準動的氾濫解析が可能となる．なお，これらの式中のパラメータは状態量である圧力，水飽和率に依存して変化するため，非常に解きにくくなる．数値解法としては有限差分法と反復法を組み合わせて解く．

15.3 神奈川拡大流域圏の水の動きを俯瞰する

本節では，前記の数値シミュレーション手法を利用し，神奈川県を中心とした広域の水の動きを推定する試みについて紹介する．

図15.2は対象領域の全体図と流域界を描いたものである．西・北側は富士山，丹沢山塊などの山地分水界をつないだ境界線，東は東京湾，南は相模湾，駿河湾の一部を含む海域境界線で区切ったものである．富士山を含めてあるのは，領域内の大河川である相模川水系が富士山山麓からの表流水や地下水の供給を受けていると考えられるためである．箱根以南の伊豆半島は本流域に影響を与えないことから除外してある．これを神奈川拡大流域圏と呼ぶことにする．まず，この領域内の自然状態の水の流動系を描き出すモデルを作り計算してみよう．

15.3 神奈川拡大流域圏の水の動きを俯瞰する　207

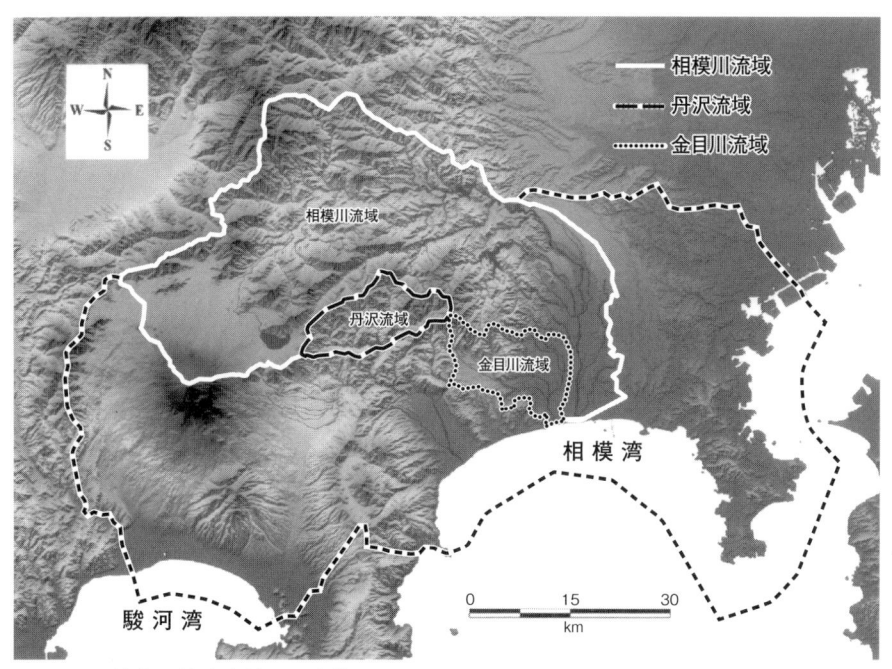

図 15.2 神奈川拡大流域圏の全体図
陸域の地形に分水線を描いたもの．図中の実線は各河川の流域界を表し，太い点線は数値モデルの境界線を表す．

15.3.1 モデルの設定

自然スケールの水の動きを計算するためには，次のような条件を与える必要がある．

- 水文条件：降水量，蒸発散量，地域的降水量分布
- 地形：陸域の地形，沿岸部では海底地形
- 土地利用：森林，水田，畑地，都市などによる地表面の違い
- 地質・水理構造：地層の間隙率・浸透率・毛管圧力などの物性分布
- 人間活動：河川取水，地下水揚水，生活・産業排水などの位置と量

このような情報は種類により量や信頼性に差があり，足りないものも多い．しかし，公開されている情報や科学的知見を利用すれば，場のモデルを概括的に作成することができる．

(1) 降水量

　神奈川県の年平均降水量は約 1500 mm 程度と考えられる．これは全域平均であり，一般に山地の方が降水量が多い．富士山は冬には降雪があり，春に溶け地中にしみ込むような時間的遅れもある．しかし，本計算では特に個々の領域の降水量の差を考えず，全域に一定の雨を与えて計算を行うことにする．

(2) 流域と地形のモデル化

　口絵図 8 は，図 15.2 の神奈川拡大流域圏を 3 次元的に格子分割し鳥瞰したものである．中央付近に丹沢山塊，西に富士山，東と南は海域に囲まれ，丹沢山地の南・東には農業・工業地帯，都市域が広がっている様子がよくわかる．地形形状（山，河川形状）をなるべく正確に反映するように，平面的には約 5 万個，鉛直方向には 20 層，総計 100 万個以上に分割した．なお，海底地形も与えている．

(3) 領域内の土地利用

　口絵図 9 に領域内の土地利用図を示した．これは，近年の森林，農地，都市など土地利用形態を表したもので，格子の分解能の範囲で比較的正確に現状を反映しているものである．一般に森林地帯では土壌が柔らかで透水性がよく，ほとんどの雨は浸透する．市街地などの舗装面が多い場所では，浸透できない水は道路や側溝を通って流出し，地下へはほとんど入らない．このような場所ごとの地表物性の違いがこの情報から与えられる．

(4) 地下地質構造と水理物性をモデル化する

　口絵図 10 は，本領域の推定地質分布を個々の格子に対応する地層を色分けして描いたものである．基礎情報は産業技術総合研究所の 100 万分の 1 の地質図である．地表付近には，富士山・箱根火山の東側において数層の関東ローム層を含み，数層の堆積層（沖積層，海成層）が分布する．丹沢山塊では花崗岩類，海成層が分布する．また，富士山周辺では玄武岩質の溶岩が山体斜面を構成している（なお，周辺に見られる特異な風穴などは考慮しない）．

　口絵図 10 の地質構造は対応する水理物性（間隙率，浸透率，毛管圧力，相対浸透率など）に置き換えられ，シミュレータに入力される．なお，深部の地質構造はあいまいさの大きなものである．実際の環境評価シミュレーションでは，地

下水位観測値などとの比較から地質学的知見を利用して逐次修正していくことになる．

(5) 人間による水利用

　神奈川県では多くの市町村で水道水として表流水が使われ，いくつかの市町村（座間市，秦野市など）で地下水が利用されている．また，都市には上・下水道網がはりめぐらされている．これら人工系の水は取水位置と排水位置が大きく異なり，また自然系に比し非常に細かく複雑で全域情報も整備されていない．本計算では，まず人間活動の影響のない状態での水の大域的動きを捉えることを目的とし，人間の水利用は考えないこととする．

15.3.2　大域の水循環を描き出す

(1)　過去から現在までの陸域変化のあらまし

　さて，大陸と海底プレートが衝突する地質変動帯にある日本の地形は，はるか過去から現在までさまざまな変動を受けている．おそらく，1000万年オーダーで現在の日本列島の基盤部分の地理的位置が移動し，100万年オーダーで陸化や沈降が起こったものと考えられる．水循環が陸化した地層を洗い始めると，海成層（海底下でできた地層）中の海水はある程度深いところまで次第に淡水に置き換えられた（今でも地下のより深いところは古海水のままと考えられる）．地表面では水循環を主とした風化・浸食・崩壊・運搬・堆積が起こり，営々と土砂が海に運び出された．

　このようなすべての過程の帰結として現在があり，その名残は今でも存在するだろう．しかし，すべてを反映することは不可能であることから，多少大胆に扱わねばならない．

　人間が文明を築き始めた1万年程度前（縄文時代）から今までを考えてみよう．すでに大きな地形はでき上がっており，局地的には火山活動や浸食が地質を変化させたものの，現在の地形と大きく変わるものではないだろう．縄文時代の海水準は現在より高く（5m程度），海岸線の位置はもう少し内陸側にあったが，これも無視しよう．そうすると，次のような再現計算の方法が浮かび上がる．

(2) 現状再現計算の考え方

静的で変わらぬ地形に，絶えず降水が注がれて現在の水環境ができたと仮定すれば，次のような現状再現シミュレーションが考えられる．図15.3に以下の説明の概念を示してある．

- 計算の出発点を数千年–1万年程度前（はっきりした時間にはこだわらない）と考える．
- 当時の大地形や河川の形はほぼ現在の大きな地形と同じものとする．また，モデルに与えられた地質構造，地層物性の分布が妥当なものであるとする．水循環の様相も大きくは変化せず，年間1500 mm程度の降水量が地表に供給されてきたものとする．
- 計算出発時点には地表には河川はなく（地形的には谷があるが，水は流れていない），地下は水で満ちていたものとする．すなわち，地表面上はカラカラに乾いており，地表面の直下から地下深部まではすべて水が飽和していたものとする．これは，海底下から急激に隆起した陸地を想像するとよい．

以上の条件下で計算を開始すると，数値モデルの中に次のような状態変化が現れる．

- 地下にため込まれていた水は高い山では高いポテンシャルを持つため，周辺

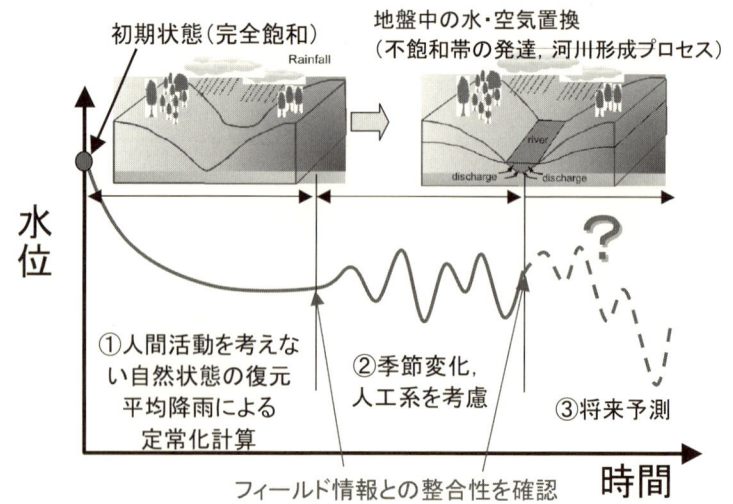

図15.3 はるかな過去から現在の状態を創り出すプロセスの概念図（説明は文中）

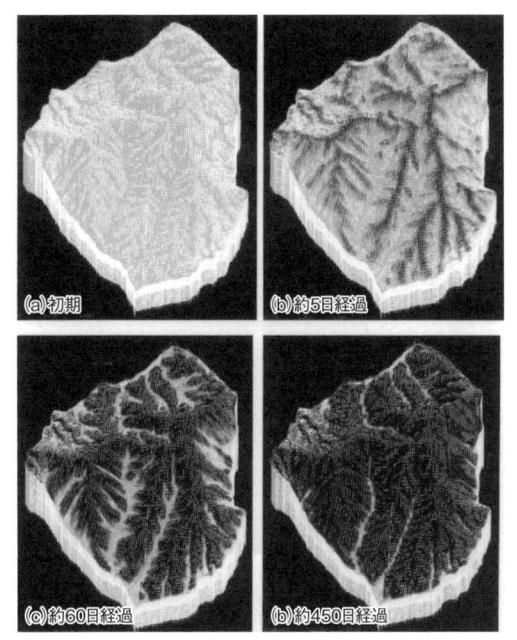

図 15.4 はるかな過去から現在を創り出す計算の事例

北アルプス山岳地帯のモデル計算の例．(a) で地下が飽和した状態（白色）から出発すると，地下水が地表に湧き出すため尾根筋で地下水位が低下し，地下浅部の水分が減少した部分（黒色部分）が増える．さらに時間が経過すると，(d) のように地表は河川部分（白色）のみ水が流れる状態になる．

の低地地表にあふれ出し（湧水し），その水が地表流となり流れ始める．
- 水を放出することで地下の水位が下がり，そこには地表から空気が浸入し不飽和帯ができはじめる．
- 全域の地表に降雨が与えられるが，その一部は地下に浸透し，一部は湧出する地下水に押し戻され浸透できず地表流となる．
- 時間の経過とともに，地表流がつながり大きな河川が形成され，山地の地下水位は下がり続ける．
- 次第に，降雨量・浸透・湧出・地表流の釣り合いがよくなり，全体がバランスする状態（平衡に近い状態）が実現される．

実際の状態は，谷には水が流れ，山地地下には必ず不飽和帯ができていたはずである．しかし，そのように複雑な設定をすることは不可能であるし，実はその

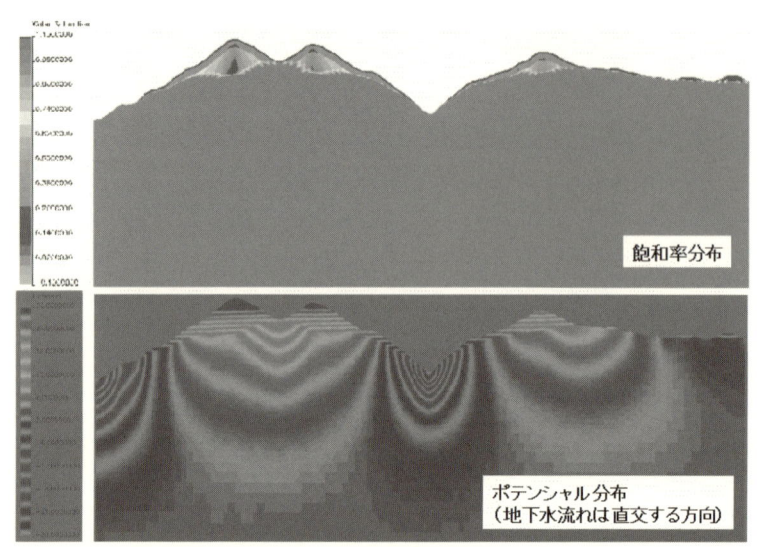

図 15.5 はるかな過去から現在を創り出す計算の事例
前図の地下断面を見たもの．上図は飽和率分布を示したもので，黒いほど飽和率が大きい．下図はポテンシャル分布を示したもので，流れは縞模様に直交する方向に起こっており，谷筋に水が湧き出る様子が示されている．

ような状態は計算途上で実現されるのである．

この経過を山岳地の小モデルの場合につき図 15.4，図 15.5 に示した．図 15.4 には，最初水が地下から湧き出し地表面を覆い，太い谷筋ができ，次第に現在見られるような細い谷筋ができ，地下には不飽和帯ができる様子を示している．また，地下では尾根の水位が下がり，谷に湧き出すポテンシャル分布が形成されている（図 15.5）．

なお，もしより詳しい環境評価をする場合には，降雨の季節変動，さらに日変動を繰り返し与えて数年〜数十年の計算を行い，現時点（着目する季節や日時）に近い状態を作り出していくことになる．

(3) 現状再現計算の結果

前記の計算設定から得られた大域の流動場の様子を図 15.6 に示した．図には多数の流線が描かれているが，これらは地下の 1 点に水を与えた時の水の動きを真上から見たもので，水は地下深くまで潜りながら最終的に谷筋に湧き出す様子

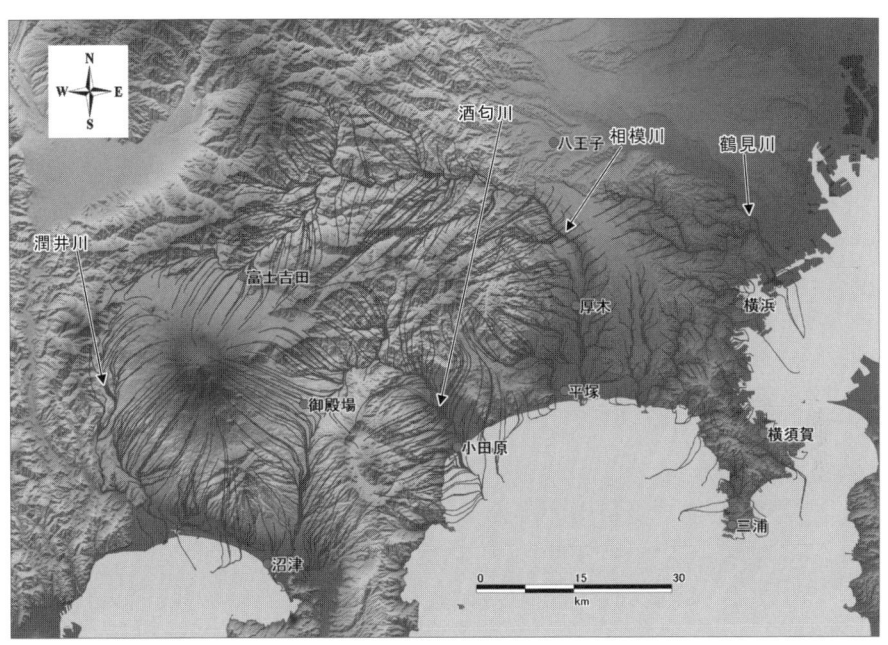

図 15.6　神奈川拡大流域圏の大域流動場の様子
　計算された流動場のある位置（たとえば地下 100 m）に粒子を置いたときの流動軌跡を真上から見たもの．このような図面と水文トレーサ観測などから，どの地点の雨や地下水がどの河川に供給されるかが推定でき，さらに地下水理構造の解明に利用できる可能性がある．

を示している．3 次元的な曲線を平面的に眺めているものである．ここから読み取れる特徴は以下の通り．

- 地下水の流れは，相模川を境に西側と東側で特徴が異なり，大局的に西側は長く東側は短い傾向がある．流れが長い西側の地下水は，そのほとんどが富士山麓，丹沢山地から流下しており，神奈川県域の特徴的な形となっている．
- 地下水の流れは，地形の起伏に従っているところとそうでないところが見られる．低地へ流下する過程で水脈が束ねられ，相模川，酒匂川，鶴見川等の主な河川を支えている様相が明瞭に見られる．
- 相模湾，駿河湾の一部では海域に出る流れが見られる．陸側の地下水位が高い場合にこのような海底湧出現象が現れることが知られている．なお，これは計算上出てきたもので，実際にあるかどうかは調査に待たねばならない．

図15.9は全体的に物理的整合性のとれた1つの解であるが，実際の場の流動系に近い保証はない．場所によってはよく似ているところもあるだろうし，まったく違うところもあるかもしれない．地質・水理構造に不確定性があることや人間活動（取水や揚水）を無視しているためである．実際の環境評価の場合には大きな河川（相模川，鶴見川，金目川など）の流量記録と計算値を比較したり，ボーリング観測孔の地下水位記録などと比較することで信頼性を向上させることになる．いずれにせよ，このような図を描き出すことで，専門家にとっても（一般の方にとっても）イマジネーションが湧き，具体的にどこでどのような調査・観測をすべきか，あるいはモデルの境界条件などの不備・変更すべきところはないか，などがわかり，次第に実際の場を突きつめていく基盤となる．

15.4 秦野盆地・金目川の詳細モデル

以上の広域モデルの計算結果を踏まえ，そこから局所領域（秦野盆地から平塚に達する金目川などを含む流域）を切り出し，より精細な格子モデルを作りシミュレーションした結果を示そう．

金目川は丹沢山系を源とし，水無川，葛葉川を合わせ平塚市の西部を流れ，渋田川や鈴川をあわせ花水川と名を変え相模湾にそそぐ川である．図15.7は秦野盆地を含む対象流域を精細に分割したモデルである．谷筋（川筋）に沿い細かい格子分割が行われ，全体として10 m-100 mオーダーの格子で構成されている．

図15.8は地質分布を示している．このモデルに，降水量3 mm/日を与えて，前述の方法で長期間の計算をし，現状に近い状態を計算した．なお，秦野盆地では地下水利用が活発に行われているが，そのような揚水の影響は本モデルには含めていない（あくまで自然状態を仮定している）．

図15.9に計算された表流水分布を，図15.10に河川流量の比較を示した．これらの図から次のようなことが読み取れる．

- 金目川をはじめ主な川の流れが明瞭に表れ，金目川，渋田川，鈴川の3川が合流するあたりでは，地表水が広く分布している．現在このあたりは水田地帯となっている．図15.10の資料（井出，1985）と比較すると，5000年ほど前の平塚は古相模湾が現在の伊勢原，厚木あたりの内陸部まで入り込んでいたとされており，計算で表れた水溜まりは当時の湿地帯に対応するもので

15.4 秦野盆地・金目川の詳細モデル　215

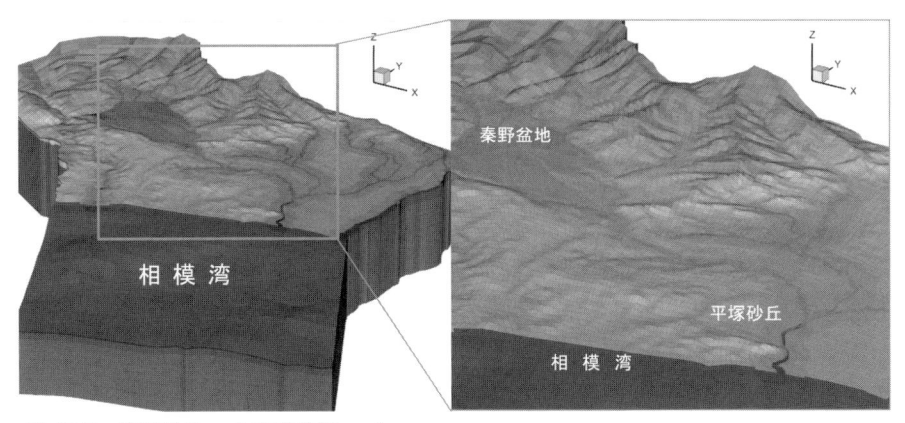

図15.7 秦野盆地・金目川詳細モデル
　格子に分割された点を連ねて表した地形．部分的に 10 m×10 m 程度に分割されているため，細かな地形が表現されているのがわかる．

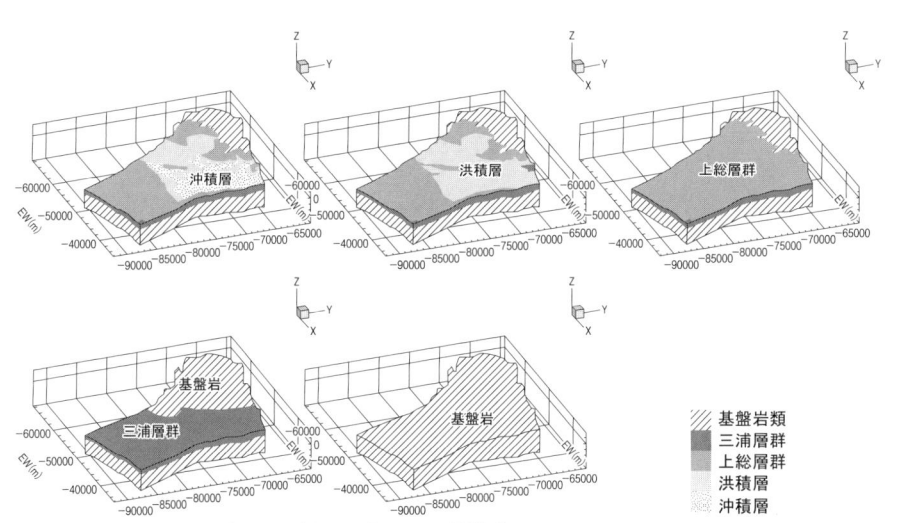

図15.8 秦野盆地・金目川詳細モデルの地質構造
　中央下の基盤岩が一番深い部分で，この上に左下の三浦層群が載り，さらに右上図→左上図の順に地層がかぶさる様子を示している．左上図は現在の地表付近の地層分布を示しており，左上図の上部の黒色部分は基盤岩が出ているところ．

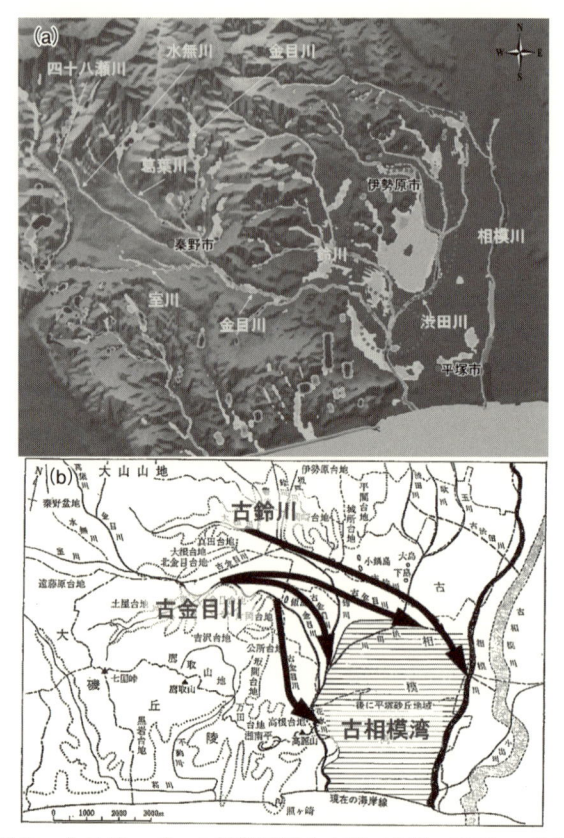

図 15.9 秦野盆地・金目川モデルの計算結果と文献（井出，1985）の比較
（a）は計算された地表水の分布で，（b）は文献に見られる古相模湾，古河川の様子．

あろう（現在は排水工により通常の土地となっている）．

・図 15.10 はいくつかの河川流量観測値と計算結果を比較したものである．計算では観測値と合わせるためのキャリブレーションは一切行っていないが，流量の大小はほとんどの点で整合的であり，水無川では中間付近で伏流し流量が減る傾向が実際と合っている．

15.5 まとめ

本章では，神奈川県を含む大領域の水の流動の推定，および内部の小領域の精

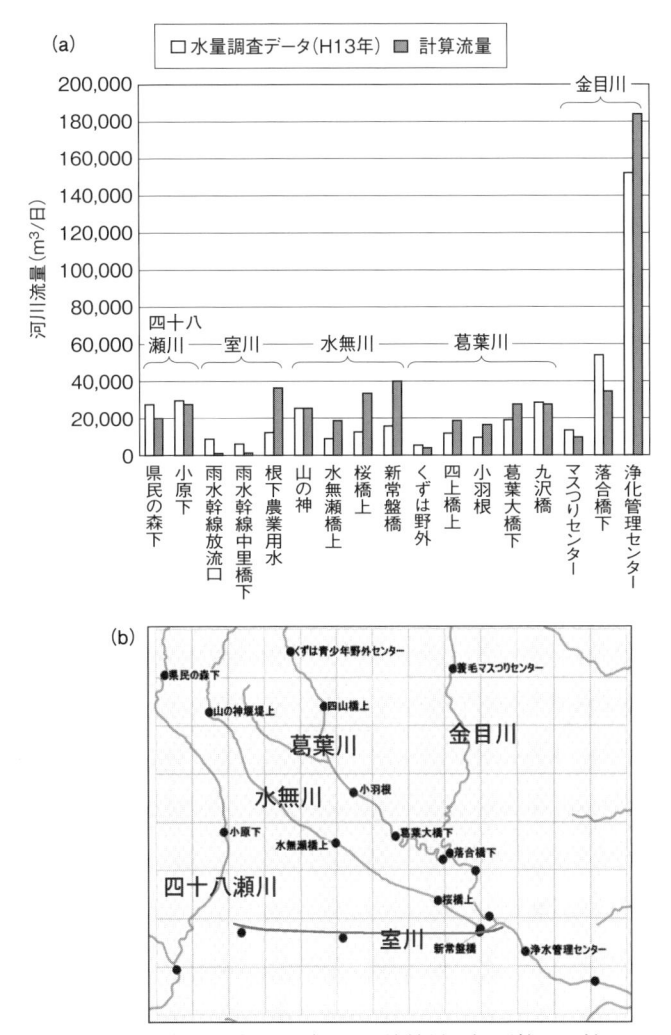

図 15.10 秦野盆地・金目川流域モデルの計算結果と観測値の比較
(a) は計算河川流量と観測流量との比較, (b) は観測点の位置を表したもの.

細モデルによる流動場の推定に関して述べた. このような地圏水循環シミュレーションは, 都市・周辺住宅地・農業地帯などを包含したより実際的な水資源利用の最適化, 水災害対策, 水環境保全対策の客観的・定量的評価のための有力な手法である. 自然情報（現地踏査・観測）・人間活動情報との相互フィードバック

を適切に行うことで,信頼性の高い評価の基盤を供給したいと考えている.

なお,ここで紹介したシミュレーションの内容および結果は(株)地圏環境テクノロジーで行われたものである.記して感謝する次第である.

参考文献

井出栄二(1985):平塚の地誌,394p.

登坂博行・小島圭二・三木章生・千野剛司(1996):地表流と地下水流を結合した3次元陸水シミュレーション手法の開発,地下水学会誌,**38**(4),pp.253-267.

登坂博行(2002):地下水と地表水・海水との相互作用,その9 地表水流れと地下水流れの結合解析,地下水学会誌,**44**(1),pp.45-52.

登坂博行(2005a):地圏水循環系プロセス統合型モデルによる流域シミュレーション,地質と調査,12月号(106号),pp.16-22.

登坂博行(2005b):地圏水循環系シミュレーションと予測,生活と環境,9月号,pp.26-31.

登坂博行(2006):『地圏水循環の数理』,東京大学出版会.

Tosaka, H., K. Itoh and T. Furuo (2000): Fully Coupled Formulation of Surface Flow with 2-Phase Subsurface Flow for Hydrological Simulation, *Hydrological Process*, **14**, 449-464.

第16章
大気循環のシミュレーション

近藤裕昭

16.1 はじめに

　地球上では常に風が吹いており，この風によっていろいろな物質や熱などのエネルギーが輸送されている．地球上のいろいろなところに吹いている風は，場所により吹くメカニズムが異なることも多く，また風の流れを組織化している現象のスケールも異なる．たとえばわれわれが生活をしている中緯度の温帯の領域では，天気予報でよくいわれているように，高低気圧の動きや台風などの，水平スケールが1000 km程度の現象により風の吹き方が大まかには決まってくる．高低気圧の移動にともなう風の時間変化は数日間隔の現象であるが，たとえば海岸付近や山岳が近くにあるところでは，日変化するその地方独特の風（局地風という）が比較的穏やかな天候のもとに現れる．海岸付近では昼は海から陸へ，また山岳地域では昼は谷から山の方へ風が吹き，それぞれ海風，谷風と呼ばれている．
　われわれが生活をしているごく地表に近い大気は上空の大気とは異なり，地表面から発生する熱や凸凹の影響を大きく受けるところで，大気境界層と呼ばれている．大気境界層の性質は昼と夜では大きく異なり，地上付近から発生する物質の輸送に大きな影響を与えている．晴天時の昼間には地表面が太陽の光により温められ，地表面が大気の温度よりも高くなることから，大気境界層中には熱による対流が発達し，地上付近の物質は上空1000 m付近まで，比較的短時間に持ち上げられてしまう．一方晴天の夜間には，地表面の熱が奪われやすく，地表面温度が大気の温度より下がることにより，地上付近には接地逆転層と呼ばれる上空に向かって気温が上昇する層がしばしば形成される．このような状況では地上付近で発生した物質はなかなか上空に輸送されない．
　このように地上から発生した物質がどのように大気中で輸送されていくかは大

気境界層の状態や局地風，高低気圧の移動の状態によって左右されるが，現在では，数値シミュレーションの手法を使って，大まかな輸送の状況を再現することが可能となっている．ここではそのような風や大気境界層中の小規模の渦（大気乱流とも呼ばれる）によって輸送される過程を，生態系に大きな影響を与える活性窒素を対象にして計算してみることにする．

窒素は体積比で大気の成分の約78％を占めるが，多くの生物は直接窒素をそのままの形では利用することができない．一方，窒素は肥料の3要素の1つで，農作物にとって重要な栄養素でもある．森林，草地，農耕地，土壌などの陸域生態系が窒素を利用するのは窒素の酸化物や水素との化合物を通してであり，肥料や大気汚染物質としての窒素酸化物の排出等の人為的影響により，もともとあった自然界の窒素循環のプロセスに影響が出つつある（Galloway et al., 2008）．国連ミレニアム生態系評価（Millennium Ecosystem Assessment編，2007）によれば，生態系が肥料や大気由来の窒素を保持・吸収する能力は大規模な農地化等の生態系の単純化により劣化しつつある．

本章では，首都圏という大都市圏に位置し，人為的な影響を受けやすい陸域生態系を持つ神奈川県を対象として，大気からの地表面への窒素の流入量について大気シミュレーションを用いた計算を行い，空間へのマッピングを行った結果を示す．生態系や水系に影響を及ぼす窒素（活性窒素）として大気中へ排出される人為的な物質は主にアンモニアと窒素酸化物である．これらが発生源から拡散し，風に乗って運ばれ，樹木や地面にそのまま付着したり取り込まれたりすることにより起こる乾性沈着や，雨水や霧水等に溶け込んで地面に落ちてくる湿性沈着により生態系や水系に流入する．既存の多くの大気汚染予測モデルにはこの沈着過程が組み込まれているが，沈着そのものに着目した解析は酸性雨に関するものを除いてあまりなされていない．ここでは，既存の大気シミュレーションモデルを用いて神奈川県を対象として1kmメッシュで人為起源窒素の沈着量の分布とその年変化を計算し，マッピングすることを試みた．

16.2 自然界における窒素循環と人為起源活性窒素の発生量

そのままでは多くの生物が利用できない大気中の窒素を利用可能な窒素に変換するのは，窒素からアンモニア（NH_3）を生成するバクテリアである．アンモニ

アは生物に有機窒素として蓄えられるが，生物が死ぬと無機化してアンモニウム（NH_4^+）となる．酸素が十分にあるとアンモニウムはバクテリアにより酸化され硝酸塩（NO_3^-）となる（硝化という）．一方，酸素がない状況ではバクテリアにより硝酸塩が還元され，窒素に戻る（脱窒という）（たとえば，ジェイコブ，2002）．このようにして窒素は大気中と土壌中のバクテリアや陸域の生物の間を循環している．このほか雷や山火事により窒素の酸化が起きる．これらの自然の窒素循環に近年大きな影響を与えているものが肥料に含まれる，あるいは化石燃料の燃焼にともなって発生する人為的活性窒素である．

Gallowayら（2008）によれば，人為的活性窒素の全世界的生産量は，1860年には15 TgN（T（テラ）は10の12乗を表す．gNは窒素化合物に含まれる窒素のみの総量を表す）であったが，1995年には156 TgNへ，また2005年には187 TgNに増加した．一方で化石燃料燃焼にともなう窒素酸化物の発生は1995年から2000年に25 TgNで，近年窒素酸化物の排出源対策が進んだ先進国では排出量が減少している．

最近神成らが東アジアおよび日本について，大気汚染に関連する物質の発生量についてまとめてデータベース化している（神成ほか，2006；Kannari *et al.*, 2007）．このデータベースは東アジアについては約10 km格子，日本については約1 kmの格子に整理されており，月別・時間別・発生源別に整理されている．人為的活性窒素源として考慮する窒素酸化物とアンモニアについてみると，窒素酸化物の主な発生源は化石燃料等の燃焼によるものであり，工場と自動車がかなりの部分を占める．Kannariら（2007）によれば，2000年の日本全体での排出量は工場等の産業起源が821 Gg（G（ギガ）は10の9乗），自動車起源が945 Gg，船舶起源が333 Ggで，総量は2408 Ggとなっている．一方アンモニアの発生源は肥料として使用されるものや家畜などの農業起源が大きく286 Gg，人とペットから105 Ggで総量は414 Ggとなっている．人為的活性窒素の発生量は季節変化をし，窒素酸化物の発生量は冬に多く，またアンモニアの発生量は夏に多い（神成ほか，2004）．

16.3 大気モデルの考え方

発生源から大気中に放出されたこれらの物質は，大気中の風の流れや大気境界

層中の渦運動により移動し拡散する．活性窒素は大気中でも反応し，ガス状物質から粒子状物質に変換されるものもある．これらがそのまま樹木や地面などに付着したり，雨や霧などの大気中の水分に溶け込んだりして地表面に到着することにより，活性窒素の大気から陸域生態系への移動が起こる．これらの大気から地表面への物質移動を沈着と呼び，降水等への取り込み過程を経ないで直接地表面へ移動する過程を乾性沈着，降水等に取り込まれて地表面に移動する過程を湿性沈着と呼ぶ．酸性雨も水に溶けると酸性になる物質の沈着過程の1つであり，沈着過程は酸性雨の研究とともに進展してきた．これらの沈着物質の生態系への影響が問題となっている．

　東京近郊の発生源から神奈川県への大気中の活性窒素や大気汚染物質の移動を考える際には，まず気象モデルを用いて風の流れと拡散を計算する必要がある．日本では気象庁が天気予報等のために数値モデルを何種類か日夜動かしている．たとえば全地球をカバーする全球スペクトルモデル（GSM, Global Spectral Model）や日本付近を詳細に計算するメソモデル（MSM, Meso Scale Model）がある．ここでスペクトルモデルというのは，計算を物理空間の格子上の値ではなく，いったん波数空間に変換して計算する手法を用いたモデルであり，比較的計算誤差が少ない手法とされている．しかしMSMでも物理空間における格子間隔は5-10 kmで，神奈川県における詳細な物質の輸送や沈着を計算するにはまだ格子間隔が粗すぎる．

　県程度のスケール（気象の分野ではメソスケールモデルと呼んでいる）での現象を計算する気象モデルとして世界的によく使用されているモデルにRAMS（Regional Atmospheric Modeling System），MM5（The PSU／NCAR mesoscale model），WRF（The Weather Research and Forecasting model）などのモデルがある．これらのモデルを用いることにより，たとえば丹沢山地の山の影響や，東京湾，相模湾と内陸の間に起きる海陸風などの風の分布を1 km程度の間隔で計算することができる．ここでの神奈川県の活性窒素の沈着の計算では，少し古いモデルであるが，つくば市の産業技術総合研究所の前身である，資源環境技術総合研究所で開発したAIST-MMというモデルで気流の計算を行った．

　気流を計算するモデルは，流体力学の運動方程式を基本に，大気の層の厚さが水平の広がりに対して非常に薄く，温度変化の幅が比較的小さいという近似を施

した方程式系を用いる．この際，山岳の影響を導入するため，座標系は地形に沿う形，あるいは地形の影響を陽に入れる形で鉛直軸が変換される．このためには地形の標高のデータが必要である．大気境界層の小規模乱流は地表面の状態にも大きな影響を受ける．このため，地表面被覆や土地利用に関する情報も必要である．また地表面を構成する物質や植生のマクロな熱容量，反射率，熱伝導率などの物性値，土壌水分量や植生の水の利用に関する情報も必要である．これらの情報は大気の運動を駆動する熱がどの程度地表面から流入してくるかを計算するためにも必要な情報である．特に土壌水分量は重要な情報で，表層の地質，過去の降水の履歴や地下水面等に影響されるが，現在のモデルではこれについて動的には考えられていない．

活性窒素の輸送については，質量保存則の式を用いて計算を行う．この式の発生源項にインベントリデータからの発生量を導入する．高い煙突から大量に排出される窒素酸化物については煙突の高度に加え，ボイラーによる熱の浮力や煙突から排出されるときの流速を考慮してさらに上空へ上昇する効果もとりいれている．大気中に放出された活性窒素は，大気中でも反応しながら輸送される．燃焼により大気中に排出された窒素酸化物（NO と NO_2）は大気中のオゾンや揮発性炭化水素等（VOC ともいう）と反応して一方では光化学大気汚染を引き起こし，また自身は酸化されて硝酸やパーオキシアセチルナイトレート（PAN）などへ変化する．

大気環境の立場で考えると，活性窒素は大気汚染物質である二酸化窒素と浮遊粒子状物質にかかわっており，また窒素酸化物は光化学大気汚染の原因物質の1つでもある．窒素酸化物は光化学反応により硝酸などの粒子状物質に変化し，アンモニアはこの硝酸や塩化水素等と反応して粒子状物質に変化をする．したがって，大気シミュレーションではガスと粒子の2相について取り扱う必要がある．この相変化には気温や湿度も大きく影響する．

大気中での活性窒素の化学変化について直接化学反応式を数値化して解く手法も最近では多く行われるようになってきている．しかし，神奈川県を対象に年間について 1 km メッシュで大気中での気流の計算，物質輸送の計算，さらに反応の計算をするのはかなりの計算量となる．ここでは計算量の関係から粒子化の過程については単純化し，窒素酸化物から硝酸粒子への変化は次のような窒素酸化物（C_{NO_x}）から硝酸粒子（$C_{NO_3^-}$）への時間変化で考えて計算した（環境庁大気

保全局，1997).

$$C_{NO_3^-} = C_{NO_x} \cdot A_N \cdot \{1-\beta\exp(-K_{tN}t)\}Pk_{NO_x} \qquad (16.1)$$

これは，大気中の窒素酸化物が時間に応じてある割合で硝酸粒子に変化することを表している式である．ここで A_N は NO_x から NO_3^- への換算係数，β は NO_x の初期比率（=1），K_{tN} は NO_x から NO_3^- への変換率，Pk_{NO_x} はガスとして昇華する分を差し引いた粒子状物質として残る率である．

16.4 沈着の考え方

湿性沈着を計算するためには降水の情報が必要である．気象庁のモデルを含め，16.3節にあげた3つの気象モデルでは降水を計算することができるが，降水域やその量を正確に，たとえば1kmメッシュで計算することはたいへん難しい．県程度の領域では明日の降水量がどの程度になるかについてはある程度計算結果は信頼できるが，ここの1km²の格子と向こうの1km²の格子でどのくらい降水量が異なるかなどの定量的な予測はまだ事実上不可能である．今回の解析では予報をする必要はないので，1kmメッシュで情報のあるレーダーアメダス解析雨量というデータを用いて降水量のデータとした．レーダーアメダス解析雨量というのは気象庁が約17km間隔で，全国約1300カ所に設置しているアメダス（AMeDAS：地域気象観測システム）による雨量観測と，レーダーによる空間的に密度の高いデータを組み合わせて構築している解析雨量であり，実測との整合性も高いとされている．

降水に取り込まれる過程を経ない乾性沈着は，沈着する表面へどう活性窒素が効率的に輸送されるかによってその単位時間あたりの量が決まる．これには大気

表 16.1 活性窒素関連物質の沈着速度（WHO, 1999）

物質	沈着速度（mm s⁻¹）	文献
NO_2	0.1-10	Greenfelt et al., 1983; Anonymous, 1991
NO	0.2-1	Prinz, 1982
NH_3	12（−5−+40）	Grünhage et al., 1992; Sutton et al., 1993; Fangmeijer et al., 1994; Holtan-Hartwig & Bockman, 1994
NH_4^+	1.4（0.03-15）	Fangmeijer et al., 1994

中の地面付近での輸送速度，沈着する表面のまわりにできる境界層にどう効率的に取り込まれるか，そしてその表面自体が活性窒素を取り込む速度の3つの過程によって決まり，一番遅いところが律速となる．また表面の形状が樹木のように複雑で表面積が大きいと沈着が促進される．この乾性沈着の大きさを表すため，沈着速度と呼ばれる速度の次元を持つ量を導入し，これに地表面付近の活性窒素の濃度を乗ずることによって沈着量を計算することがよく行われている．活性窒素に関連する物質の沈着速度の例を表16.1に示す（WHO，1999）．ただし，次節に示す結果では，森かどうかなどの地表面の状況の差をまだ考慮していない．

活性窒素が降水中に溶け込むなど，いったん水分に取り込まれることにより地表面に沈着する湿性沈着を計算するには雲・霧・雨などの情報が必要である．今回は雨による沈着のみを考え，次式のように与えた（環境庁大気保全局，1997）．

$$F_W = \int_0^h \Lambda C dz \qquad \begin{matrix} \Lambda = 17 \times 10^{-6} J_0^{0.6} & \text{（ガス）} \\ \Lambda = 17 \times 10^{-4} J_0^{0.6} & \text{（粒子）} \end{matrix} \qquad (16.2)$$

ここでF_Wは降雨による洗浄量，Λは洗浄係数，hは降雨層の厚さ，J_0は1時間

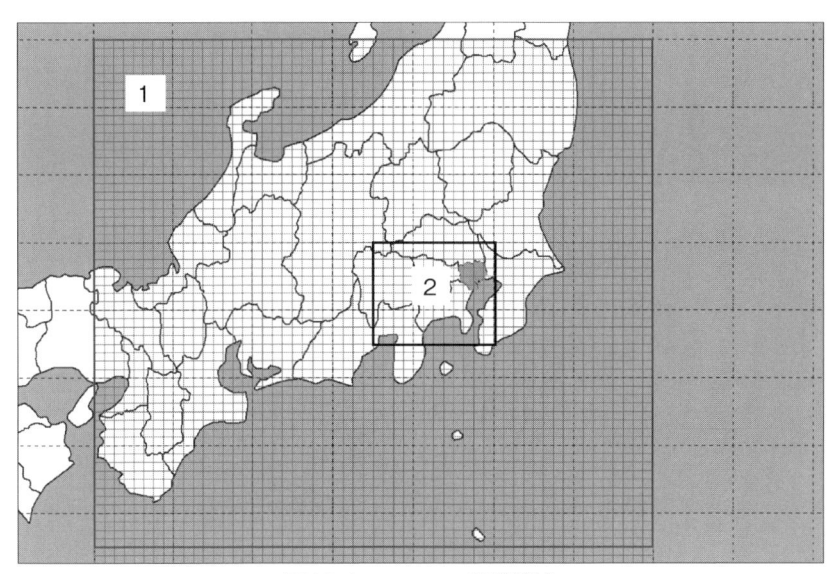

図16.1　ここでの計算領域
1が外側，2が内側領域．

降水量（mm h^{-1}）である．

実際の計算は，まず図16.1に示す600 km四方の領域（外側領域）について10 kmメッシュで気象庁のMSMを境界条件として計算した．ただし，この領域の外側には活性窒素の発生源はないものとした．この結果をさらに境界条件として神奈川県を中心とした約120 km四方の領域（内側領域）について1 kmメッシュの計算を2006年4月から2007年3月までの1年間にわたって実施し，月別の沈着量を計算した．

16.5　計算結果

近畿地方から東北地方南部を含む外側領域の計算結果を見ると，夏には太平洋岸から内陸，特に高崎線沿いに群馬県方向に向かう局地風系が卓越するため，東京近郊で発生した活性窒素は東京の北側へ輸送される傾向がある．一般に夏季の弱風時には海陸風や山谷風が発達する．関東地方で一番発達しやすい風系は，高崎線沿いに東京からさいたま市，高崎市等をへて碓氷峠方向に向かう風系である．これは地形的に谷状になっていると，その奥で昼間低圧部が生成されやすいためである．スケールは小さくなるが関東地方では鬼怒川や多摩川，桂川沿いにも谷があるため，条件によってはこの方面へも東京近郊から発生した大気汚染物質が輸送されることがある（近藤，2001）．

冬季の湿性沈着は神奈川県の方向で多くなる傾向がある．これは関東南部で冬

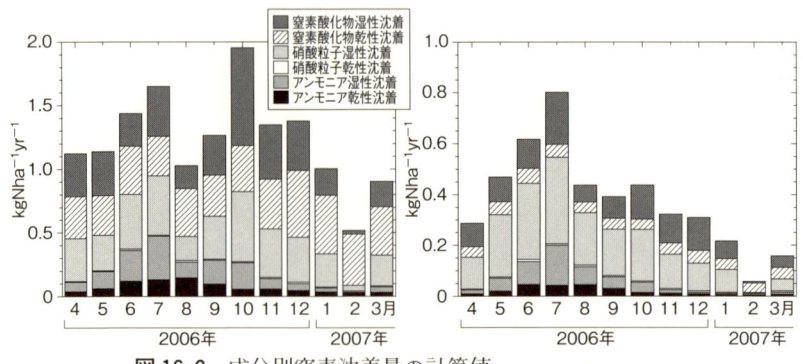

図16.2　成分別窒素沈着量の計算値
横浜国立大学（左），丹沢湖畔あしがら荘付近（右）．

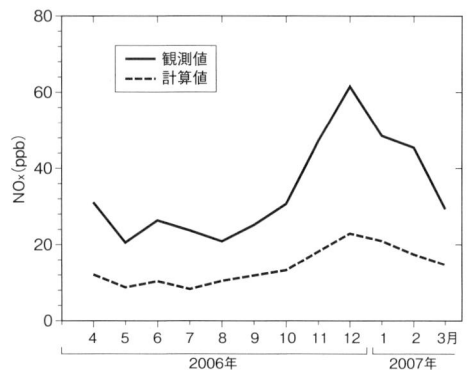

図 16.3 横浜市南瀬谷小学校における窒素酸化物濃度の実測値と観測値の年変化

季に降水がある場合には，関東の南岸を低気圧が移動していく場合が多く，関東南部には東風が吹きやすいためである．このように季節的にどのように風が吹くか，降水時にどのように風が吹いているかという気象条件と，発生源の位置の関係により，どこに活性窒素が沈着しやすいかが決まってくる．

次に神奈川県の周辺について詳細に見てみる（口絵図 6 参照）．一番沈着量が大きいのは都心部であり，年間 30 kgN ha^{-1} 以上になっている．このほか高速道路や交通量の多い道路沿道および東京湾内の航路周辺の沈着量が多い．これらは主に窒素酸化物として排出されたものが直接周辺に沈着したものである．また畜産等の家畜を利用・生産している農業地域での沈着量が比較的大きい．図 16.2 に各成分別に見た窒素化合物の沈着量について，横浜国立大学と丹沢湖近傍における月別の変化を示す．これによれば，横浜市街に近い横浜国立大学では窒素酸化物そのものの沈着が多いのに対し，丹沢湖周辺では反応後に生成された硝酸粒子の湿性沈着が多くなっている．

これらの活性窒素の沈着量そのものに対してこの結果を直接検証できるデータはあまり多くは存在しないが，この大気シミュレーションで計算している窒素酸化物濃度は地方自治体などが設置している大気環境監視局データと比較することができる．この比較の結果について図 16.3 に示す．図 16.3 によれば計算されている窒素酸化物濃度は実測濃度を下回っているが，これはこの種のモデル計算で現在共通に見られる傾向であり，その原因について分析し，今後改善を図る必要

がある．しかし，月平均値の変化の傾向は両者で一致している．

16.6 まとめ

以上，大気シミュレーションにより計算される神奈川県周辺の活性窒素沈着量の計算結果について紹介した．ここで用いた現在のモデルはまだまだ初歩的な段階であり，すでに理論的にはわかっている過程についても必ずしも組み入れられてはいないものもある．しかし，このように高分解能で活性窒素の沈着量をマッピングしてみると，たとえば航路や道路沿いに高い沈着量がある可能性があることが今回初めて明らかにされた．現在のモデルは定量的な点ではまだまだ問題があり，また今後計算精度を上げていくためには，計算に用いている各素過程の高度化や発生源情報等の高精度化を図っていく必要がある．

参考文献

神成陽容・馬場剛・植田洋匡・外岡豊・松田和秀（2004）：日本における大気汚染物質排出グリッドデータベースの開発，大気環境学会誌，**39**，pp. 257-271.

神成陽容・外岡豊・馬場剛・村野健太郎（2006）：EAGrid 2000（東アジア大気汚染物質排出量グリッドデータベース）の概要．
http://www-cger.nies.go.jp/cger-j/db/enterprise/eagrid/data/Introduction_j.pdf

環境庁大気保全局（1997）：『浮遊粒子状物質汚染予測マニュアル』，p. 398.

近藤裕昭（2001）：『人間空間の気象学』，朝倉書店，p. 156.

D. J. ジェイコブ 著・近藤豊 訳（2002）：『大気化学入門』，東京大学出版会，p. 278.

Anonymous (1991): *Monitoring of long-range air pollution precipitation—Annual report 1989*, Oslo, Norway, State Pollution Control Authority (Report No. 437/91) (in Norwegian).

Fangmeijer, A., A. Hadwiger-Fangmeier, L. Van der Eerden and H. J. Jäger (1994): Effects of atmospheric ammonia on vegetation: A review, *Environ. Pollut.*, **86**, 43-82.

Galloway, J. N. *et al.* (2008): Transformation of Nitrogen Cycle: Recent trends, questions, and potential solutions, *Science*, **320**, 889-892. DOI: 10.1126/science.1136674.

Greenfelt, P., C. Bengson and L. Skarby (1983): Deposition and uptake of atmospheric nitrogen oxide in a forest ecosystem, *Aquilo Ser. Bot.*, **19**, 208-221.

Grünhage, L., U. Dammgen, H. D. Heanel and H. J. Jager (1992): Vertical flows of trace gases in soil-near atmosphere, in Landbauforsh Volkenrode, *Effects of airborne substances on grassland ecosystems—Results of seven-year ecosystem research*, Part I 128, pp. 201-245 (in German).

Holtan-Hartwig, L. and O. C. Bockman (1994): Ammonia exchange between crop and air, *Norw. J. Agric. Soc.*, **14** (suppl), 1-41.

Kannari, A., Y. Tonooka, T. Baba and K. Murano (2007): Development of multiple-species 1 km×1 km resolution hourly basis emissions inventory for Japan, *Atmospheric Environment*, **41**, 3428-3439.

Millennium Ecosystem Assessment編・横浜国立大学21世紀COE翻訳委員会 訳 (2007):『生態系サービスと人類の将来』, オーム社, p. 240.

Prinz, B. (1982): *Damage to forest in the Federal Republic of Germany*, Hessen, Germany, Institute for Air Pollution Control for the State of Hessen (LIS Report No. 28) (in Germany).

Sutton, M. A., C. E. R. Pitcairn and D. Fowler (1993): The exchange of ammonia between the atmosphere and plant communities, *Adv. Ecol. Res.*, **24**, 301-393.

WHO, 環境庁環境保健部環境安全課監訳 (1999):『窒素酸化物』, 丸善, p. 367.

第17章
データベースと共有システム

平野匡伸

17.1 はじめに―時空間情報プラットフォームにおける GIS の役割

17.1.1 GIS とは

　GIS とは Geographic Information System の略であり，日本語では地理情報システムと呼ばれている．GIS は 1980 年代以降，コンピュータのハードウェア，ソフトウェアの進歩とともに急激な成長を遂げ，今日ではビジネス，行政，学術など幅広い分野で応用されるツールとなっている．その結果として，GIS という言葉に対して数多くの定義がなされている．ここでは，代表的なものを 2 つ挙げる．

- 地理情報を，効果的に取得，保存，更新，加工，解析，表示するためのハードウェア，ソフトウェア，地図データ，そして人材の組織化された強力な課題解決ツール（ESRI, 1980）
- 空間データと非空間データを結合して利用する情報システムで，データの空間的検索や空間的な分析，処理が可能で空間的表現が可能なシステム（久保, 1996）

　このように，GIS は，地球上の物体や事象の位置・形状（＝空間データ）と属性（＝非空間データ）に関するデータベースシステムである．

17.1.2 GIS を利用することのメリット

　GIS を時空間情報プラットフォームの中で「時空間情報のとりまとめ役」として使用する理由として一番大きなものは，「すべての情報は何らかの形で地球上の位置と関係づけられる」ということである．すでに前章までで述べられたように，時空間情報プラットフォームにおいては多彩なシミュレーション・システム

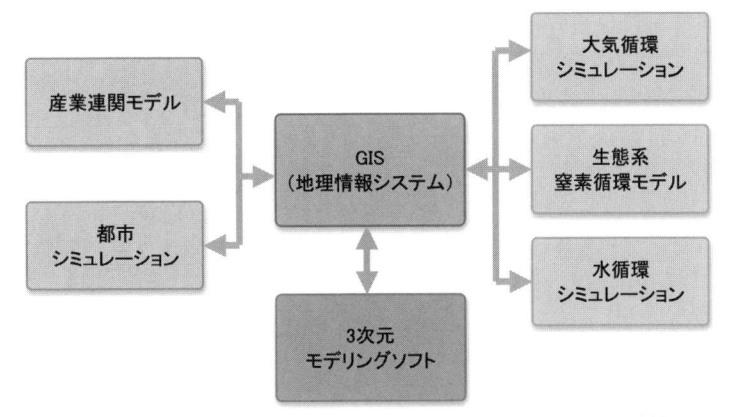

図 17.1 時空間情報プラットフォームにおける各個別システムの連携イメージ

やモデリング・システムが用いられるが，それらの各システムにおけるインプット／アウトプットを総合的に管理するために，位置情報というものを共通のキーとしたデータベースシステムである GIS が最適である（図 17.1）．

特に時空間情報においては，「地理座標系」という独特の概念があり，真球ではなく回転楕円体である地球の形状をモデル化するためのさまざまなパラメータが存在する．日本では，緯度経度測定の基準として，日本測地系（Tokyo Datum）という定義が用いられてきたが，測量法の改正により 2002 年 4 月 1 日からは日本測地系 2000（Japanese Geodetic Datum 2000）へ移行された．現在日本国内で流通しているデジタル地図データの中にも，日本測地系を用いているものと日本測地系 2000 のものとが混在しているため，この両者をたがいに変換することができる GIS の利用が必須である．

また，GIS の特色として，異なる種別のデータを空間的に重ね合わせ，論理和・論理積・抽出といった処理を行うことにより，個々のデータのままでは見えてこなかった情報を得ることができる．さまざまなシステムや研究作業から得られる情報のとりまとめを行うためのものとして，GIS は最良であるといえる．

17.1.3　GIS の進化

IT 業界の技術進化に牽引される形で，GIS もその利用形態を進化させてきた（図 17.2）．

232　第17章　データベースと共有システム

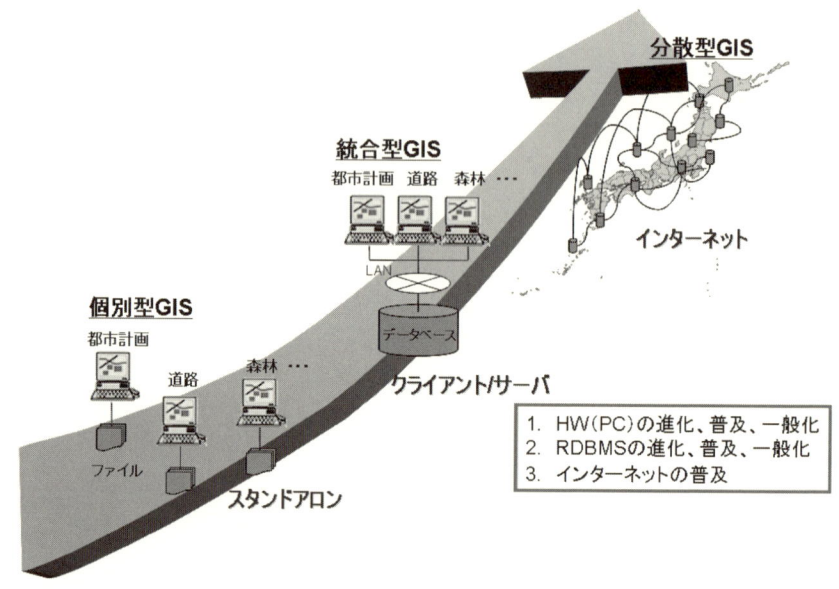

図 17.2　GIS の利用形態の変遷

(1) 個別型 GIS（スタンドアロン GIS）

　パーソナルコンピュータ（パソコン）の普及とダウンサイジングの流れの中で，GIS においても，利用者1人1人が GIS 処理マシンとしてのパソコンを持ち，マシンごとに空間データファイルの管理・編集・解析を行う，「スタンドアロン型」のシステムが登場した．

(2) 統合型 GIS（クライアントサーバ型 GIS）

　官公庁や民間企業，教育機関など，大規模なシステム環境を有する組織においては，リレーショナル・データベース（Relational Database Management System, RDBMS）と LAN を活用した「クライアントサーバ型」のシステムが主流となり，GIS においても RDBMS 上に共用空間データベースを構築した同様のシステムが導入されるようになった．RDBMS を活用することにより，大容量のデータ管理，複数ユーザによるデータ編集，セキュリティの強化，障害対策，パフォーマンスの向上を図ることが可能となる．

(3) 分散型 GIS（WebGIS）

インターネットが普及し，ウェブ（World Wide Web）上でさまざまなサービスが提供可能となったため，GIS においても分散型 GIS サービスが導入され，さまざまな組織に分散する地理情報がインターネット上にサービスとして提供され，かつてない規模の情報共有が実現されるようになった．民間企業，政府機関，地方公共団体，教育機関など，地理情報を所有・管理するすべての組織がサービス提供者（プロバイダ）となり，地形図情報，防災情報，農業情報，気象情報などさまざまな地理情報がネットワーク上で利用可能となることで社会規模の地理情報ネットワークが実現される．

17.1.4 時空間情報プラットフォームで用いる GIS ソフトウェア

現在，GIS のソフトウェアには無償・有償を合わせて多数の種類が存在するが，時空間情報プラットフォームでは米国 ESRI 社の「ArcGIS」を用いる（図 17.3）．その理由としては，

・デスクトップ型・サーバ型・モバイル型というさまざまな形態のソフトウェ

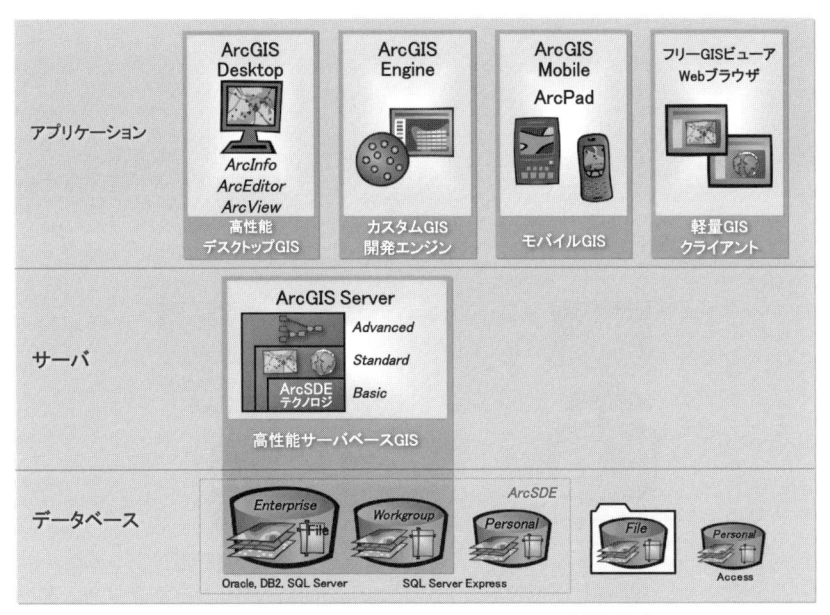

図 17.3 ArcGIS におけるソフトウェア製品構成

アが用意されており，GIS 利用の場面に応じて使い分けることができる
・本研究の主体となった横浜国立大学が ArcGIS を自由に利用できる「サイトライセンス」を所持している

ということが挙げられる．

17.1.5　GIS ソフトウェアの利用形態

(1)　デスクトップ GIS

　デスクトップ GIS は，マイクロソフト社の Office ソフトウェア（ワード，エクセル，パワーポイントなど）のように，パッケージを購入してすぐに使用できる GIS ソフトウェアの形態である．購入した GIS ソフトウェアは，クライアントのパソコンにインストールされ，GIS データの表示や編集，解析，管理を行うためのツールとして提供される．そのため，GIS の処理効率はクライアントのパソコンの性能に依存する．

　大規模なシステム環境においては，サーバ上のデータベースで GIS データを集中管理し，ネットワークに接続している複数のクライアント・マシンがサーバを介してデータを共有する，クライアントサーバ形態をとることも可能である（図 17.4）．

(2)　サーバ GIS（WebGIS）

　WebGIS では，専用のインターネットマップ・サーバを介して GIS データ配信サービスを行う．クライアント側は，デスクトップ GIS からサービスを利用するほか，個々のマシンに専用ソフトをインストールせずにウェブブラウザを利

スタンドアロン型　　　　クライアントサーバ型

図 17.4　デスクトップ GIS におけるスタンドアロン GIS とクライアントサーバ型の比較

図 17.5　サーバ GIS

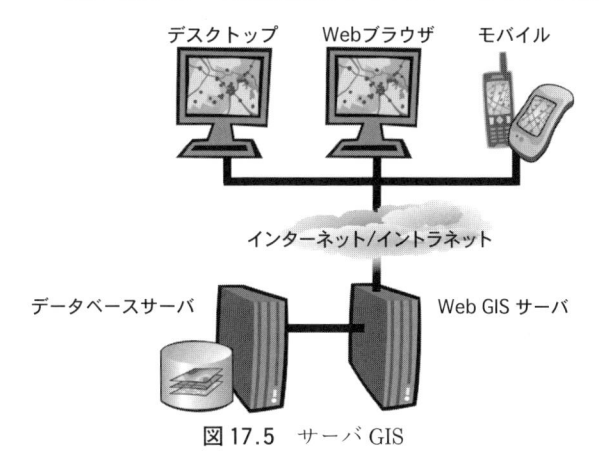

用して地図を参照することもできる．また，サーバ側でデータおよびアプリケーションの一括管理を行うため，システムのメンテナンスが容易であるというメリットもある（図 17.5）．

(3) モバイル GIS

　モバイル GIS は，携帯用のモバイル機器（タブレット PC，PDA，スマートフォンなど）を用いて，GIS 機能を屋外で活用する技術である．屋外にて収集し，持ち帰ったデータは屋内業務（データ処理や各種解析）にて有効利用することができる（図 17.6）．

　モバイル GIS は，施設管理やメンテナンス，公共安全対策，環境調査などの

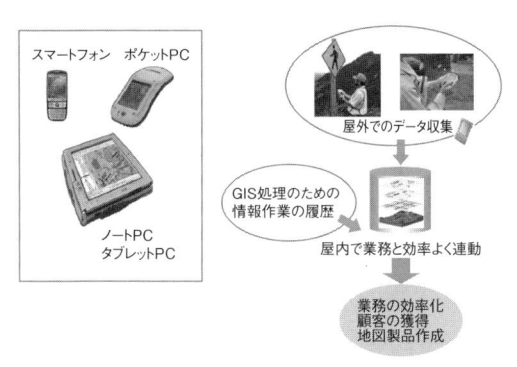

図 17.6　モバイル GIS

目的で幅広く利用されている．

17.2 共有システムとしての時空間情報プラットフォーム

17.1節で述べたように，時空間情報プラットフォームはGISを中核として構築されるものであり，共有システムとして各種の研究機関・教育機関・地方自治体・民間企業・一般市民といったメンバーにさまざまな機能を提供する．本節では，共有システムとしての時空間情報プラットフォームが持つ機能について述べる．

17.2.1 各情報処理ソフトウェアへの基礎データの提供および処理結果の集約

時空間情報プラットフォーム構築の第1の目的として，環境保全の評価のために用いる各種のシミュレーション・ソフトウェアを，GISを核として連携させることがある．本項では，時空間情報プラットフォーム構築の第1ステップの対象となっている各システムとGISとの連携手段について述べる．

(1) 地下構造モデリング・ソフトウェア（NfDesign）

地下構造のモデリング・システムとして使用される「NfDesign」は，「3次元CGモデラー」として開発されたソフトウェアである．読み込みおよび書き込みを行うことができるデータファイルの種類は，同ソフトウェアの詳細機能を紹介したWebページに記載されている（アドレスは http://homepage1.nifty.com/autofact/NfDetail.htm）．

NfDesignとArcGISとで共通に利用可能なデータ形式を抽出した結果，CADデータ形式の業界標準であるDXF（Drawing eXchange Format）が最も適していると考えられる．

(2) 水循環シミュレーション・ソフトウェア（GETFLOWS）

水循環シミュレーション・ソフトウェアである「GETFLOWS」とArcGISとのデータ交換については，シェープファイル形式を用いるのが最適と考えられる．
図17.7の通り，GETFLOWSのシミュレーション諸条件を設定するための情

17.2 共有システムとしての時空間情報プラットフォーム　237

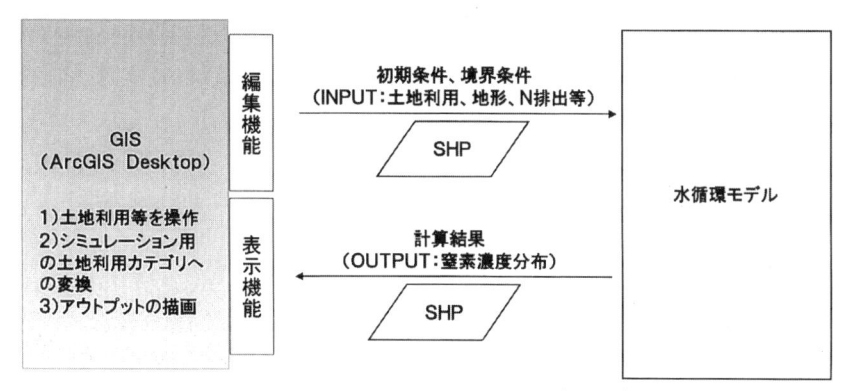

図17.7　ArcGISとGETFLOWSのデータ連係

報として，ArcGISから土地利用や地形といった各種データをシェープファイル形式で入力する．また，シミュレーション結果も同様にシェープファイル形式でGETFLOWSから返送されることで，ArcGISの3次元GIS機能を最大限に活用した分析やプレゼンテーションを行うことができる．

(3)　大気循環シミュレーション・ソフトウェア（WRF）

大気循環シミュレーション・システムとして使用される「WRF」とArcGISとのデータ交換については，netCDF形式が最適と考えられる（図17.8）．

netCDF（Network Common Data Form）は，気温，湿度，気圧，風速，方向などの科学的な多次元データ（変数）を格納するためのファイル形式である．これらの変数はそれぞれ，netCDFファイルからレイヤまたはテーブルビューを作成することにより，ArcGISで（時間などの）ディメンションを通じて表示す

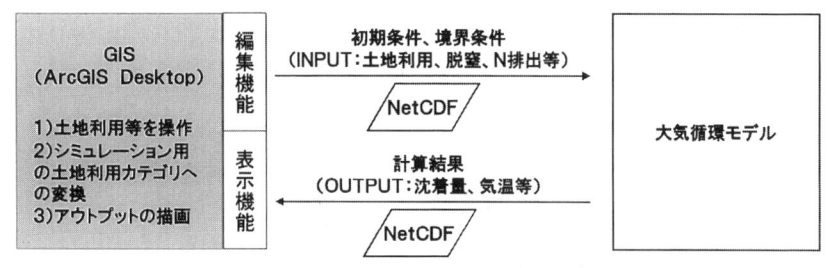

図17.8　ArcGISとWRFのデータ連係

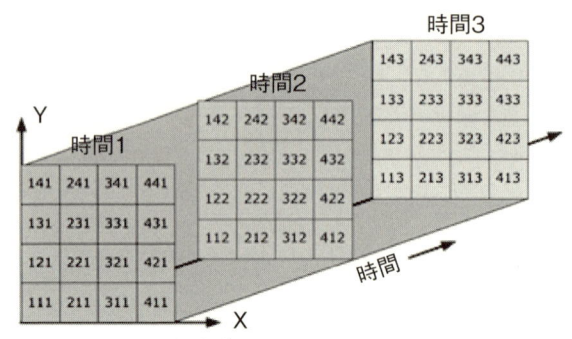

図 17.9　netCDF による 3 次元データ（Copyright © ESRI. All rights reserved.）

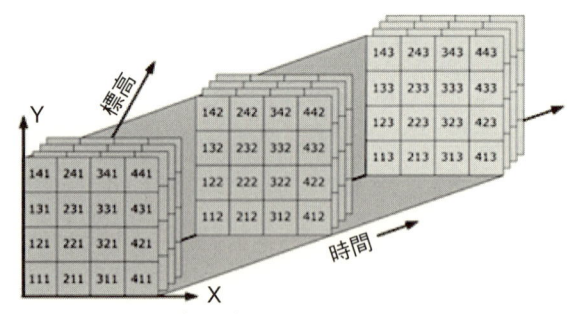

図 17.10　netCDF による 4 次元データ（Copyright © ESRI. All rights reserved.）

ることができる．

　図 17.9 は，時間の経過にともなって変化する同一地域のデータを，netCDF で表現した場合のイメージ図である．

　時間に加えて，標高がデータの変化に影響を与える場合（気温や気圧等），図 17.10 のように 4 次元データとして netCDF を構築することにより表現することが可能である．

17.2.2　時空間情報および論文情報のオンライン検索機能（クリアリング・システム）

　今後，膨大な情報が時空間情報プラットフォーム内に整備されていくにつれ，利用者側が必要な情報を効率的に検索できる仕組みが必要となる．

　時空間情報プラットフォームにおける検索機能として構築するクリアリング・システム（Clearing System）とは，「複数の情報システムを中継し，さまざ

な形式のデータを相互に利用できるようにするための仕組み」という意味のIT技術用語である.

　GISの世界においては，時空間情報のメタデータ（metadata）を格納し，公開するための検索サーバ（ノード）がインターネット上に設置され，利用者が指定した語句に基づいて検索が行われる仕組みとして構築されるものがクリアリング・システムである.

　また，時空間情報には属さない情報，たとえば論文や書籍といったものについても，同様の仕組みを用いてクリアリング・システムへ登録することにより，検索を行うことが可能である.もともとクリアリング・システムは，図書館等の膨大な書誌情報をネットワーク上で効率よく検索する仕組みを構築するところから発展したものであるので，時空間情報クリアリングのほとんどは，「Z39.50（ISO 23950）」という総合的な情報検索用通信プロトコルをサポートしている.

　時空間情報のクリアリング・システムの構築例としては，以下のものがある.
・国土地理院・地理情報クリアリングハウス　http://zgate.gsi.go.jp/
・災害支援電子地図ポータル
　http://www.geographynetwork.ne.jp/disasters/explorer.jsp
・有明・八代海環境情報クリアリング・システム
　http://www.ariake-yatsushiro-system.jp/ay_kankyo/geonet/explan.html

(1)　クリアリング・システム機能の基となるメタデータ

　時空間情報（地理情報）におけるメタデータとは，コンテンツ，品質，状態，原点などのデータ特性やその他の情報を説明する情報（「データのデータ」）を指し，その主題を説明し，文書化することが求められる.これには，データをいつ，どこで，どのように，誰が収集したか，データの取得と配布に関する情報，投影法，縮尺，解像度，特定の規格への準拠といった情報が含まれる.スーパーやコンビニエンスストアで販売されている食品に製造年月日や原材料などについての情報が何も書かれていなければ誰も購入しないのと同様，時空間情報の流通にあたってはメタデータの整備と公開は必須のものである.

　また，メタデータはプロパティとドキュメントから構成される.プロパティ（データの座標系や投影法など）はデータソースから取得され，ドキュメント（データを説明するためのキーワードなど）はメタデータ作成者によって任意に

入力される．

(2) メタデータの国際標準

　空間情報（地理情報）におけるメタデータの国際規格は，ISO (International Organization for Standardization) における専門委員会の1つである「ISO/TC211」によって策定されている．地理情報のメタデータが持つべき項目を定義した ISO 19115 "Geographic Information－Metadata" は，世界中の人々が利用することを前提にしており，一般的なメタデータ規格のすべての要件を満たすことを目指している．この規格により，メタデータにおける地理リソースの詳細な記述が可能になると同時に，必須の項目が必要最小限に絞られている．また，ISO 19139 "Geographic Information－Metadata－Implementation Specification" は，ISO 19115 のメタデータを XML 形式で格納する方法を定義する XML スキーマを提供する．

　多くの国，地域，コミュニティでは，ISO 19115 または ISO 19139 のプロファイルを国家標準として採用している．各プロファイルは，元の 19115 または 19139 規格を一部変更し，一般に，そのプロファイルに準拠するメタデータの形式を定義するための XML スキーマまたは DTD (Document Type Definition) を提供する．日本では，ISO 19115 の日本版プロファイルである JMP 2.0 (Japan Metadata Profile) が地理情報メタデータの標準となっている．

(3) 時空間情報プラットフォームにおけるメタデータの項目

　時空間情報プラットフォームに格納するメタデータの項目については，前述の ISO 19115 および JMP2.0 に基づき，2008 年度の「アジア視点の国際生態リスクマネジメントのための知的情報基盤システム構築」において検討がなされた．

　その結果，採択されたメタデータ項目は表 17.1 の通りである．

(4) クリアリング・システムの仕組み

　時空間情報プラットフォームにおけるクリアリング・システムのプロトタイプは，ArcGIS のソフトウェア製品群の1つである「ArcIMS」を用いて構築された（図 17.11）．

表 17.1 時空間情報プラットフォームにおけるメタデータ項目

分類	項目	分類	項目
一般情報	題名 作成日および言語 要約 問合せ先	空間情報	座標系 地理的境界範囲
データ集合識別情報	主題または分類 追加の特徴 キーワードの概要 主題キーワード 場所キーワード 時間キーワード 研究分類キーワード	配布情報	イントロダクション 刊行日 配布者 刊行形式 オンラインでの配布形態 オフラインでの配布形態 注文過程

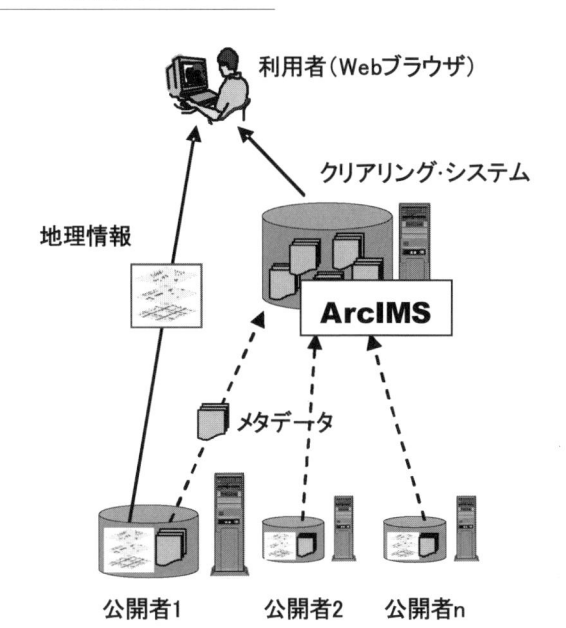

図 17.11 ArcIMS を用いたクリアリング・システムの構成

17.2.3 研究者への時空間情報の提供機能（データダウンロード機能）

時空間情報プラットフォームに格納された各種の情報（GIS データなど）を内外の研究者へ提供するために，データのダウンロード機能を設ける．

表 17.2 整備済みデータ一覧

分類 （コンテンツ）	項目	5圏の内訳
社会情報	人口（町丁・字） 神奈川県家屋	人間圏 人間圏
自然環境	神奈川県森林計画図 自然環境 GIS	生物圏 生物圏
土地利用	神奈川県土地利用 山梨県土地利用図 細密数値情報（10 m メッシュ土地利用） 国土数値情報土地利用	人間圏 人間圏 人間圏 人間圏
水質情報	水質調査地点 集水域（金目川流域・境川流域） 水質データ（金目川） 相模川流域下水道計画図 桂川流域下水道計画図 各自治体の下水道計画図	水圏 水圏 水圏 人間圏 人間圏 人間圏
基盤背景情報	数値地図 2500（空間データ基盤） 数値地図 25000（空間データ基盤） 数値地図 25000（行政界・海岸線） 数値地図 25000（地図画像） 数値地図 50 m メッシュ（標高） 都市計画基本図 PFM25000	－ － － － － － －
横浜国立大学研究成果 (21 世紀 COE)	神奈川県全域の GIS 地質図 崩壊区域 Final_sampling_pt.shp（採水調査地点） WQ_analysis.shp（調査結果） wsbysp 1101_4 dis.shp（集水域） 学術論文	－ － － － － －

(1) 2008 年度までに整備されたデータ

　時空間情報プラットフォームにおいて，2008 年度までに整備されたデータは表 17.2 の通りである．

(2) データ整備方法（入手方法）による提供手段の制約

　時空間情報プラットフォームに格納されるデータは，基本的には公開（共有）

を前提として整備されるものであるが，データの利用条件や，購入の形態によってはダウンロード機能の対象とできないものもある．

17.2.4 時空間情報の簡易閲覧機能

前項での説明の通り，時空間情報プラットフォームに装備されたデータ・ダウンロード機能により，研究者は必要なデータを入手することが可能となっている．しかし，データの名称や概要説明だけでは，それが本当に自身の求めるデータなのか否かの判別が付きにくいものも多数含まれている．

そこで，WebGISの機能を用いることにより，データのダウンロード前にウェブブラウザを用いて簡易に一部のデータコンテンツの内容を視覚的に確認できる「簡易閲覧機能」を装備する．

(1) 閲覧機能の対象となる時空間情報コンテンツ

2009年3月に試験運用が開始された時空間情報プラットフォームにおいては，以下に挙げるコンテンツがWebGISを用いた閲覧の対象となった．

① 社会情報

社会情報コンテンツとしては，「人口」「神奈川県家屋」データを閲覧することが可能．「人口」データは，1995，2000，2005年の人口統計情報で，町丁・字界ごとに集計されている．「神奈川県家屋」データは，1995，2000年の神奈川県内における家屋データで，建物の用途・構造等を確認することができる．

② 自然環境

自然環境コンテンツとしては，「神奈川県森林計画図」「自然環境GIS」データを閲覧することが可能．「神奈川県森林計画図」データは，神奈川県内の森林区域の詳細を確認することができる．また，「自然環境GIS」データは，環境省が実施する自然環境保全基礎調査の結果を閲覧することができる．

③ 土地利用

土地利用コンテンツとしては，「神奈川県土地利用」「山梨県土地利用」「細密数値情報（10mメッシュ土地利用）」「国土数値情報土地利用」データを閲覧することができる．土地利用とは，社会経済活動の土地の使われ方を地図に表現したものである．「細密数値情報（10mメッシュ土地利用）」および「国土数値情報土地利用」データでは，1970年代から1990年代にかけて時系列的にデータ整

備が行われているため,過去からの土地利用の変化を知ることができる貴重なデータである.

④ 基盤背景情報

基盤背景情報コンテンツとしては,「数値地図50mメッシュ標高」「都市計画基本図」「PFM」データが閲覧できる.「数値地図50mメッシュ標高」データは,グリッドデータ形式で作成されている.また,「都市計画基本図」データは,平塚市,秦野市より提供を受けている.

⑤ 21世紀COE

21世紀COEコンテンツは,平成14年度に文部科学省が実施した「世界的研究教育拠点の形成のための重点的支援－21世紀COEプログラム」において作成した各種GISデータである.21世紀COEプログラムでは,日本を含む東アジア地域を対象に,環境リスク情報を収集,解析,発信し,生物絶滅リスクの低減と生態系(生物多様性)保護に役立つ新しい実践的な環境科学を発展させ,地球思考を持って行動できる人材の育成を行うことを目的とした.

(2) ウェブブラウザによる2次元情報の閲覧

前項で挙げた各コンテンツは,Internet ExplorerやFirefoxといった標準的なウェブブラウザを用いて時空間情報プラットフォームへ接続することで閲覧することができる(図17.12).

(3) 3次元情報の閲覧

3次元情報の閲覧に関しては,2次元情報のように「ウェブブラウザがあれば閲覧可能」とはならず,何らかの「3次元情報の表示が可能なアプリケーション・ソフトウェア」の利用が必要となる.

ArcGISにおいては,3次元情報の表示に対応したソフトウェアとして,以下に挙げるものがある.

- ArcGIS Desktop (Core)
    - →ArcCatalog (データ管理)
    - →ArcMap (3Dデータの2D表示)
- ArcGIS Desktop Extension (3D Analyst)
    - →ArcMap (3D解析)

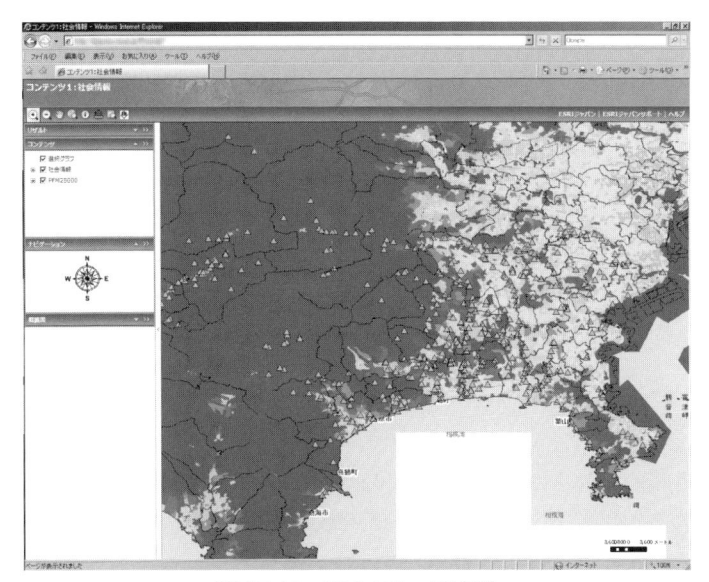

図 17.12 WebGIS の画面例

　　→ArcScene（3D ビューア）
　　→ArcGlobe（3D ビューア）
・ArcGIS Server（Core）
　　→Globe サービスによる 3D マップ配信
・ArcGIS Server 3D extension
　　→ArcGIS Desktop 3D Analyst と同等の解析機能（ジオプロセシングサービス）
・ArcGIS Explorer（無償で利用できる GIS データビューア）
　　→ArcGIS Server の Globe サービス表示

このように，対応ソフトウェアも多岐にわたるので，「3次元データをどのような目的で活用するのか」ということにより，適切なものを選択する必要がある．

17.3　まとめ

すでに述べたように，時空間情報プラットフォームにおける GIS の役割は重要であるが，その「すべて」ではない．あくまでもプラットフォーム内の情報の

取りまとめ役として，以下に挙げるような機能の実現を図るものである．
- 各種シミュレーション・システムとの連携（データの受け渡し）
- 時空間データベース管理（メタデータ管理，バージョン管理）
- 空間データの簡易閲覧（ウェブアプリケーション）
- 3次元空間データの閲覧
- クリアリング・システムによる時空間データ・論文等の検索
- 時空間データ処理・データ分析サービス

参考文献

ESRIジャパン株式会社（2008）：『GIS入門』．

久保幸夫（1996）：『新しい地理情報技術』，古今書院．

国土交通省国土地理院（2004）：「JMP2.0仕様書」．

横浜国立大学（2008）：「アジア視点の国際生態リスクマネジメントのための知的情報基盤システム構築報告書」．

Environmental Systems Research Institute (1980): *Understanding GIS*.

International Organization for Standardization (2003): ISO 19115: 2003 Geographic information—Metadata.

第18章
ハイビジョン遠隔ネットワークのマルチメディア・システム

有澤博

18.1 はじめに―インターネットを用いたマルチメディア情報交換・共有システム

　グローバル化社会と言われる今日,地域をまたいだ研究,調査,討論はいたるところで行われているが,それを支える基盤技術として,デジタル情報の広域・高速な流通は必須の要素である.中でも,ハイビジョン以上の高画質でリアルタイムに講義や討論を行うテレカンファレンスや,多次元の大容量データを複数サイトで共有し,画像の操作や指示を同期させながら行う専門的な討論の実施など,高度な要求に耐えられるシステムを構築することは,情報ネットワーク分野における現在進行中の研究開発テーマでもある.

　本章では,このようなシステムを「マルチメディア情報交換・共有システム」と呼ぶことにし,その技術開発における主要ポイントと,現在横浜国立大学有澤研究室および情報基盤センターを中心に進められている実用試験機の開発と成果について解説する.

　「マルチメディア情報交換・共有システム」に要求される技術要素の中で,高精細映像伝送,インタラクション,時空間データベース,アプリケーション共有の4つが重要である.以下で1つ1つについて,技術の現況を俯瞰すると同時に上記実用試験機ではどのように解決したかを対比させながら見ていこう.

18.2 高精細映像伝送

　映像は最も説得力のある基本的な情報やりとりの手段であるが,データ量の多さゆえ,技術上の困難があり,それを克服するための多くの研究開発が行われて

きた．

　要求される技術としては，1対向，あるいは複数個の拠点間でリアルタイムに講義や討論を行うため，インターネット上にリアルタイムに映像と音声を双方向に流して確実に再生することが基本である．インターネットの利用は，回線費の特別の追加負担がゼロであること，設置場所の移動など機動性を発揮できることなどから，大学や研究所などではうってつけといえる．技術自体はテレビ会議システムとして10年以上前から普及してきたが，最近では地デジなどの影響も受け，ハイビジョンなど高画質化が必須と言われている．実際，専門的な講義や討論ではホワイトボードに書いた小さい文字や，実物提示の詳細などを再現する必要があり，ハイビジョン精度は必須である．ちなみに従来のアナログ放送時代の通常のテレビ解像度はパソコン画面にすると640×480ドットに相当し，これを実質1秒に30フレームの割合で伝送している．一方ハイビジョンテレビ画面は1920×1080ドット（コーデックにより多少異なる）で毎秒30フレームとなっており，画像の精細度の違いは歴然としている．

　しかしながら，これら映像のデータ量という面からみると非常に大きくなるという問題がある．各ドットに自然色に対応する1677万色を割り当てると3バイトが必要であり，1秒あたりの伝送量は単純計算では通常テレビで216 Mbit（メガビット），ハイビジョンテレビでは実に1458 Mbitにもなり，これは通常のインターネットの速度（高速回線でも毎秒100 Mbit）と比べて非常に大きい．このため，多少の情報損失を覚悟の上で，元画像を圧縮して伝送する技術が開発された．現在，地デジで用いられるHDVという方式ではハイビジョン画像を25 Mbit/秒で，またハードディスクレコーダ等に用いられる新しいH.264という方式では2-8 Mbit/秒にまで下げても不自然でなく画像を圧縮（エンコード）再生（デコード）させることが可能である．インターネットを用いてハイビジョン精度の画像がリアルタイムでストレスなく伝送できるようになったのは，高度なエンコード/デコード技術の成果といってよい．

実用試験機における方法

　研究開発スタート時はエンコーダ/デコーダを含む伝送装置を自作していたが，ここ数年でテレカンファレンスシステムが非常に発達したので，現在ではメーカー製のハイビジョン伝送装置を使用している．伝送方式はH.264である．また最大9地点まで同時接続が可能である．外観を図18.1に示す．ただし，テレカ

図 18.1 テレカンファレンス外観

ンファレンスシステムはその名のとおり会議システムであるので，遠隔講義や討論会には適していないなど問題がある．それらを補うため，18.3節に述べる双方向レーザマーキング装置と組み合わせて使うことを推奨している．

18.3 インタラクション

　遠隔講義や専門分野の討論においては，電子的な資料とプレゼンテーションソフト（Power Point 等）を利用することが多いが，そのとき画面の一部を直接指し示したり，書き込んだりする，インタラクションと呼ばれる操作性が必要である．一般のテレカンファレンス（テレビ会議）システムでは，会議室で事前資料が十分整っているような環境を想定しているため，システムとのインタラクションはあまり重視されていないが，授業・講演等に利用する際には重大な欠点となる．ネットワークを介して複数サイトで討議などを行うときなど，1枚のスクリーンを全サイトで共有し，どのサイトからも自由にレーザポインタによるマー

キングが行え，それを同時に全サイトから見られることが望ましい．ところが，パソコンなどのプレゼンテーション画面をネットワーク越しに共有することは意外に難しい．パソコン画面を単純にカメラで撮影して送る方法は簡単だが，前項で述べた圧縮・再生の過程において，にじみやぼけが生じ，高精細で見やすいパソコン画面を再現することができない．そのために，最近のテレカンファレンスシステムにおいては，パソコンから映像信号を直接とりこみ伝送することにしており，その際にH.264の圧縮技術をパソコン画面向きにチューニングしたり，H.239などの専用の圧縮・伝送技術を用いるなどさまざまな工夫をしている．しかしこの場合，肝心のレーザマーキングの共有は困難である．すなわち，演者がレーザポインタや指し棒などを使って説明しているとき，（パソコン画面だけが各サイトに伝送されているので）画面のどこを指して話しているかを全サイトで共有することができなくなる．

マウスカーソルによって画面を示すとか，タブレットを使ってマーキングするなどの方法もあるが，いずれも会場での演者の動きを制約することになるので一般には好まれない．

実用試験機における方法

上記の問題を解決するため，「双方向レーザマーキング装置」を開発した（図18.2）．原理は次の通りである．

① 演者は赤外線レーザポインタを用いてスクリーンをポイントする．
② スクリーン上のレーザスポット位置を赤外カメラで検出する．
③ レーザスポット位置を制御パソコンに取り込み，スポットの時系列からマーキング画面（透明な画面にレーザポインタの軌跡やマークなどを描いたもの）を作成する．
④ 演者のPCの画面を制御パソコンに毎フレーム取り込み，その上に③の透明なマーキング画面を重ねる．
⑤ PC画面とマーキング情報を別々に各受信サイトに配信する（パソコン画面はH.239，マーキング情報は独自プロトコルを採用）．
⑥ ④で作成したマーキング画面に，さらに各受信サイト側からのマーキングも重ねて，会場のスクリーンにマーキングされたパソコン画面を投影する．

以上により，1つの送信サイトのパソコン画面を複数の受信サイトで同時に表示し，かつマーキングはどのサイトでも行える環境が整った．多地点の双方向マ

18.3 インタラクション　251

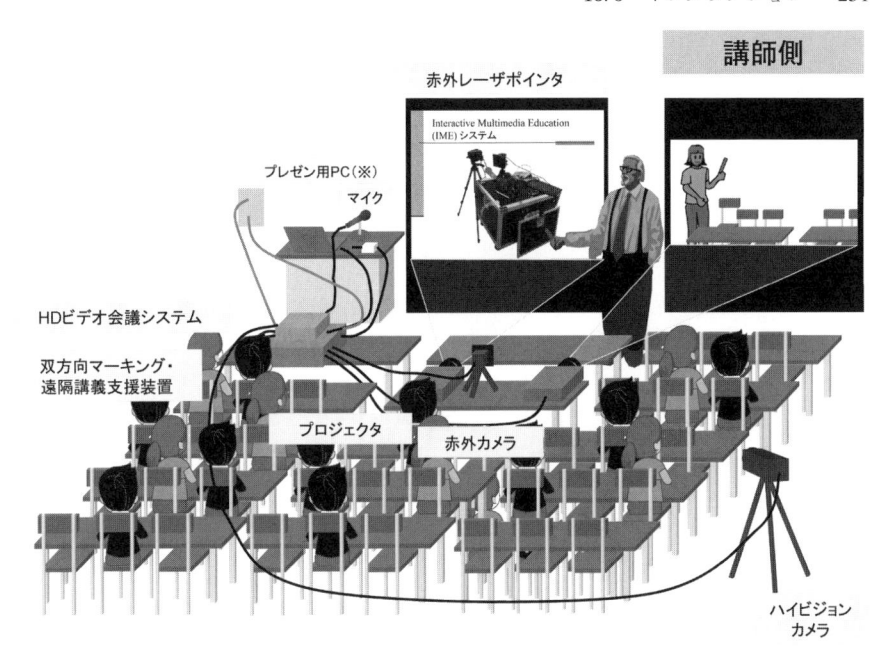

図 18.2　双方向マーキングの例

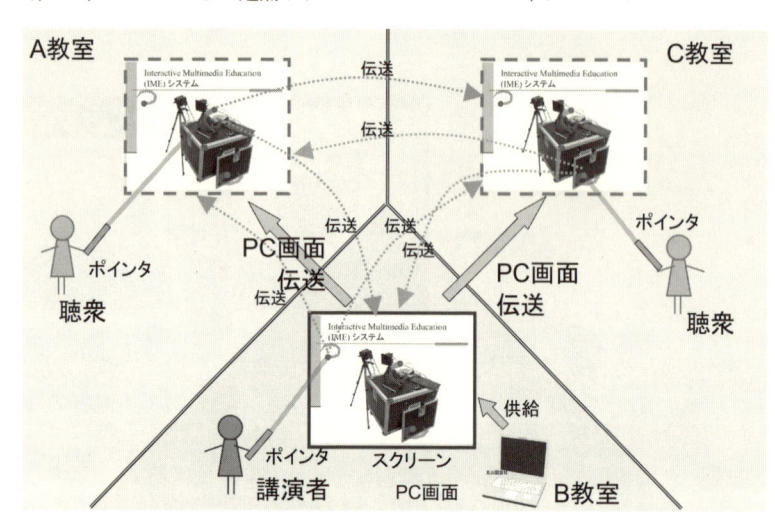

図 18.3 ポインタシェアリング

ーキングの様子（画面例）を図 18.3 に示す．この仕組みにより，遠隔地にあっても演者も受講者も 1 つのスクリーンを覗き込むような感じで互いにマーキングしながら討論することができる．この方式はシェアドスクリーンと名づけられ，実験的に遠隔講義に提供されているが，演者と聴衆の両者から非常に有効と評価されている．

18.4 時空間データベース

プレゼンテーション画面の共有と双方向マーキングを活用するためには，その背後に潤沢で精密な資料があることが前提である．最近では，医療画像や地球・生態環境などで高解像度の 3 次元データが用いられることが多い．また多次元データは，単純にある切り口からデータを平面（2 次元）化してディスプレイ表示すればよいというものではなく，たとえば 3 次元領域の抽出，画像変換，アノテーション（注釈付け）等の操作が必要で，その結果もまた元データと合わせて蓄積する．たとえば医学分野では，人体の半身を CT や MRI などの装置によって数百枚のスライス（輪切り）画像の集まりとして表現し，医師はそれをさまざまの断面から眺めて異常な部位・領域を発見し，その 3 次元領域を明示してアノテ

ーションづけを行う．このような作業全体を支えるために，3次元あるいは時間軸を含むデータを汎用的に表現・蓄積・検索・再構築する枠組みが必要であり，一般には時空間データベースと呼ばれている．しかし，現在までに汎用的に用いられる商用の時空間データベースシステムは存在していない．

さらにもう1つの問題として，講演・講義の映像，画像自体も貴重な時空間情報であると考えられるのでそのデータベース化の必要性もある．

実用試験機における方法

3次元時空間にまたがるマルチメディア情報を蓄積するために新たに「拡張 ER モデル」と呼ばれる情報表現に基づくデータベースシステムを考案し，開発している．このモデルでは，もの（オブジェクト）に関する入れ子構造（あるオブジェクトが，その内部属性値として他のオブジェクトを持つことができる構造）の定義が可能である．これによって，たとえば「検査画像オブジェクトとは，ある人体の 3 mm 間隔のスライス（横断面画像）列であって，各スライスは 512×512 個の 10 bit の濃淡値を持つ点からなる」というような場合のデータが扱いやすく表現できる．いわゆるボリュームデータと呼ばれるものである．

時空間データベースにおける主要で本質的な操作は，①空間を絞り込んで必要な情報だけを抜き出すことと，②抜き出した情報を見やすい形で自由な方向からダイナミックに表示する，の 2 点である．

以上から実用試験機には拡張 ER モデルに基づくデータベースシステムと 3 次元ボリュームビューワを組み込み，プロトタイプとしている．

また，講演，講義の映像・画像の蓄積については，主に講演者を撮影したハイビジョンビデオカメラ映像と，講演者のパソコンプレゼンテーションの画像（レーザーポインタの軌跡を重畳済み）を時間軸同期した 2 種類のストリーミングデータとして蓄積する方法を確立している．このストリーミングデータは後日，市販の編集ソフトによる編集が可能である．

18.5 アプリケーション共有

時空間データベースが 1 カ所に大量のマルチメディア情報を蓄積するのに対して，遠隔講義・討論においては，それを用いて複数のサイトで同期させながらビューワやそのほかのアプリケーションソフトを用いてデータを操作し，必要な画

像を再現させる必要性が生じる．データ量が大きくない場合には，前出のプレゼンテーション共有のような方法がとれるが，医療画像や3次元地理情報など，大きな3次元データの場合には，ビューワがそれを表示するのに2次元平面に切った高精彩の画像を毎回送信するのではネットワークがデータ量の負荷に耐えられない．このような場合には3次元データそのものを各サイトにあらかじめ配信し，さらにビューワなどのアプリケーションソフトを同期して再生させながら，講演者がパワーポイントなどで画面上の指示のみを送る，という方法が有効である．これをアプリケーション同期/共有と呼ぶ．この機能は個別の商品の中ではすでに実現されている（たとえば医療における遠隔カンファレンスシステムなど）．しかし一般のプラットフォームとしてのアプリケーション同期/共有の仕掛けはほとんど手に入らないのが現状である．

実用試験機における方法

異なったサイトで動くアプリケーションプログラムをステップ・バイ・ステップで完全に同期させることを一般的に行うのは難しい．しかし，プログラムのステップ・バイ・ステップの進行をキーボード入力に依存させるように作りこんでおき，それをシェアすることであればできそうである．そこで実用試験機ではアプリケーションが動くパソコンに対する全キーボード入力をプロトコル化し，こ

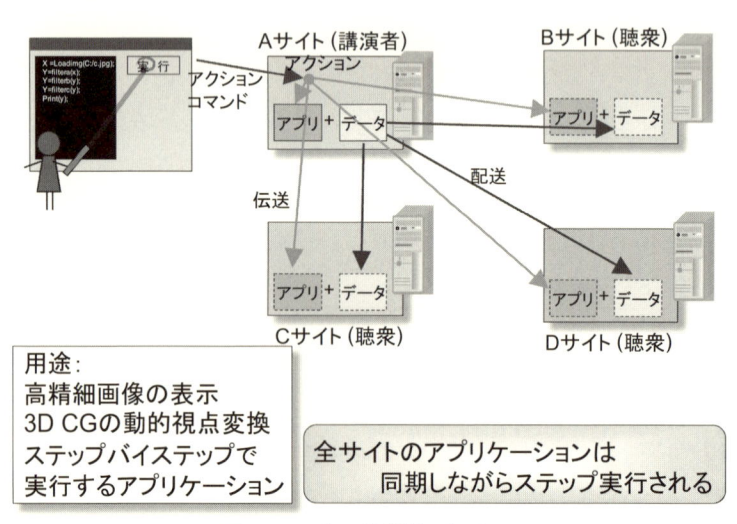

図18.4 実用試験機の概念図

れを全サイトにリアルタイムで送って共有することによりアプリケーション同期を図った．たとえば，各サイトで動く3次元ビューワが，今どの2次元断面を表示しようとしているかを共有するには，断面の位置・方向の指定を矢印キーの連続入力で変化していくようにしておけば，全サイトで同じ画像が見られる．実用試験機ではキーボード入力のプロトコル化と転送機能は実現済であり，上記のビューワを例題にアプリケーション同期が可能となるプログラムを現在開発中である．

これまでに述べてきた実用試験機におけるシステムの概念構成をまとめとして図18.4に掲げておく．

18.6 まとめ

以上述べてきたように，インターネットを用いたマルチメディア情報交換・共有システムには，いくつかの重要な技術要素があり，それらについては現有の情報/ネットワーク技術でほとんど解決できるもの，多くの課題を残すものとまちまちである．

しかし，いずれも解決すべき課題は残されており，広く普及したプラットフォームとなるにはまだまだ多くの研究開発が必要であることは間違いない．本章筆者らのグループが開発中の実用試験機における方法もまだ開発途上の部分もあり，未解決の課題も残されているし，またこれが唯一の解であるとも限らない．

だが，今後，地球規模でいろいろな場面で，多くの3次元，マルチメディア情報が交換され，それに基づくオンライン・リアルタイムの討論環境が必要とされることは目に見えており，時空間情報プラットフォームの実現に向けての技術開発については，研究開発者と利用者の両者を巻き込んだ活発な議論とともに早期の技術確立が望まれるところであろう．

第19章
情報の処理とプラットフォーム構築の方法

佐藤裕一・佐土原聡

19.1 時空間情報化の役割と機能拡張，可視化・立体視化

　時空間情報とは，「自然現象や人間活動に関係する観測量に時間と位置の属性情報を付与したもの」であり，その情報化とは「それらをデジタル化してコンピュータに格納・整理し利用できる状態にすること」である．地球上は，大きく3圏（地圏・水圏・気圏）に区別され，そこに生物圏・人間圏2圏が包含されている．3圏に起こるどの事象も，より上位スケールの事象の一部であるとともに多数の下位スケールの事象を含んでいる．また，ある1つの事象はそれに関連する多数のパラメータの観測によって初めて人間により定量的に理解されるようになる．さらに，多種・多数の観測量を時空間情報化することで，それらを組み合わせて事象の現状把握や予測が可能となり，可視化することでその機能が高められる．

　社会には個々の事象とその階層的関係性についての大量の情報が存在するが，人間が知識を深めようとすれば対象範囲を狭めざるを得ず，専門化は避け難い．また専門分野の内容を詳細に記述しようとすればするほど，専門用語という特殊言語や独自の評価基準が生まれてくる．これら詳細にわたりディテールまで深められた専門的知識の蓄積を損なうことなく，既存の枠組みを超えて専門分野が繋がり，新たな知見が生み出され，社会の輻輳する課題解決に貢献できる専門知識の集合体としての知の構築物が求められていることは第Ⅰ部で述べている通りである．この求めに応えるためのツールが時空間情報プラットフォームで，時空間情報化とは，いわば分化し深化した専門情報群を共通項の時空間属性で関連づけ，コンピュータにその関係付けられた個別事象特性情報や専門知見情報による階層性を持った情報構築物を再現する試みである．現実事象は必ず時空間属性を持っ

ている．地球上の多様な個別事象データを時空間属性という座標軸で重ね合わせて，その関係性を時空間4次元で再構築し解析できるところに時空間情報プラットフォームの有効性がある．圏や分野が異なり評価単位も違う多数の個別データを，時空間の座標軸で定量的に結合し統合することで空間の全体像を解明する．また全体や他の分野と結びつくことで個別分野の既存知見に異なる視点がもたらされて新たな意味が発見され，個別分野に学術的革新をもたらす可能性が高い．時空間情報プラットフォームの場で個別研究者がコミュニケーションすることで個と全体が双方向で交感し，新たな知の発見がなされて，知の集合体が構造化された具体像としてコンピュータの中に現れる．これらはすべてコンピュータの中での作業であり，時空間情報化が可能になったのも，コンピュータ空間情報技術の発展と蓄積があったからこそである．

これまで空間情報技術の中核であったGISは主に地理情報を対象として，さまざまな空間解析技術を蓄積してきた．本書で扱っている時空間プラットフォームでは第17章にあるようにGISサーバをポータル（入口）としながらも，その3D機能を拡張して可能な限り立体で空間解析を実施し，画像表現も重視して，立体視による量的質感もできるだけ表現することを目指し開発に着手している．その理由は第2章で触れたが，「百聞は一見にしかず」といわれるように，視覚と強く結びついている人間の頭脳思考力を最大限に引き出し，言語的概念思考の限界を超え，現実の時空間に潜在する視ることができない問題への考察を導き出したいからである．特に専門的アプローチにより引き出された知見やデータを可視的にわかりやすく表現し，異分野の研究者や一般の方々の正確で迅速な理解を得ることが重要で，文理融合や学際研究，多主体協働を実現するための異分野間の相互理解と情報共有を促進するために，時空間情報プラットフォームのこの機能は不可決である．時空間を無意識のうちに直感的かつ明確に認識しながら対象を考察でき，時空間的思考の領域をコンピュータ技術を駆使することによって拡張し，人間の知を輻輳する環境問題解決に対応できるまでに高めていく．

19.2　背景基盤情報としての自然圏（地圏・水圏・気圏）時空間情報基盤の構築

ここから時空間情報化の具体的手順について述べていくが，最初に確認してお

きたいことは，時空間情報プラットフォーム・データは科学的手順によって観測され発見されたデータへの考察の結果である事象概念が時空間画像として表示されたものであるということである．科学的知見に基づいて定量化され，時空間属性付きでなければ時空間情報プラットフォーム・データとはならない．しかし，科学的考察の結果は，プラットフォーム上で視覚的に直截に把握されるために，間違いも「どこかおかしい」と直感的に発見され把握されやすく，知的ツールとしてはかなり有効である．ただ，時空間情報プラットフォーム・データは人間の科学的考察の結果なので事象そのものではなく，絶えず変化する思考の結果であり，後日新たな発見が加わりまったく異なるものとなるという可能性もゼロではない．思考上の仮説が時空間的に可視的具体性を帯びて提示され，多人数に共有されつつ，知的協働作業の過程で相互に検討され，より現実事象を正確に反映したものへ入れ替えていけるところに，時空間情報プラットフォームの思考情報ツールとしての有効性があるといえる．

本プラットフォームで大別した自然3圏（地圏・水圏・気圏）とそれに包含される生命2圏（生物圏・人間圏）では，データの性格も異なってくるが，大きな相違点は自然3圏を極力3次元で扱い，主に2次元で整備されてきた生物圏・人間圏のデータを主な活動域である地表面で接合させていることにある．まだ本研究での3次元の解析は自然3圏のみ，現時点で生物圏・人間圏は2次元GISデータが主体であるが，将来的にはすべてを3次元で統合する予定である．

手順としては，地圏（岩石・土壌圏）の構造から時空間情報化する．地質学的時間はスケールが大きくゆっくりで，生命2圏の時間基準からするとほぼ静止状態に近いので，現在を主に取り扱う場合には静止しているものとして時間属性を無視して取り扱う．

地圏については，これまでは地表面地形が人々の日常的な関心事であり，土木建築分野でも通常数十mまでしか調査ボーリングは必要とされない．本書では第15章（水循環シミュレーション）にあるように，地表・地下の水循環を一体的に把握するためのシミュレーションを実施する必要から，洪積・沖積の堆積層底面のみであるが地下構造の3次元デジタル化を行った．現在は富士山・桂川流域，秦野市のより詳細な3次元地下構造のデジタル化に取り組んでいる．第6章（地球科学）で触れられているように，神奈川拡大流域圏には地球科学的に大きなリスクが潜在しており，地域の自治体や住民に地球科学的な視点で足元の地下

19.2 背景基盤情報としての自然圏（地圏・水圏・気圏）時空間情報基盤の構築 259

構造を可視化して共有することが求められている．

　秦野市の場合，付加体の大磯丘陵が先行付加体である丹沢山地にぶつかり，渋沢断層面ができて南側が隆起し，秦野盆地を形成している．盆地内には秦野断層も存在し，さらに活断層が発見されていて，未発見のものもあると予想される．今後100年以内には再びプレート型の大規模地震発生が確実視され，その前に活断層による地震が起きる可能性も小さくはない．神奈川拡大流域圏はこのように地球科学的に特殊な場所で地震リスクが大きく，地下情報の可視化による人々の理解の喚起と，科学的分析精度の向上，地震を想定した対策の構築など，科学的で正確な地下構造情報の共有に基づく社会の対応が必須となってくる．現在秦野市の委託により700本のボーリング・データを立体的に可視できる形で入力し，盆地の基盤構造と主な地層区分に基づく堆積層の立体視モデルを構築している（第14章参照）．これをたたき台に地球科学の研究者による検討を加え，より精度の高い信頼できるモデルを作り上げる作業を準備しており，その経過を自治体や住民が共有していくことで，上記の社会対応を喚起し，科学的検討を基とした多主体協働を実現していきたい．

　水圏については「水は方円に従う」と言われるように，水はほぼ地形地質構造に従い流れ留まる．第15章では海域・湖沼域を除いた水循環についてのみであるが，この水循環シミュレーションの特徴は，方円としての地下地表構造に基づき100万グリッドの立体キューブの流域の塊をコンピュータの中に作り出し，年月を模擬的に繰り返して初期値を求め，そこから流域の水循環を再現したことである．それにより地形および地質構造を反映した地表・地下水一体の水循環が再現され，解析結果が可視化されて示されている．これにより地表水は地下水の一部が地表面に現れ出たもので，それが河川や湖沼となったものにすぎず，量的にも地下水のほうが圧倒的に大量であることがわかる．粗々のモデルではあるが富士山から東京湾までの地下数千mの水の挙動が流線図として描かれている（口絵図2）．相模川や酒匂川流域には富士山を水源とした御坂山地・丹沢山地・箱根火山の山岳地帯を水源域とする大きな水の流動があり，それが地表面に姿を見せ流域のさまざまな河川となって，河口に近い相模川馬入取水堰や酒匂川飯泉取水堰で飲料・生活用水として良質・豊富な河川水を大量に取水することを可能にしていることがわかる．この大規模な地下水塊のために，たとえ上流で大量に取水し，さらに相模川・酒匂川支流から都市域の汚れた水が流れ込んでも，河床か

らの地下水で希釈され本川の水質や水量が確保されるので，下流堰での取水を可能としていると思われる．このような流域のメカニズムが水循環シミュレータの流線図と地下水位等高線や河川水質実測データから推察できる．神奈川拡大流域圏に住んでいる960万人はこの大きな水循環に支えられているのであって，流域の水管理もこの地下水流動を共有認識することから始められなければならないと言える．

　今回のプラットフォームの特徴は，地下構造モデルと水循環シミュレーションの2つのモデルが時空間的に一体となっていることである．このことにより，相互検証が可能となり，時空間情報プラットフォームの精度を向上させることができると考えられる．たとえば，河川や地下水の実測データとシミュレーション結果が異なる場合，水循環シミュレーションモデルに間違いがなければ，その前提となる地下構造モデルが現状を反映していないことになり，再検討を要することになる．一般に地下の場合，信頼できる大深度のボーリング・データが不足しており，空白の部分は地質の専門家の推察に頼らざるを得ないが，それを水循環シミュレーション結果で検証し修正することで，精度を上げていくことができると考えられる．ただそのためには，地下構造モデル・シミュレーション・モニタリングの3プロセスのサイクルを回す必要があり，これは継続的な研究体制を構築できるかどうかにかかってくる．

　盆地内の地下水が主たる水源である秦野市では，現在，より科学的なモニタリング体制を検討中である．過剰揚水による利用可能地下水量の枯渇と化学物質による地下水汚染を経験した秦野市では地下地質・地下水関連データが充実しており，これにさらに詳細な実測モニタリング・データを追加して，新たな科学的モニタリング・システムを構築し，これを水循環シミュレーションと照合していくことで，地下構造モデル・水循環シミュレーション・実測モニタリングのサイクルを回していくことができると考えられる．このサイクルは時空間情報属性によって構造的に統合されており，地球科学の大規模な変化と人間の水利用スケールを定量的に連結して考察することが可能となってくる．

　気圏における大気循環のシミュレーションは，さまざまな生態系や水質に影響を与える活性窒素の把握にターゲットを絞って行った．国立環境研究所等で開発したEAGrid 2000による2000年の窒素酸化物とアンモニアの発生源データをもとに，2006年度の気象データと輸送モデルを使い，各月平均の乾性沈着・湿性

沈着をシミュレーションした．現在硝酸態窒素の実測データの収集とシミュレーション結果との対応関係の検証作業を進め始めているが，絶対量にはまだ精度的な問題が残るものの，相対的な大小についてはかなりの再現性があるという確認が得られており，モニタリング観測体制の整備とシミュレーションの精度の向上を進める予定である．

中央自動車道等が発生源の窒素酸化物が相模湖・津久井湖のアオコ発生の主たる原因であることがこのシミュレーション結果から推測され，そのメカニズムの仮説を検討している．人工物質が大気に搬送され大気由来物質として地上に沈着し，それが森林や土壌の生態系を経由して水循環に乗ってダム湖に運ばれ，富栄養化しアオコが発生する．このメカニズム解明のために，本研究では富士山周辺とそこを水源とする桂川流域の地下構造モデルの構築，それを基にした水循環シミュレーションを行った．この結果と窒素酸化物の大気搬送シミュレーション結果とを組み合わせ，これに水質モニタリング・データや交通量・人口・土地利用などの社会データを重ねて，時空間解析を試みている．ここでは大気循環シミュレーションによる窒素沈着分布が富栄養化と関係しているという「気づき」につながっており，シミュレーション結果が時空間情報として可視化されたことが大きく，本来見えないものが可視的に提示されることの効果は大きい．

このように，地下構造モデルを基とした水循環シミュレーションに，大気循環シミュレーションを組み合わせていくことで，自然3圏の全体像の時空間モデルがコンピュータに再現される．この自然3圏の情報基盤の上に生物圏と人間圏のデータを乗せ，地下構造や水・大気循環が可視化された明確な環境情報を背景として，窒素酸化物などの挙動やその発生源などから環境問題を考察する．これまで，このような基盤情報がないままに生態系や都市環境を検討し，対策や施策が実施されてきたために，必ずしも適切な保全や環境対策がなされてきたとは言い難い．第11章で指摘するように「自然資源の有する多様な価値を可視化すること」が求められ，工学的な大幅改変に頼らない環境の潜在的なポテンシャルを生かした自然共生型技術による地球環境対応施策体系に脱皮しなければならない．それには周辺の自然を科学的に読み解き，多分野の人々が理解共有して，具体的な対策が検討できる環境情報基盤が必要で，わかりやすく科学的に可視化・定量化されていることが求められる．自然3圏は相互に関係し，熱や物質が循環している大きな系である．次の課題はこの水循環と大気循環を連結し降雨や水蒸気に

よる水や熱，物質のやり取りを再現した大気・水・熱・物質循環シミュレーションによる，自然3圏の統合シミュレーションモデルの構築となる．

現在の神奈川拡大流域圏のプロトタイプは情報量としてはほんの骨格部分にすぎず，これから研究協力者の輪を広げながらデータを積み上げて内容を充実させていく必要がある．

19.3 生命圏（生物圏・人間圏）の時空間情報化

生物圏と人間圏は生息・活動域を重複させており，農耕開始以来の人類による生態系改変と収奪は大規模で，それを抜きにして生態系の現状を語ることはできない．それゆえ人間起源の環境問題としての生物多様性の喪失がある．特に近年注目されているのが生態系サービスという概念で，生態系の働きによる水や食料という生態系の恩恵（サービス）がなければ人間の存続が不可能で，生態系サービスを持続的に享受するためには生態系における生物多様性を維持できるように，人間の生態系への関与の在り方を変えていかなければならないとするものである．生物と人間は，人間が一方的に決定しているにせよ，地球上の地圏・水圏・気圏の空間を生息域・活動域として分け合いながら生存している．人間が占有域を拡大すれば，他の生物の生存域は確実に縮小する，トレードオフの関係にある．生物多様性については人間に主導権と責任があり，その結果は人間に跳ね返ってくる．

19.3.1 生物圏データ

いずれにせよ生物圏は空間の中で人間圏の影響を受けており，われわれの研究では第Ⅱ部にあるように，その相互関係性を明らかにすることを目的の1つとしており，プラットフォームのデータもそのための整備を予定している．

まだデータの蓄積が緒に就いたばかりであるため，ここでは基本的な考え方について報告する．当然，綿密な生態系調査に基づいた生物自体のデータを充実させることが基本であるが，以下のような点を重視することにしている．

(1) 生物圏データと人間圏データを表裏一体のものとして，それを考慮して作成する．
(2) 生物圏と人間圏の相互関係を国連ミレニアム生態系評価（MA）の概念

的枠組みで整理する．
(3) 地圏・水圏・気圏の自然3圏情報を生存基盤情報として重視し，精度を上げていく．
(4) 景観単位で生態系を立体的に把握する．

1つめの点であるが，神奈川拡大流域圏のように人間活動が卓越しているエリアでは特に重要である．また，当然のことながら生物圏より人間圏についてのデータが圧倒的に多く，それを生物にとっての環境データと読み替えていくことで生物圏データが充実してくる．たとえば，土地利用図である．神奈川の場合，国勢調査年と同年の5年ごとに都市計画基礎調査で詳細なデジタル土地利用図が作成されており，土地利用タイプごとに区分されているが，これは生物側からは人間の影響の類型による生息環境図である．これが5年ごとに作成されているので，これに併せて生物調査を実施することで，生態系の実態が把握できると考えられる．しかしこれはあくまで人間スケールのデータである．人間よりはるかに小さな生物に関して把握する場合，そのスケールの微小な環境を反映した空間データが必要である．基盤データとしては高解像度の航空写真が利用可能である．これは数十cmの解像度があり，自治体では定期的に撮影しているので，それを基にして生物環境図の作成が可能である．

2つめのMAの概念枠組みを用いたデータの相互関係性の重視であるが，これを重要視する理由は，生態系を変化させている人間側の真の原因を明らかにしない限り，正しい解決法を見出せないことがあげられる．生息域の生態系を調査した上で，そこにかかわる人間の直接変化要因を明確にしながら，直接変化要因を動かす間接変化要因にまで遡ることが必要である．丹沢の2次林の森林生態系の場合，森林生態系現況図を出発点として，森林管理履歴分布図，所有者の管理意思確認，林業の実態調査などが必要であると想定されるが，神奈川県の場合はGISデータとして整備されている．このような生物圏データのほかに間接変化要因となる人間圏データが必要となってくるが，それについては次項で報告する．

3つめの自然3圏との関係については，当然のことではあるが，これまで自然3圏のデータがないか，あってもきわめて貧弱で，生態系を成立させている基盤となる自然条件について正確な情報がないままに，生物についての考察が進められてきた．生息条件である気象や水循環の環境条件を時空間情報プラットフォームにデータベースとして格納して，それを背景とすることで，生物圏のデータも

生きてくる.

4つめに，生態系を景観単位でシステムとして捉えてデータベース化し，併せて地形や土壌層厚，および高木・亜高木・低木・林床などの森林構成なども立体的に表示できることを目指す．また，データベースの利用の入口に関して航空写真や3次元立体図などで，できる限りリアルで一般の人にもわかりやすい形を目指す．

なお，綿密な生態系調査に基づいた生物自体のデータを充実させることが基本であることは言うまでもない．

19.3.2　人間圏データ

人間圏の時空間情報は地図情報という形でさまざまな情報が蓄積されてきており，近年はナビゲーション・サービスを始めとしてデジタルの詳細な地図情報が急速に普及している．それらの紹介は別書を参考にしていただくとして，ここでは時空間情報プラットフォームでの取り扱いの基本的な考え方を説明する．

(1)　時系列で空間情報を整理する

同じ地域の空間情報であっても，それらはそれぞれに歴史的なある一瞬の空間の状態をあるテーマで解釈して写し取ったものであるので，時系列で整理しておかなければならない．また地図情報であれば，作成時の使用目的によって表記方法が異なるので，単に時系列的に同縮尺で並列させたとしても，そこから目的とする情報を読み取ることが困難である．また国土地理院の地図であっても，年代で微妙に表記が異なってくるので，そのようなずれを修正する必要がある．基本的に正確な空間情報は時代を遡るにつれ，きわめて少なくなってくる．したがって歴史的な記述や数量データを使い，現在の空間情報を基に過去の空間情報を再現していくといった作業が必要になる．たとえば人口などの場合，市町村合併や町丁字目変更が頻繁になされるので，その変更を追っていくとともにその空間単位を統一しないと比較検討ができない．

事象は時系列で生起し因果の関係を成立させているので，いまある現象の原因を探ろうとすると，現象を時系列に遡っていく必要がある．したがって，時系列で空間情報を整理することは，当たり前のことながら時空間情報化の入り口で，必須の作業であるといえる．現状は時空間情報として扱う時系列での情報処理は

緒に就いたところである．

(2) 単位を整理する

　時空間情報はあるテーマで作成される．時空間情報の必須属性として時間と空間（位置・長さ・面積）があるが，対象目的ごとに定量化の単位が異なる．そのような単位を時空間情報として整理することが，比較検討し事象の因果を発見し関係の定量化をしていくためには必要な作業である．特に異なる分野を横断的につないでいこうとするとこの壁に突きあたる．極端な例でいえば経済の単位は円であり，ヒトは人（にん）となり，流量はトンというように，社会にはさまざまな単位・尺度があり，それぞれの分野で目的に応じて定量化の単位がある．極端に言えば，時空間属性以外に共通単位はないと考えざるを得ないし，だからこそ時空間情報プラットフォームの役割があると言えるが，それらの単位を整理する必要がある．異なる単位間の関係性を整理することには，実はかなりの作業が必要で，その理由は異なる分野の成果の関係性を詳しく解析するという過程を踏む必要があり，この複数の異分野の内容を理解するという地道な努力が求められるためである．これまで文理融合や異分野協働が言われてきたが，それがなかなか進まなかった理由もこの辺にある．単位を整理するというより，分野間を整理するということであるかもしれない．

(3) フォーマットを整理する

　詳しくは第17章で説明しているが，情報の分野のように急速に変化しながら進化している分野では，絶えず新しいシステムが生まれ，同時に新しいフォーマットが誕生するので，このフォーマット間の互換や標準化という課題が絶えず発生してくる．これはIT時代の宿命でもあり，空間情報の標準化については国でも具体的な作業を進めているが，今後も大きな変化が起きてくると考えざるを得ない．

　以上のようなことが，日々デジタル空間情報が生産されている人間圏データを処理し，時空間情報プラットフォーム情報として扱う上での主な課題であるが，これは時空間情報プラットフォーム全体にわたる課題でもある．

19.4 データの重ね・組み合わせと概念的構造化へのフィードバック

　この時空間情報プラットフォームの大きな利点は，5圏の事象を時空間データで関係づけることで，これまで困難であった異分野間・多分野横断的な考察が可能になることである．たとえば，自動車や都市活動からの排気による汚染が大気から地上に沈着し，土壌を経由して河川に流れこみ，湖沼や内海で汚染・富栄養化が起こって赤潮やアオコが発生している場合，汚染源の人間圏情報から始まり，気圏・地圏・水圏を経て生物圏の異常ということになる．この場合，それぞれの圏を時空間情報でつないで定量的に把握することが必要となる．環境問題の場合，このようなことが5圏をまたいで至るところに起こっていると想定できるが，何が起きているのか私たちには見えずに見逃され，突然環境問題として顕在化するというのがこれまで大半であった．

　おそらく充実した時空間情報プラットフォームがあれば，そこに新たな環境問題のデータを重ね，異なる分野のデータと組み合わせていくことで，比較的迅速・正確に原因を発見し，具体的な対策を立てていくことができるようになる．また，このような新たなデータがデータベースに蓄積されていくことで，時空間情報プラットフォームの機能も徐々に向上していく．つまり，利用されることでツールである時空間情報プラットフォームも成長していくという，成長型のツールとなる．

　また，これが肝心なことであるが，時空間情報プラットフォームから導き出された結果を，再度前段の概念的構造化のプロセスにフィードバックすることである．結果を再び自由な人間の思考にゆだねることで，より高度な仮説が誕生してくる可能性が大きく，大胆な解決策を発見できるかもしれない．人間の頭脳の創造性をフルに生かして，生まれ出たものを時空間情報プラットフォームで検証することで，知的成果の精度が向上していく．このようなサイクルを繰り返すことで，地球環境時代の新たなアクションプランが多主体で共有されつつ自然に形成されてくることを期待したい．

19.5　今後の展開

　これまで神奈川拡大流域圏を対象フィールドに時空間情報プラットフォームの

構築を目指し，そのための概念と手法の整理をしてきた．一部具体的なデータの蓄積を始め，その成果は第Ⅱ部と第Ⅲ部にある通りである．まだまだ入口に立っている状況で，今後はフィールドを絞り込んで，5圏を統合した実証的なプロトタイプ・モデルを構築したいと考え準備を進めている．内容的には多分野の人々の協働が必要で，そのためにも第17章，第18章にあるシステムを協働作業のツールとして活用して進める予定である．詳細は第Ⅳ部に紹介しているので参考にしていただきたい．

第IV部
時空間情報プラットフォームの活用

　実際の地域課題解決のための時空間情報プラットフォームの実践的活用という次の段階へ向けてのアプローチについて報告する．また，プラットフォーム構築作業プロセスの段階での協働の必要性と，プラットフォームが知的協働の場となり，新たな実践協働を生み出す協働支援の可能性を示す．さらにそれら協働が次第に多主体の相互関係性と役割を構造化し共有目的を明らかにしていく，行動の構造化の可能性について触れる．最後に本時空間情報プラットフォームの課題と今後の展望について報告する．

第20章
現場への活用と実践運用による貢献

佐藤裕一・佐土原聡

20.1 はじめに

　ここ数年，時空間情報プラットフォームの構築を模索する中で，フィールドを自治体スケールに限定し，現実データを基にした5圏の階層的構造を持つ時空間情報データベース構築の必要性が生じてきた．それはスケールを小規模にすることで各事象のデータ総量を少なくし，その分個別事象データの精度を上げて，多種多様な事象データを重層的に扱い，時空間情報化して相互関係性を検証することと，階層的構造のデータベースを実際に構築運用して，時空間情報プラットフォームの有効性を検証する必要があるからである．さらにそれを自治体活動の場で実際に適用して，操作性や運用性の課題を抽出してフィードバックし，プラットフォームの実用モデルを完成させるためでもある．それは対象フィールドの住民や自治体活動への直接的な貢献も目的としている．このようなことから，市販のデスクトップ・コンピュータのサーバにデータを格納し操作するというデータ容量の限界内で，1専門分野あたりの研究負荷を小さくして，できるだけ多分野多数の研究者の参画を実現し，多様なフィールドの専門分野データを準備してコンピュータ・サーバに格納していく必要があった．

20.2 秦野市での取り組みのきっかけ

　紆余曲折をへて，現在は神奈川県秦野市をフィールドとして取り組んでいる．その理由はいくつかあるが，大きな理由の1つは，秦野市にこのような時空間情報プラットフォームを必要とする潜在的なニーズがあったことである．
　神奈川県中央部に位置し，丹沢山地と大磯丘陵に挟まれた秦野盆地を中心とす

20.2 秦野市での取り組みのきっかけ

る秦野市は，盆地が洪積層主体の地下ダム構造となっていて，3億トンともいわれる地下水に恵まれ，市内の大規模工業団地の需要も含め上水道供給の70%を地下水で賄っている．秦野市は2つの水問題の危機を体験してきた．その1つは，高度成長期に急速な工場立地と大量の工業用水汲み上げで地下水位が下がり，水量の危機が言われたために，さまざまな地下水涵養施策が実施されたことが挙げられる．地下水はタダという日本の法制度の中，最終的には地下水は公水という考え方で，市条例による企業揚水の有料化と新規揚水の禁止に踏み切った．もう1つは，年号が平成となった1989年，今度は，環境省の名水百選に選ばれた秦野湧水群の1つ「弘法の泉」が有機溶剤の成分に汚染されているという雑誌報道を機に，水質の危機が顕在化してきたことである．汚染源を特定するために，多くのボーリングの実施により地下構造を明らかにして，地下水の挙動を把握することから対策が始められた．その結果，扇状盆地中央の工業団地内の事業所への立ち入りや事業所内ボーリングも行われ，汚染源も確定して対策が実施された．最終的には汚染地下水を揚水し溶剤汚染成分を透析して地下帯水層に戻すという方法で浄化し，2004年にようやく名水復活宣言がなされるまで，16年の年月と数億円の対策費が投ぜられた．

　これらの対策には市の職員が先頭に立ち，外部の研究機関の支援を得ながらも，市が自力で解決にあたってきた．それらを牽引してきたのが市職員Tさんである．秦野市の地下水の生き字引ともいうべき方で，庁内の信頼も厚く，秦野市が外部に依存せずに地下水の量と質の危機を乗り越えてきた原動力になった人であったが，いつしか水問題はTさんに依存するという体制になって，後継者問題に悩むことになった．そのTさんが2010年3月いよいよ退職することになった．

　2006年から佐土原研究室では秦野市を水源とする金目川流域を対象として研究活動を開始しており，Tさんともしばしば接触することとなり，翌2007年から秦野市を中心に研究を進めるようになった．その時痛感したのが，どうにかしてTさんの持つ知識経験を次世代に残さなければ，秦野市は地下水を初めとする水の知的財産を失ってしまうということであった．その時提案したのが「Tさんの頭の中をコンピュータに置いていく」ことだった．すなわち膨大な各種調査報告書や水量水質のデータ，条例制定関連資料，地質調査データなどが，紙やパソコンにバラバラに存在しているが，それらを体系化していたTさんの知識体験が失われるとともに，それらも分散した単なる個別資料・データの寄せ集めと

化してしまう危惧があった．それらを階層的に構造化した時空間情報データとして格納し，次世代の市職員の皆さんが視覚化して理解を深めながら活用できるようにしておくことが必要とされた．特にTさんの頭の中にイメージされている秦野盆地の地下構造と地下水挙動は，本来だれもが直接目にすることはなく，非常に伝え難いものであるが，これを理解しない限り，秦野盆地の地下水や水資源はまったく理解してもらえない．それを時空間情報プラットフォームで可視化して，誰もが視覚的に理解ができるようにすること，さらに現代の科学技術で補強して，地下構造や水循環を科学的に定量化して，随時モニタリングや水管理に役立つようにすることである．

現在第14章から第18章までの筆者と関係者が協力して，「Tさんの知識経験と膨大な資料データを科学的に補完強化し，できるだけわかりやすい可視的なものとして，コンピュータ・サーバの時空間情報データベースに格納し，それを活用しやすい状況にする」ための努力を重ねている．全国の自治体には多数のTさんがいて，退職とともにその知識情報と関連資料データが消えていっていると思われる．そのような知的資産を蓄積して活用し続けるための，知的情報社会の基盤として時空間情報プラットフォームは機能する．

これが秦野市の持っていた潜在ニーズで，時空間情報プラットフォームが存在しなければそのニーズが顕在化することはなかったことになる．

20.3 秦野モデル構築の背景

デジタルの地下構造立体モデル構築の中間報告のおり，秦野市長が「秦野の地下がどうなっているのか，また，3億トンと芦ノ湖の1.5倍の地下水があるといわれるが，どれだけあるか正確に知りたい．また，工業用水にどれだけの水が使えて，さらに企業誘致がどれだけ可能なのかを知りたい」と言われた．秦野市の場合，この地下水が市民生活や産業社会活動を支える基盤要因となっており，有料とはいえ神奈川県の広域水道の3分1という水道低料金はこの地下水ゆえに実現していて，いわば地下水の存在量が秦野市の水環境容量限界値となっている．したがってその量と質を正確に把握して，それをいかに上手に活用していくかが市政発展の重要なカギとなっている．

われわれは，このようなニーズに応えるために，産業技術総合研究所の地下水

研究グループにも相談し，地下水を中心に据えた科学的な水循環管理システム構築事業を最終目標に想定している．前段の調査研究プロセスとして，その土台となる時空間情報データベース作りを行い，秦野市の水循環を可能な限り科学的に把握して，研究者横断で情報共有できる仕組みを構築することを考えている．「Tさんの頭の中をコンピュータに再現する」ことはその出発点であるが，Tさんの所属する環境保全課は水の危機管理の役割を果たしている．秦野市にはこの他に水道局と下水道部という直接水にかかわる部局があり，少なくとも水関連3部局横断の時空間情報データベースを考えていかなければならない．また水循環という観点からは，森林・農地や市街地・工場での水管理も関係する．さらに秦野市の地下水の潜在可能性を引き出し，持続可能に利用管理していくということとなれば，産業や都市計画，環境，教育といったセクションも関わってくることになり，結局全庁横断の取り組みが必要とされてくる．

　地球環境時代における地域には，結局地域の自然環境の潜在可能性を読み取り，それを上手に引き出しながら，できる限り地球環境負荷の小さな地域運営を図り，自然環境に寄り添って環境容量を上手に生かした持続可能な地域づくりが求められる．このようなことを実現するためには，行政組織内の部局横断の仕組みを作るだけでなく，市民や企業との分野横断的な協働を可能とする仕組みを考え出さなければならない．そのためにわれわれが今手にすることができる有効な道具が情報通信技術である．地球環境時代は"Think Globally, Act Locally"（地球視点で考えて，地域規模で行動すること）が行動規範となり，地域の事象を地球規模の現象と関連づけながら考えることが必要となり，それを支援する道具はIT技術である．その1つが本書でわれわれが提案している時空間情報プラットフォーム・システムであり，ウェブと繋がることによって地球情報システムの一部ともなりうる．しかし，地域の事象や地球の現象の情報を手にすることは容易ではない．そのようなことに関する科学的知見がそもそもなかったり，あったとしてもあまりに専門に特化した断片であったりして一般市民や他分野研究者には理解困難な場合も多い．そのような困難を乗り超えることを目的として，民官産学協働による時空間情報プラットフォームの秦野モデルを構築しようとしている．

　ここから先は一部実現しているものの，現段階ではあくまで企画書ないしは計画書段階ということになり，仮定的な内容で，秦野市にも研究協力要請・提案の段階である．残念ながら現実のフィールドで多面的なデータを網羅した完成形の

時空間情報プラットフォーム・データベースを構築するところまでまだ研究レベルが到達しておらず，秦野市でようやく実現可能となってきた段階である．今回はその見取り図を報告し，時空間情報プラットフォームの全体像をイメージしていただき，詳細については数年後に再度ご報告できればと考えている．

20.4 秦野現況モデルの構築

　私たちが秦野モデルと呼ぶものには，器としてのITシステム・モデルとコンテンツとしての地域モデルの2種類がある．さらに後者には地域の多種多様なデータに時空間属性が付与され，時空間情報プラットフォーム・データベースに階層的に構造化して格納された秦野市の現況（過去・現在）についてのデジタル・データ群である現況モデルと，これを基に秦野市民の政策・行動選択への利用を前提とした仮説的な変数で予測値を導き出した将来モデルとがある．ただし将来モデルの場合，単なる時空間情報化された将来予測デジタルモデルではなく，多主体協働により低炭素社会や生物多様性保全社会を実現できる持続可能な目標モデルを導き出すことを念頭においている．むしろ力点は多主体による協働プロセスを深めていくことにあるといえる．この多主体協働と持続可能モデルについては第21章で詳しく述べる．

　秦野現況モデルでは水循環の把握を基盤として，その評価のエンド・ポイントを地下水の質と量に置く．秦野盆地での人間の歴史では水利用の限界の克服が課題で，後背地の急峻な丹沢山地と麓の急傾斜の扇状地で人間が水をいかに確保し利用できるかが生活の基軸であった．縄文時代以前には扇端の湧水地帯が良好な居住域であったが，荒い洪積砂礫が主の扇状地は河川が伏流し，水田は河川にへばりつくようにしか開発できなかった．明治期に増加する市街地人口を支えるために日本で3番目に近代水道が敷設されたのも秦野の水利用格闘史の一端である．それゆえ畑作中心の歴史が長く，戦後しばらくまでタバコや落花生が秦野の主産物であった．その畑地に高度経済成長期に大規模内陸工業団地が開発され，地下水を大量に人工揚水して大規模工場群が稼働し始め，地下水位が低下し，前述したように工業誘致は用地より地下水量が限界要因となってきた．そしてその地下水が工場により汚染され，それを漸く克服して一息ついているのが現在である．

　秦野市域の約半分以上が林地で，そのほとんどが盆地の北に1000 m以上の標

高で屏風のようにそそり立つ丹沢山地にあり，そこに相模湾からの湿潤なモンスーンが吹き付けて大量の降雨をもたらしている．盆地での年間降水量が約1500 mm なのに対して丹沢山地では2000 mm であり，南斜面への降水はすべてなべ底型の秦野盆地に流れ込み，いったん貯留され，東の金目川と西の四十八瀬川の谷から地表・地下水の形で盆地外に流出している．また一部は盆地南の縁にあたる渋沢丘陵地で盆地からあふれ出る地下水として大磯丘陵に流れ出している．これらの盆地外への流出水は地表・地下を経由して，ほとんどすべてが相模湾へと還っていく．このような水循環の中に秦野市が位置しており，高度経済成長期以降は大規模工業団地開発主導の人口急増により扇状盆地での市街地拡張が急速に進行し，盆地域での水源涵養力が急速に低下して，地下浸透涵養施策が実施されている．秦野市も人口増が横ばいに転じて長く，日本の人口減少に伴いやがて人口減に転じていくことは確実である．また日本の産業構造の脱製造業化が急速に進行しており，輸出依存型の市内の有力製造業をつなぎ止めておくためにも，低廉で良質の地下水源の工業用水供給を確保していくことは，秦野市経済の生命線でもある．したがって市長発言にもあるように，秦野盆地の水ガメにどれだけの水があり利用可能なのかを把握することが重要であるとともに，それ以上に秦野市の環境全般にわたって水循環が重要なバックボーンとなっている．

　第Ⅱ部でも紹介したようにプレート型・活断層型どちらの大規模地震がいつ起きても不思議がない地帯の中央に秦野市は位置していて，盆地地表面の人工覆被化とともに秦野市の水源涵養力を丹沢水源林が担う比率が高くなっている．その丹沢山地の森林，特に大部分を占める人工林が著しく荒廃して林床土壌が流出し，地震時の斜面崩壊や倒木が避け得ない状況となっている．幸い秦野市はダム湖による表流水に依存していないので，地震による直接被害は上水管路の損傷等に留まるが，この時秦野市の地下水は南東部の隣接市町の緊急時水源として重要な役割を担うことは必定であり，大規模地震時水源としても広域的な役割が期待される．しかし，水源森林域の地震打撃は水源涵養力を徐々にではあるが着実に大きく損傷低下させ，秦野市はその回復に長期間にわたり悩むことになる．その地震損傷を最小限に食い止めるためには，脆弱な人工林から地震に強い強靱な森林へ丹沢の山林を変えていかなければならないし，土壌再生も視野に入れるなら，100年オーダーの対策の積み重ねが必要である．秦野市は2010年全国植樹祭の開催地で，「百年の森づくり」を標榜しているが，これを決して環境スローガン

に終わらせることなく，本気で「百年の勁い森づくり」に取り組むことが望まれる．そのシナリオは森林生態学や地質・地球科学など関連する幅広い科学的知見の裏付けがなければ描き得ない．その出発点の土台が時空間情報プラットフォームによる5圏統合型「秦野現況モデル」であり，現在の状況が科学的に把握されていなければ将来への対策は不可能である．

20.5 現況モデルから持続可能な将来のモデルづくりへ

2020年に秦野市域のほぼ中央の丹沢山麓の里山を第二（新）東名高速道路が開通の予定である．それとともに西端を南北に第一・第二東名を結ぶ自動車道も建設され，さらに東端を南北に通る国道246号バイパスが計画されており，秦野盆地は周囲を高速自動車道に囲まれたサーキット場状態となる．われわれの大気窒素沈着シミュレーションでは現在の東名高速道路の影響は著しく，新東名高速道路の開通とともに同様のことが今後その周辺で起こることが予想される．自動車の排気ガス規制が厳しくなり，EV（電気自動車）化も進むことから，窒素沈着は軽減の方向に向かっていくが，それでもある種の大気汚染の発生は避けられない．深刻な健康被害はないと思われるが，水源森林生態系への影響が予想される．したがって従来の環境アセスメントとは異なる視点での新東名の環境影響事前評価が必要と思われるが，その最も有効なデータは現東名の科学的影響評価を行うことである．これまでのデータから自動車交通由来の大気汚染が水質汚染の大きな原因となっていることが推測されている．あたり前のことであるが大気が汚れれば水も汚れるわけで，対策は大気をきれいにすることに帰着する．この意味で秦野の現在の大気環境を含めた科学的な調査知見に基づく「秦野現況モデル」の構築が重要となってくる．

現在の秦野市の人口は17万人で，首都圏の西南外縁部に位置し，小田急線や東名高速道路によって都心と直結し交通利便が高く，1960年代以降盆地中央の内陸工業団地を中心に企業立地が進んだ．これに伴い人口が急増し，盆地や南接する渋沢丘陵地に住宅市街地が拡大し，また東南部には短大，市境に隣接して大学キャンパスが相次いで立地して，盆地外東部市街地の小田急鶴巻温泉駅・東海大学駅周辺の住宅開発が進んでいる．人口構成も20代の男子就労者と20歳前後の男子学生が多く，若年男性比率の高い特異な人口構成となっている．また，有

力企業の立地を反映して自治体財政は豊かで，最近まで国の財政支援を受けない地方交付税不交付団体であった．秦野市にとって輸出比率が高いこれら企業が製造部門を相次いで新興国に移転させる中で，秦野市内の工場が技術開発ないしは先端技術部門工場に体質転換し，雇用と高収入を確保して市域経済の活力を維持していくことが重要な施策となってくる．そのような企業活動にとって必要なインフラを整備するとともに良好な居住環境を提供して，都心への人口回帰とともに首都圏が辺縁部から縮小し始めている中で，活力を維持しより安全快適な環境を実現していかなければならない．現在企業は生き残りをかけて地球環境時代に対応した環境産業へと大きく舵を切っている．その意味で地域インフラに求められるのは環境産業インキュベーション機能であろう．それには秦野市自身が環境モデル都市に変身していくのが最善の選択であり，目標モデルである「秦野市持続可能モデル」をどう描いてどう達成するかが重要となる．

一方で秦野市は丹沢・大山国定公園の南東表丹沢側の入り口にあたり，首都圏にありながら里山景観を残し，市域の約半分を山林が占める自然の豊かさを売りにしている．しかし，肝心の丹沢の山林や里山が崩壊の危機にある．自然資源・観光資源としての価値も低下の傾向にあり，生物多様性という点でも劣化の方向に向かっている．これらの原因はすべて人間の側にある．解明の課題は2つあり，1つは生物圏が現在どうなっているかであり，2つめはその生物と人間圏がどう関係してきて今どのような関係にあるかである．残念ながら生物圏を大きく侵食し脅かすことで秦野市の人間圏は拡張してきた．いまは山林にしろ里山にしろ人間の管理という一定の干渉で成立すると想定された生態系が管理放棄の状態にあり，それが生態系の大きな撹乱を引き起こしている．とすれば，もう1つの選択として生態系の潜在力を見極めて生物多様性を再生しつつ大規模地震災害に耐える「百年の勁い森」を生態系のシナリオに基づいて実現することであろう．人の関与のあり方が問われ，自動車道問題等も含めて，秦野市の人間圏全体の在り様が問題となる．

20.6 秦野現況モデル構築のプロセス

秦野現況モデルは次の①〜⑤のような手順で積み上げていくことを想定している．

①水循環を基軸とした自然3圏(地圏・水圏・気圏)の立体データベース,②生物圏の現況データベース,③人間圏の歴史的変遷を踏まえた現況データベース,④5圏関係を踏まえた上記データベースの統合,⑤データベース階層の構造化によるモデル化,である.

前節に述べたように,秦野でもさまざまな環境問題が存在するが,環境問題は結局「人間の福利」のため,自然(地圏・水圏・気圏)や生態系(生物圏)に直接働きかけて(直接変化要因を機能させて),文明系サービスと生態系サービスを得ようとすることから発生するもので,ものを変形し運搬し変質させるという破壊や汚染が文明系・生態系サービスを劣化・破綻させて人間の福利を損なう結果をもたらすことである.秦野の地下水汚染は,有機溶剤が生態系の浄化機能をすり抜け質量が大きかったため地下深く浸透し汚染が拡散していき,その汚染が人間の日常的に利用する湧水で観測され,秦野の地下水の安全を脅かしたというものである.機械部品の汚れを素早く洗浄する利便(文明系サービス)を得る目的が,無知による管理不全により広範な地下水汚染にまで至った.当然汚染は人間だけでなく,すでに地下や地下水の生態系を汚染している.

秦野市では「水」が大きな環境制限要因となっており,逆にこの汚染事故や地下水揚水による水不足問題が生じたために,河川水や地下水に関する観測データや調査結果が豊富で,これを時空間情報化する作業から現況モデル構築を始めている.

秦野市では第14章にあるような技術を用いて,これまでの秦野市のさまざまな文献とデータを参考に,関係する研究者にアドバイスをもらいながら基盤面といわれる洪積世堆積層底面を作成し,同様に700本近いボーリング・データを立体化し,精査整理しながら,帯水層となる主な礫層と富士・箱根火山由来のローム層や火砕流層までを推測し,立体化する作業を行っている.必要なデータが大きく欠けているので,仮説の域を出ない部分も多いが,地質学的アプローチで現時点の知見データを反映した仮説的な地下構造モデルを構築する.今回は水循環のシミュレーションへ繋げるのが主目的であるが,詳細な地下構造データは地震の震度予測等にも応用でき,ハザード・マップ等の精度を上げる基盤データとなりうる.

2007年に大まかな地下モデルを使い金目川流域の水循環シミュレーションを行った.幸い秦野市の調査による上流秦野盆地と平塚市博物館森慎一学芸員の作

成した下流平塚・伊勢原の洪積世堆積底面図があり，これに沖積世堆積底面を加えた地下モデルに基づくものである．今回このモデルを基に秦野市の詳細地形図や水道・企業揚水量等のデータを加えたシミュレーションを行っている．2010年度からは地下構造モデルの成果を順次活用して，新しい地下構造モデルによるシミュレーションを実施する予定である．帯水層となる主な礫層ごとの水の挙動を再現して，これまでの観測データと突き合わせるだけでなく，新たなモニタリングを実施して，シミュレーション精度の検証を行う．これにより地下構造モデルの相違によるシミュレーション結果の比較から地下構造モデルの検討も可能となり，地下構造モデル・水循環シミュレーション・モニタリングのサイクルが回ることになる．ちなみに2009年度はこれまでの7地点に20カ所の水質調査点を追加して，計33地点のBOD，COD，TN，TPの測定を行い，数十mおきの河川流量調査とヘリコプター撮影のサーモグラフィによる河川水面水温測定を行った．

　河川水質にとって下水道整備の有無は影響が大きい．盆地中央市街地を斜めに横切って流れる水無川はかつて生活排水によって河川が汚染され水面が石鹸成分などで泡立っていたが，下水道普及率が70％を超えすっかりきれいになってきた．それは主要河川合流点のBODやCOD指標に顕著である．しかし水源涵養域の主要河川の水源域ではまだ整備が遅れ，また整備が予定されていない地区もある．そこで，今回下水道整備エリアのGISデータ化を行い，あわせて雨水排水幹線と水質調査点ごとの排水集水域を同様にGISデータ化し，さらに流量やシミュレーション結果を勘案して，下水道の整備の有無や程度と河川水質との関係性を考察している．さらに，これを環境保全課業務に転用して，雨水幹線の暗渠化等により困難になっている水質事故の汚染源追跡調査ツールとして活用していく．

　地上を行動圏や生息域とする人間や動植物にとって，大気環境・気象条件が最も直接的な周辺環境であるといえる．秦野市の気温や湿度，降水などはその基礎的なデータである．また第15章にあるように，人間の地上活動が発生源の汚染物質はほとんどが大気か水の循環によって運ばれ拡散する．秦野の気象環境をコンピュータに数値化・再現して可視化したデータベースを整備することが，時空間情報プラットフォームの基本となる．この中の降水データは水循環のシミュレータに受け渡され，その水量のインプット・データとなりその再現の精度を高め

ていくこととなる．また，地表面・水面からは水蒸気が発生し，それは潜熱の移動でもあり気温を変化させる．秦野のこのような気圏・水圏・地圏を循環する大気水熱物質循環をできるだけ一体で把握し，数値化して再現する必要があり，今回大気気象と水循環のシミュレーションを連結することで実現していくことを試みる．

物質循環については今回生態系や人間活動を含めた大きな循環系を把握するために，パラメータ物質として活性窒素を取り上げている．第7章にあるように窒素は生態系を内部循環しているが，人間の化石燃料利用と窒素肥料投入によって生態系内部循環に加わっていき富栄養化の状態を作り出し，その循環系からオーバーフローして大気水循環系に戻っていく．また人間の日常生活からも多くの窒素化合物が排出される．たとえば家庭排水にも多く含まれ，下水道を経由して処理水や汚泥の形で排出されるが，未整備の場合直接河川に放出される．また，自動車はNO_xの大量発生源で第19章にもあるように，秦野市の場合，大気由来の地上窒素沈着の発生源は自動車と思われ，厳しい排出規制で低下傾向にあるとはいえ，環境中活性窒素循環に大きなウェイトを占めていると思われる．このように大きな大気水循環の中で生態系や人間活動が大きく関与し活性窒素の循環がある．したがって，まず大気由来の活性窒素の動向を把握するために大気シミュレーションの精度をあげつつ，サンプラー等を設置して乾性・湿性沈着量をモニタリングしシミュレーション結果を検証する．また，農業由来の活性窒素動向を肥料投入量から追跡調査して，農業環境中での動態をモニタリングし，これらのデータを大気由来沈着のデータとともに水循環シミュレータに受け渡し，水循環系での移動・拡散を再現する．ただ活性窒素は生態系，特に土壌生態系と直接的に大きくかかわってくる．これについては森林土壌再生実験を含めて検討していく．

これら活性窒素の大気水循環をベースに生態系分布と人間活動動向を時空間情報化して，秦野市における活性窒素の生物圏と人間圏を含む5圏内循環を時空間情報プラットフォームに再現することが可能となってくる．活性窒素の場合，人間活動が主に追加投入の大量発生源になっており，それが生態系で消費変換されるので，活性窒素による人間活動の生態系への影響をより明確に把握できるようになる．さらにこの活性窒素循環を下敷きに農薬や自動車排気汚染の生態系への影響を推計し，異なる人間活動起源物質の影響挙動解明へのステップが準備されることになる．

秦野市の自然条件や人工負荷のもとでどのような生態系が形成されているか，生物圏の現況を時空間データベース化することが不可欠である．現在秦野市では生態系調査が行われており，環境保全課の水関連データと同様に，生態系調査結果を時空間情報化することから始めることになる．秦野市の場合，人工林面積比率が高く多くが市街地に近い里地里山環境なので，生物の種や個体数と生息域分布だけでなく，森林管理や耕作，周辺人工環境の履歴も時空間情報化していく．また，景観の変遷も立体的に把握し経年的な景観の立体的変化を追い，景観生態的なアプローチをして，人為を含めた景観生態管理の手法を導き出す糸口としたい．

秦野市は1960年代以降急速に変貌し，拡張拡充してきたが，いま人口減とグローバル経済化の流れの中にあって全国の他都市同様に分岐点に立っている．特に秦野市は東京首都圏の西南端に位置し，都心への人口回帰の首都圏縮小の引き潮が真っ先に引き始めるロケーションである．具体的には市内企業就業者数や周辺大学学生数の減少がまず顕在化してくる可能性が高い．これから難しい選択を迫られてくるが，地球環境とグローバル経済の時代を迎えてどのような選択が可能であるかを客観的に把握していく必要があり，そのためには急成長急膨張したこの半世紀とそれ以前の人間圏の歴史を人文科学的な視点やデータも含めて時空間情報化することが有効である．2010年秦野市は新長期総合計画を制定することになっており，人口推計など種々の調査やアンケートが実施されている．それらをまず時空間データベースに収め，新たに構築されてくる秦野市の地圏・水圏・気圏・生物圏のデータベースに人間圏データとして重ね合わせていくことで，新長期総合計画の最初の検証が始まることになる．それは地域の自然ポテンシャルを考慮した，地球環境時代の地域計画の順応的管理手法の開発と実践となる可能性が高い．

上記のようなことを実践するためには，5圏関係を踏まえたデータベースの階層構造化による統合と，それらを解析し導き出される法則性を基にしたモデル化が必要である．このモデルの特徴は時空間情報プラットフォームにより5圏にまたがる圏域分野横断の因果関係性とその定量化を基にしていることである．それゆえ時系列的に新たに起こる変数を加えた現況分析が可能になり，新発見の知見を追加したモデルの改良も容易である．データを逐次更新することで秦野市は絶えず最新の科学的な市の全体像を獲得し続けることができる．

20.7 研究の全体と秦野モデルの位置づけ

　本章は秦野市を事例として，着手したばかりの秦野市の時空間情報プラットフォーム構築の計画案を紹介することで，われわれが目指すものの概略をイメージしていただくことを目的とした．前段の準備作業は始めているものの，あくまで構想を述べているに過ぎない．また，研究の主たる対象フィールドとしては，当初は富士山から東京湾までの自然流域を超えた水の共同利用圏域である神奈川拡大流域圏を対象とした．この数年の模索の中で，水循環を主軸としながらも地下構造から人間活動まで5圏を統合して取り組む必要があることと，そのためには当初イメージしていたよりも時空間情報プラットフォームの機能を拡張しなければならないことも痛感した．そのためには章の冒頭述べたように小流域での重層的な検討への取り組みの必要性から金目川流域に注目し，水環境データの充実した最上流の秦野市にたどり着き，研究のフィールドとすることを相談した．それからの経過は本章に報告しているとおりである．

　どの流域もそうであるが，大中小の流域が入れ子状になっており，地形と流域は相互関係が強く，小流域単位に集落が形成されそれが集合して市町村自治体となっている．われわれとしてはその入れ子の1つ1つを組み合わせながら，大流域圏としての神奈川拡大流域圏の全体像を次第に明らかにしていきたい．そこで，秦野市を先行モデルとしながら，異なるロケーションのフィールド研究を準備している．1つは相模川上流山梨県側の十数の市町村にまたがる桂川道志川流域で，富士山麓北東部の水がすべて神奈川県民の水源である相模湖，津久井湖に集まっている．さらに大都市横浜の先行フィールド流域として，横浜駅周辺を河口域とする，横浜市中央を西から東へ横断する帷子川での研究を準備している．

　秦野市では総合的な実用モデルを先行して構築し，その内容の更新と運用をサポートしながら機能の拡張を予定している．そこで獲得した研究成果と手法を桂川や横浜に活かしていくこととなる．

第21章
協働支援と行動の構造化

佐藤裕一・佐土原聡

21.1　はじめに－出発点としての協働

　2005年3月の文理融合研究のキックオフ・シンポジウムから本書の出版2010年7月でまる5年となるが，通底にあるのは「異分野協働」であり，一貫してそのための支援ツールとしての「空間情報プラットフォーム」があり，2009年からそこに「時」が加わった．当初から目的として「文理融合・異分野協働」を謳い，その支援ツールとして「時空間情報プラットフォーム」があったことと，実はそのプラットフォームを作り始めるためにも「研究者協働」を始める必要があった．プラットフォームができ上がって「協働」が始まったのではなく，ほとんど何もないところから段階的にプラットフォームもどきを示しながら，漸く本格的な時空間情報プラットフォームに着手できたということである．これまでの展開は事前に予定していた訳でなく，とにかく初めに「協働」ありきであった．

21.2　協働支援ツールとしての時空間情報プラットフォームとインテグレータの役割

　現段階は秦野市での時空間情報プラットフォームづくりの準備の協働作業が終わり，本体である秦野システム・モデルの設計構築と秦野現況モデルのための時空間データの作成に着手したところである．このシステム・モデル設計構築と時空間データの作成のプロセスは，パーツを集めパソコンを組み立てるモジュール型でなく，自動車産業のような相互調整が必要なすり合わせ型である．本書自体がそうであるが，各パーツがいかに高度で高性能であっても，それらが目的にあわせてピッタリかみ合わなければ，パーツの能力すら引き出せない．時空間情報

プラットフォームが，各分野のデータや知見をすりあわせ，それらの潜在力をフルに引き出しつつ組み上がったものが，各分野バラバラでは思いもよらなかった新しい価値と知見を生み出せるようにしなければならない．したがってそのような協働の場を作り，協働の創造力を引き出す，インテグレータ（融合・統合者）の存在が必要で，重要なのは発見の能力である．各分野研究の潜在力とそれが多分野と融合することで生まれる新たな創造の可能性を発見できるかが重要であるとともに，能力の高い各分野の研究者が気持よく自らインテグレータの役割をも果たすようになれば成功である．そのような場をつくり提供していくのがプラットフォーム・インテグレータの使命である．時空間情報プラットフォームがある程度機能するレベルであれば，優秀な分野研究者がそろえばほぼ自走していく．あれかこれかの二者択一を急ぐことなく，両論併記の状態でさらに別分野の成果を組み合わせていけばよい．おのずとその過程で結論が浮かび上がる．優秀な研究者ほど自説に自信と信念を持っている．特に異分野協働は専門分野以外は素人で，とにかく多分野尊重の心構えが必要である．すり合わせの過程で専門研究者に気づきが生まれてくる．よいプラットフォーム・インテグレータとはこの気づきを促進できる者である．

　実は上記のことは研究者協働だけでなく，研究者と行政機関やNPO・NGO・地域住民等の実践活動者などが協働して推進する上での原則でもある．時空間情報プラットフォームを上手に使って，気づきを促進することが大切である．気づきとはそれぞれが主体者である．主体者であれば自主自律で行動する．この自主性こそ協働の原動力である．

　充実した時空間情報プラットフォームは膨大なデータ量となる．これらすべてに精通することは不可能である．運用自体当初から協働作業が前提となる．したがってそれぞれが知見・データを持ち寄って協働者の意見に耳を傾ければよい．この状態に参加者を導くためには，ひとえに良いデータ群を準備することである．各分野の本質を究め正確で分野外の人々も理解できる，自然に気づきを誘発するデータ群を整備して，データベースからすぐに引き出して提示できるのが理想である．欲をいえばインテグレータの他に時空間情報技術に熟達したアソシエータがいて，インテグレータが場のファシリテートに専念できる状態を実現したい．周到に用意されたプラットフォーム・データベースがあり，データがその場で時空間で重ね組み合わされて提示され，参加者の脳が触発活性化され気づきの連鎖

が起こればしめたものである．

21.3 協働の成果としての「行動の構造化」

　秦野現況モデルはこのように機能する時空間情報プラットフォームを目指している．当面は研究者や専門家スタッフが支援していくが，将来的には秦野市の職員がインテグレータやアソシエータを務めることを目標にしている．

　このような時空間情報プラットフォーム体験を積み重ねて，プラットフォームが充実してくると，参加主体者は自分の時空間での位置を発見していく．それらの発見を歴史的経緯の中で組み合わせ再構築していくと，歴史的時間でのそれぞれの果たした役割と相互関係性が構造的に見えてくる．これがわれわれのいう「行動の構造化」である．これは，人間圏の事象の場合は比較的容易で，プラットフォーム体験を積み重ね熟達してくると，やがて生物圏や自然3圏とのダイナミックな関係性をも歴史時間の中で構造化して認識できるようになる．

　この作業を未来に向けると，将来予測から始まり，さまざまな予測を比較検討し，時空間情報プラットフォームで定量化して構造化していくと，次第に未来目標モデルが形成されてくる．前章で述べたように秦野の場合も文明史的転換期にあって容易ならざる選択を迫られている．われわれとしては，時空間情報プラットフォームで統合的な未来シュミレーションを重ねて，秦野市の市民や自治体職員が各自の将来の役割や相互関係性を構造的に認識し，「未来行動の構造化」を実現して，共有目標としての持続可能な秦野モデルが構築されることを願っている．そのためには，時空間情報プラットフォーム秦野に参加する多分野の研究者・専門家コミュニティを形成し，科学的知見・データが分厚く蓄積された充実した時空間情報プラットフォーム・データベースを更新提供していきたいと考えており，2012年には到達したいと希望している．

　このようにして秦野モデルを磨きあげながら，順次他のフィールドでも時空間情報プラットフォームを構築し，整備を進めていきたい．

第22章
課題と今後の展開

佐土原聡・佐藤裕一

22.1 時空間情報プラットフォーム構築と活用の課題

次のような課題を挙げることができる．

22.1.1 課題1—時空間情報プラットフォームのコアシステムの機能

課題と言えば，まずまだ完成していないということである．各パーツやシステム，データ等はいくらか揃いプロトタイプができて，部分的な機能は果たしているが，本書で取り上げている時空間情報プラットフォームのコア機能を果たせるGISシステムが2009年のヴァージョンで漸く世に出て，現在秦野市の実際のデータを使ってウェブポータル（入口）システムでの統合システム・モデルの構築に着手したところである．したがって，実用品としての検証はまだで，システム・モジュール間のデータ互換性の確認もこれからである．

地下立体モデルやシミュレーション結果といった異なるデータをGISの機能を拡張して互換し，とにかく3次元データとして可視化し，2次元に変換して空間解析し，それを3次元化しビューワに表示するというのが，現状のレベルであるが，3次元GISの汎用製品もそう遠くない時期に実用化されると予想している．システムにはコンピュータのスペックを大きくして，カスタマイズしていくことで専門性を高めていくことはできるが，そうすればするほど技術的に特殊になり，普及が困難になる．したがって，一般のユーザーが購入できる（金額はさておいて）範囲の製品で，時空間情報プラットフォームを構築していくことを原則としている．

最近漸くコンピュータが専門でないわれわれの研究室でも扱える，ユーザーフレンドリーなシステムになりつつあり，本書でも紹介している時空間情報プラッ

トフォーム・システムが稼働できるレベルに達したところである．したがって本書ではシステム構築の理念や基本的考え方やデータ処理の原則等の方法論を報告するに留まっている．ただ考え方の整理はできたと判断している．

22.1.2　課題2—システム操作技術習得の課題

　本プラットフォーム・システムはだれもがその分野のデータを時空間情報化できることを前提として普及を考えている．基本はGISでこれが時空間情報プラットフォーム・システムのポータル（入口）となる．ところがこの技術習得がかなり難しい．われわれの研究室では先輩が後輩に伝えていくということで漸くノウハウが定着してきたが，そのような環境にない研究室や行政機関では立ち上げが困難と考えられる．現在本研究ネットワークの参加者には定期的にGIS企業のサポートを受けられることで対応しているが，普及のための仕組みが必要と考えている．ただ時空間データ化やシステム操作を請け負う専門スタッフがいるのであれば，まったくGISスキルがなくてもユーザーとなることはできる．

22.1.3　課題3—プラットフォーム・コミュニティ構築維持の困難さ

　本プラットフォーム・システムは多分野の専門家が協働することで初めて成立する．基盤となる知見創出や専門データ作成には，研究者や専門家のチームワークが欠かせない．ただのデータ羅列ではまったく機能しないし，何の発見も積み上がってこない．そもそもそのような研究者を見つけてくること自体なかなか難しい上に，必ずしも順調にチームを結成できるとは限らない．したがって，欠けている部門があっても，重要な部分から積み上げていくほかはないといえる．

22.1.4　課題4—高額なコスト

　本プラットフォーム・システム構築のためには専門スタッフの強力な支援が必要で，かなりの金額の報酬を準備する必要がある．現在は日本生命財団の助成を始めさまざまの研究資金をやりくりして研究を進めているが，地方自治体であってもそれなりの費用負担が強いられる．したがって個人での運用は不可能で，基本的には公的機関等が運用することを念頭に置かざるを得ない．

22.2 時空間情報プラットフォームのあるべき姿—ユビキタス時代の情報社会基盤

　このようないくつもの課題を承知の上で時空間情報プラットフォーム・システムを開発しているのは，地球環境時代を支える次世代の情報社会基盤と認識しているからである．情報が遍在するユビキタス時代では，身近な周辺環境の正確な情報をわかりやすく提供できる仕組みが必要である．特に秦野市の地下水や地下構造のようなものは市民に知っておいてもらいたい情報であるが，現実には伝達が困難である．このような基盤情報を大学や公的機関がデータベースに収めて，利用者は随時アクセスしてダウンロード・アップロードするシステムの方がリーズナブルである．また，大学は地域の最先端の社会基盤情報をデータベースに格納し，それを使って絶えず新しい研究成果を生み出し，それらに再び格納してそれをウェブを通じて地域の人々が活用できるようにすることで，学問の地域貢献がより充実してくる．いわば名実ともに地域の知的センターとなる．そのための強力な情報基盤システムが時空間情報プラットフォームであるといえる．この場合自治体との協力はより大きな波及効果をもたらす．普遍的基盤データを大学が持ち，そのデータをダウンロードして，その基盤データに行政が個人情報を含む公共業務基盤データを組み合わせて，施策を実行していくといった役割分担が考えられる．信頼できる環境基盤情報を大学が作り出してそれを公開していくことが地球環境情報時代には求められ，そのための社会情報基盤システムが時空間情報プラットフォームであり，これにより多数の大学・研究機関・自治体のデータを自在に引き出し重ねあわせて活用できる時代となる．時空間情報プラットフォームは地球環境情報時代に必須なシステムであるといえる．

あとがき

　本書を一読いただいておわかりのとおり,「時空間情報プラットフォーム」構築の取り組みは緒についたばかりである．当初,神奈川拡大流域圏を対象に作業を始めたが,スケールの大きさからデータがなかなか積み上がらないことがわかり,対象地域を絞って多分野,多面的なデータを蓄積し,その有用性を試しながら進めることが必要ということになった．縁があって神奈川県央の秦野市のTさんと知り合うことができ,同市の全面的なご協力をいただいてここまで進めることができた．データの提供,ユーザーとしての利用ニーズに関する意見など,自治体の協力なしにはこのプロジェクトを進めることは不可能で,秦野市のありがたいご協力に重ねて感謝する次第である．

　今後の展開について触れておきたい．秦野市を中心とした多面的な検討の成果をふまえて,神奈川拡大流域圏の水源地域である都留市,大都市地域である横浜市など,異なる特性のエリアに対象を拡げる予定である．各対象地域において,地球環境の2大問題である低炭素化と生物多様性の保全を同時に実現する「地球環境対応型地域創生」に向けた将来のモデルの提示を目指して,現況の分析と実態解明に本プラットフォームを活用していく.

　不確実性は含まれているものの,気候変動が生じて今後さまざまな環境の変化が起こることが予想されている．気候変動の未然防止,すなわち「緩和策」としての低炭素化,気候変動が生じた場合でもその被害を最小限にとどめるための強靱な地域づくりである「適応策」としての豊かな生態系の保全,これらの両輪で,足下の地域からの具体的な対応が求められている．地域から1つ1つ積み上げることで地球環境問題への取り組みを深めることが重要である.

　今後,地域環境と地球環境とをつなげて扱う本時空間情報プラットフォームを拡充し実践的に活用して,地域のステークホルダーを支援し,地球環境時代の科学的な知見をベースとした協働社会のコミュニティづくりを推進していきたい.本書がまとまって,いよいよそのスタートに立ったところである.

佐土原　聡

索 引

ア 行

アオコ 54
アジェンダ21 3
足柄層群 61
アスペリティ 68
圧縮（エンコード） 248
アプリケーション共有 253
新たな公 161, 163
移出 128, 131, 136
伊豆-小笠原弧 59
伊勢原断層 192
移入 128, 131, 136
インセンティブ課税 120
インターネット 248
インタラクション 249
ヴァーチャル・ウォーター（VW） 130, 145
ウォーター・フットプリント（WF） 126, 130, 135
海風 219
栄養塩類 93
エコロジカル・ネットワーク 162, 164, 170
オゾン濃度 85
温室効果ガス 3
オンライン・リアルタイム 255

カ 行

回収水 133
階層構造 76
概念的構造化 22, 25, 43, 180, 266
外部循環 100
化学的酸素要求量（COD） 127
学術の在り方常置委員会 27
拡大造林 83, 174
拡大流域圏 41
カコウ岩母材土壌 64
化石燃料 98

下層植生 79
活性窒素 99, 220
神奈川拡大流域圏 44, 173, 206
神奈川県西部地震 59
かながわ水源環境税 177
かながわ水源環境保全・再生施策大綱 109, 115
金目川 191, 214
環境システム研究所（ESRI） 9, 233
環境支払い 155
環境と開発に関する国際連合会議 3, 17
環境と開発に関するリオデジャネイロ宣言 3, 17
環境保全型農業 146, 156
環境保全財源調達型課税 120
乾式降下物 62
乾性沈着 220, 222, 224
間接変化要因 25, 174
関東地震 57, 68, 77, 83
関東ローム層 61
神縄断層 188
間伐 89
気候変動に関する政府間パネル（IPCC） 4, 17
気候変動枠組条約 3
　——第15回締約国会議（COP15） 7
　——締約国会議 3, 6
基盤変化要因 24
京都議定書 3
局地風 219
クリアリング・システム 31, 238
経済林 77
渓流水 94, 101
渓流生態系 80
減災 170
耕作放棄地 166
国府津・松田断層 188
行動の構造化 21, 285

弘法の泉　271
国際SATOYAMAイニシアティブ　5
国土空間データ基盤協議会　9
国土空間データ基盤整備事業（NSDIPA）　9
国土形成計画　163, 167
国土の国民的経営　163, 165, 168
国土利用計画　164
国連環境計画（UNEP）　4, 9, 23
古都保存法　180
個別型GIS（スタンドアロンGIS）　232

サ 行

再生（デコード）　248
相模川　47, 186, 190
　　──河水統制事業　51
　　──流域下水道事業　54
相模湖　54
相模トラフ　187
相模原台地　61
相模湾　186
酒匂川　47, 186
里山里海SGA　5
里山問題　144
サーバGIS（WebGIS）　234
座標系　198
サブ・グローバル・アセスメント（里山里海SGA）　4
参加型税制　111, 121, 178
酸緩衝能　65
産業連関表　128
酸性雨　62, 66
酸性沈着　62, 66
サンセット方式　113
シェアドスクリーン　252
市街地の縮減　161, 166
シカ食害　80, 84
時空間情報化　22, 43, 180, 256, 270
時空間情報基盤　28
地震災害リスク　68
自然環境保全センター　89
自然産業　142, 149, 156, 158, 179
自然資源　144, 146, 150
実行5か年計画　115

湿式降下物　62
湿性沈着　220, 222, 224
斜面崩壊　68
　　──リスク　70
順応的管理　88
情報スーパーハイウェイ構想　8
植生保護柵　81
森林生態系　75, 78
水源涵養機能　77
水源環境税　52, 90, 110, 111, 152, 154, 158, 177
水源環境保全・再生かながわ県民会議　113, 116
水源森林の公的管理　90
水源の森林づくり事業　78
水源林保全再生事業　82
水田灌漑用水　132
水分ストレス　86
スギ・ヒノキの植林　84
スズタケ　80
生態系サービス　6, 46, 76, 106, 151, 262
　　──産業　179
生物化学的酸素要求量（BOD）　127
生物圏　23, 31, 262
生物多様性
　　──国家戦略　4
　　──社会　46
　　──条約　3
　　──条約第10回締約国会議（COP10）　7
　　──戦略　4
赤外線レーザポインタ　250
施業放棄地　166
設計科学　27
全球スペクトルモデル（GSM）　222
全米情報基盤構想NⅡ　8
双方向マルチメディア・コミュニケーション・システム　34
双方向レーザマーキング装置　250

タ 行

大気境界層　219
第三紀層　187
大正関東地震　57, 68
谷風　219

多摩丘陵　61
ダルシーの法則　205
丹沢大山自然再生委員会　88
丹沢大山自然再生計画　52, 87, 177
丹沢大山総合調査　52, 78, 173
丹沢山地　57, 60, 75, 101
丹沢深成岩体　61
地域産業連関表　127, 128, 135
地域内循環　128
地球サミット　3
地圏水循環　202
地産地消　139, 157
知識の構造化　20
地質境界面構造　184
窒素酸化物　63, 99
窒素飽和　63, 67
地方新税　110, 119
地方分権一括法　52, 110
超過課税　110
直接支払い　155
直接変化要因　25, 174
地理空間情報活用推進基本法　10
地理座標系　231
地理情報システム（GIS）　8, 31, 141, 230, 257
津久井湖　54
低炭素社会　46
デジタルアース　8
デスクトップGIS　234
データダウンロード機能　241
統合型GIS（クライアントサーバ型GIS）　232
道志水源涵養林　51
特定外来生物　81
都市的土地利用　161
都市の集約化・整序　162
土壌　62, 93
　――圏　62
　――侵食　98, 103
　――水分量　223
　――生成　104
　――炭素　105
　――動物　94
　――プール　62
　――流出　62, 75

土地利用　161, 170

ナ 行

内部循環　94, 100
ニホンジカ　80, 174
ニューロン・モデル　180
人間圏　23, 31, 58, 264
人間の福利　24
認識科学　27
燃料革命　83, 175
納税者コンプライアンス　109, 116, 122
農地・森林地の選択的管理　166

ハ 行

バイオーム　96
畑地灌漑用水　132
秦野盆地　192, 214
秦野モデル　272
秦野湧水群　271
百年の森づくり　275
非論理的認知バイアス　16, 19
風化作用　64
付加作用　59
物質循環　94
フード・マイレージ　145
ブナの立ち枯れ　84
ブナ林　97, 103
プラザ合意　179
プラットフォーム・インテグレータ　284
プレートテクトニクス　57, 59
分散型GIS（WebGIS）　233
ボーリングデータ　194

マ 行

マニングの粗度係数　204
マルチメディア情報交換・共有システム　247
水収支　137
水集約度　131, 135, 137
水使用原単位　135
水と緑のネットワーク　162, 168
ミレニアム生態系評価　4, 6, 23, 172, 220, 262
名水百選　271
メソモデル　222

メタデータ　239
木材生産機能　76
目的税的な運用　113
モニタリング　117
モバイルGIS　235
モンスーン・アジア　30

ヤ　行

ユビキタス・コンピューティング　11
横浜みどりアップ計画　180
横浜みどり税　111, 152, 155, 158, 168, 180

ラ　行

ランドスケープ　168, 170
陸域生活圏　202
陸上生態系　93
流域一貫　88
流域圏アプローチ　167
流動場　212
リレーショナル・データベース　232
林床環境　79
林内照度管理　89
レオンチェフ逆行列　135
レーダーアメダス解析雨量　224
ローム母材土壌　64

アルファベット

ArcGIS　233
COP10 CBD　4
EAGrid 2000　260
ERモデル　253
e-Tanzawa　85, 88
G2, G3 礫層　194
GETFLOWS　236
GIS　9, 31, 141, 230, 257
GPS　10
H.264　248, 250
IPCC　4, 17
ISO 19115　240
ISO 19139　240
ISO/TC211　9, 240
JMP2.0　240
netCDF　237
NfDesign　236
NSDIPA　9
NSFNet　7
TINモデル　186
UNEP　4, 9, 23
WRF　222, 237

編者・執筆者一覧

編者

佐土原 聡（さどはら・さとる）　横浜国立大学大学院環境情報研究院 教授

執筆者（五十音順）

有澤 博（ありさわ・ひろし）　横浜国立大学大学院環境情報研究院 教授

有馬 眞（ありま・まこと）　横浜国立大学大学院環境情報研究院 教授

石川正弘（いしかわ・まさひろ）　横浜国立大学大学院環境情報研究院 准教授

居城 琢（いしろ・たく）　流通経済大学経済学部 講師

嘉田良平（かだ・りょうへい）　総合地球環境学研究所 教授，横浜国立大学大学院環境情報研究院 教授（兼任）

金子信博（かねこ・のぶひろ）　横浜国立大学大学院環境情報研究院 教授

木平勇吉（このひら・ゆうきち）　東京農工大学 名誉教授

小林重敬（こばやし・しげのり）　東京都市大学都市生活学部 教授，横浜国立大学 名誉教授

近藤裕昭（こんどう・ひろあき）　産業技術総合研究所環境管理技術研究部門 副研究部門長

佐藤裕一（さとう・ゆういち）　横浜国立大学大学院環境情報研究院 佐土原聡研究室

清水雅貴（しみず・まさたか）　横浜国立大学経済学部 非常勤講師

其田茂樹（そのだ・しげき）　横浜国立大学経済学部 非常勤講師

登坂博行（とさか・ひろゆき）　東京大学大学院工学系研究科 教授

長谷部勇一（はせべ・ゆういち）　横浜国立大学経済学部 教授

平野匡伸（ひらの・まさのぶ）　ESRIジャパン株式会社技術統括グループ 部長

堀 伸三郎（ほり・しんさぶろう）　防災技術株式会社 代表取締役社長

編者略歴

佐土原 聡（さどはら・さとる）

- 1958 年　宮崎県に生まれる
- 1980 年　早稲田大学理工学部建築学科卒業
- 1985 年　早稲田大学大学院理工学研究科建設工学専攻博士課程単位取得退学
  早稲田大学助手，ベルリン工科大学都市・地域計画研究所客員研究員，横浜国立大学助教授を経て
- 現　在　横浜国立大学大学院環境情報研究院教授，工学博士
- 主要著書　『都市環境学』（共著，2003 年，森北出版）
  『図解！ArcGIS—身近な事例で学ぼう』（共著，2005 年，古今書院）
  『京都議定書目標達成に向けて—建築・都市エネルギーシステムの新技術』（共著，2007 年，丸善）
  『家庭・業務部門の温暖化対策』（編著，2008 年，（独）国立環境研究所）
  『都市科学叢書 2 コンパクトシティ再考』（共著，2008 年，学芸出版社）
  『シリーズ GIS 第 3 巻 生活・文化のための GIS』（共著，2009 年，朝倉書店）

時空間情報プラットフォーム—環境情報の可視化と協働

2010 年 7 月 9 日　初　版

［検印廃止］

編　者　佐土原　聡

発行所　財団法人　東京大学出版会

代 表 者　長谷川寿一

113-8654 東京都文京区本郷 7-3-1 東大構内
電話 03-3811-8814　FAX 03-3812-6958
振替 00160-6-59964

印刷所　大日本法令印刷株式会社

製本所　牧製本印刷株式会社

ⓒ2010 Satoru Sadohara *et al.*
ISBN 978-4-13-066852-1 Printed in Japan

Ⓡ〈日本複写権センター委託出版物〉
本書の全部または一部を無断で複写複製（コピー）することは，著作権法上での例外を除き，禁じられています．本書からの複写を希望される場合は，日本複写権センター（03-3401-2382）にご連絡ください．

登坂博行
地圏の水環境科学　　　　　　　　　　　　　　　A5 判・378 頁 / 4800 円

登坂博行
地圏水循環の数理　流域水環境の解析法　　　　A5 判・360 頁 / 5200 円

野上道男・岡部篤行・貞広幸雄・隈元 崇・西川 治
地理情報学入門　　　　　　　　　　　　　　　B5 判・176 頁 / 3800 円

武内和彦・鷲谷いづみ・恒川篤史 編
里山の環境学　　　　　　　　　　　　　　　　A5 判・264 頁 / 2800 円

小野佐和子・宇野 求・古谷勝則 編
海辺の環境学　大都市臨海部の自然再生　　　　A5 判・288 頁 / 3000 円

三俣 学・森元早苗・室田 武 編
コモンズ研究のフロンティア　山野海川の共的世界　A5 判・264 頁 / 5800 円

井上 真・酒井秀夫・下村彰男・白石則彦・鈴木雅一
人と森の環境学　　　　　　　　　　　　　　　A5 判・192 頁 / 2000 円

　　　　　　　ここに表示された価格は本体価格です．ご購入の
　　　　　　　際には消費税が加算されますのでご諒承ください．